线性系统的多级多时间尺度反馈控制及其在燃料电池中的应用

Multi-Stage and Multi-Time Scale Feedback Control of Linear Systems with Applications to Fuel Cells

维瑞卡·拉迪萨夫耶维奇-加吉奇（Verica Radisavljević-Gajić）
〔美〕米洛斯·米兰诺维奇（Miloš Milanović） 著
帕特里克·罗斯（Patrick Rose）

赵振东　李占江　蒋元广　译

科学出版社

北京

图字：01-2023-4097号

内 容 简 介

本书主要介绍了连续和离散时间域的两级反馈控制器设计算法，包括一般线性时不变动态系统的设计公式和代数方程，对双时间尺度线性时不变动态系统（奇异摄动系统）进行了简化和专门研究，对一般线性时不变动态系统的连续时间域三级反馈控制器设计也作了相应的介绍．本书讨论了离散时间域三级三时间尺度系统线性反馈控制器以及四级四时间尺度线性反馈控制器设计．本书还展示了反馈控制器设计算法在燃料电池中的应用示例．

本书可供燃料电池及控制工程等相关专业的研究生和教师使用，也可供从事控制工程、燃料电池领域研究和开发的科技工作者参考．

图书在版编目（CIP）数据

线性系统的多级多时间尺度反馈控制及其在燃料电池中的应用 /（美）维瑞卡·拉迪萨夫耶维奇-加吉奇等著；赵振东，李占江，蒋元广译. —北京：科学出版社，2023.12

书名原文：Multi-Stage and Multi-Time Scale Feedback Control of Linear Systems with Applications to Fuel Cells

ISBN 978-7-03-077038-7

Ⅰ. ①线…　Ⅱ. ①维…　②赵…　③李…　④蒋…　Ⅲ. ①反馈控制系统-应用-燃料电池-研究　Ⅳ. ①TP271②TM911

中国国家版本馆CIP数据核字（2023）第223617号

责任编辑：李静科　贾晓瑞 / 责任校对：彭珍珍
责任印制：张　伟 / 封面设计：无极书装

科学出版社出版
北京东黄城根北街16号
邮政编码：100717
http://www.sciencep.com

北京建宏印刷有限公司 印刷
科学出版社发行　各地新华书店经销
*
2023年12月第　一　版　开本：720×1000　B5
2023年12月第一次印刷　印张：13 1/4
字数：211 000

定价：108.00元

（如有印装质量问题，我社负责调换）

我将这本书献给我的父母 Ljiljana 和 Miroljub Radisavljević，感谢他们无条件的爱和支持.

Dr. Verica Radisavljević-Gajić

致我亲爱的家人和 Saša，感谢他们无尽的支持和终生的激励.

Miloš Milanović

感谢我的朋友和家人对我无尽的支持和信任.

Patrick Rose

译 者 序

氢能及燃料电池汽车是我国能源供给侧和需求侧碳排放减少的重要方向，基于质子交换膜燃料电池（proton-exchange membrane fuel cell，PEMFC）技术的燃料电池汽车是我国新能源汽车产业“三纵”布局的重要组成，推动产业的高质量发展受到各地高度关注，但燃料电池系统复杂控制也成为目前产业发展的瓶颈技术之一.

本书译自 Springer 出版社出版的“机械工程丛书”中的一本，本书研究结果主要针对连续和离散时不变的线性动态系统，所得结果可推广到非线性动态系统的线性化模型，原著作者认为本研究还可推广到分布参数系统的线性化模型. 从本书中的多级多时间尺度反馈控制及其在燃料电池中的应用讨论可以看出，原著作者的研究内容与实际应用相当接近. 因此，本书具有较高的学术价值和应用价值.

本书由南京工程学院赵振东翻译第 1～4 章，南京越博动力系统股份有限公司李占江翻译第 5～7 章，南京越博动力系统股份有限公司蒋元广翻译第 8～9 章，全书由赵振东教授指导并定稿. 成书过程中，南京理工大学紫金学院蔡隆玉协助完成大量校对工作.

译者在翻译过程中力求忠实于原著，向读者展现国外学者的最新研究成果. 但由于译者水平有限，难免存在一些欠妥之处，诚望广大读者批评指正.

赵振东　李占江　蒋元广

2023 年 2 月

原　书　序

本书的目标读者是对由几个子系统组成的复杂线性时不变动态系统和/或在多个时间尺度上运行的大规模线性时不变动态系统感兴趣的控制系统研究人员和从业者．本书可供控制工程和自动化专业的工科研究生、从事控制系统工作的工程师，以及所有对动态系统控制感兴趣的工程类学科、应用数学、经济学和计算机科学的教师等使用．由于本书中提出的许多反馈控制器设计算法在燃料电池（清洁电力能源），特别是在质子交换膜（proton-exchange membrane，PEM）燃料电池中的应用，本书也引起了从事燃料电池研究的学者、研究生和工程师的兴趣．本书所提出的设计方法的重要特征之一是可以针对复杂线性动态系统的不同子系统和/或不同时间尺度设计出不同类型的线性反馈控制器．

本书完整地介绍了连续时间域和离散时间域的两级反馈控制器设计算法，包括一般线性时不变动态系统的设计公式和代数方程．本书给出的结果对双时间尺度线性时不变动态系统（奇异摄动系统）进行了简化和专门研究．对一般线性时不变动态系统的三级连续时间反馈控制器设计也作了相应的介绍．将三级反馈控制器扩展到运行在三时间尺度上的线性动态时不变连续和离散时间系统，目前只在连续时间范围内进行了研究．离散时间域三时间尺度系统仍然是线性反馈控制器三级设计的一个开放研究领域，主要是因为三时间尺度线性动态系统的制定问题尚未解决．四级线性反馈控制器设计仅适用于一般类型的线性时不变连续时间动态系统．本书讨论了如何推广这些结果，或者更准确地说，如何求解设计四时间尺度线性时不变连续时间动态系统的代数方程．因此，四级四时间尺度反馈控制器设计仍然是一个在未来具有挑战性的开放研究领域．

本书完整地讲述了线性二次型最优控制器和特征值分配（“极点配置”）反馈控制器的设计．本书对未来的研究进行了一些展望，提到了用于通用的多时间尺度线性动态系统的其他类型的多级线性反馈控制器，包括基于观测器和基于卡尔曼滤波器的确定性控制器和随机控制器. 由于可以针对在不同时间尺度上运行的大规模线性动态系统和/或系统的不同子系统设计不同类型的线性反馈控制器(部分控制器)，观测器和卡尔曼滤波器会产生双重结果，例如，可能设计出部分最优卡尔曼滤波器和新的降阶观测器. 由此，可以扩展出其他类型的现有线性反馈控制器和滤波器，包括设计新的混合线性动态反馈控制器和滤波器.

Verica Radisavljević-Gajić
Miloš Milanović
Patrick Rose
维拉诺瓦，宾夕法尼亚州，美国

目　　录

第1章 绪　论

线性离散时间和连续时间状态反馈控制器的设计在控制工程的文献中有详细记载，例如，可见于 Franklin 等（1990），Ogata（1995），Sinha（2007）和 Chen（2012）等所出版的专著中．本书作者最近开发了新的算法，用于设计线性离散时间和连续时间动态系统的二级、三级反馈控制器（见 Radisavljević-Gajić 和 Rose（2014），Radisavljević-Gajić（2015a，2015b）以及 Radisavljević-Gajić 等（2015，2017）的研究文献）．这些算法已被有效地应用于燃料电池的二级和三级模型（见 Radiavljević-Gajić 和 Rose（2014），Radiavljević-Gajić 等（2015，2017），Radiavljević-Gajić 和 Milanović（2016），Milanović 等（2017），以及 Milanović 和 Radiavljević-Gajić （2018）的研究文献）．一般来说，这些新的多级和多时间尺度反馈控制器设计算法的结果在温和条件下适用于几乎所有线性离散时间和连续时间时不变系统．

燃料电池在不燃烧燃料的情况下，通过化学反应从富氢燃料中发电（见 Larminie 和 Dicks（2001），Barbir（2005），Nehrir 和 Wang（2009），Gou 等（2010），Hoffmann 和 Dorgan（2012），以及 Eikerling 和 Kulikovsky（2014）的研究文献）．本书中考虑的燃料电池的类型是质子交换膜（PEM）燃料电池，也称为聚合物交换膜燃料电池．质子交换膜燃料电池是用于车载和固定设备中最先进和最常用的燃料电池类型，由阳极、膜和阴极三个电极组成，氢气从阳极侧泵送，氧气从阴极侧泵送．它是一种以特定方式混合氢气和氧气（与水电解相反的过程），通过化学反应生产电能和水的装置．这一反应过程是在 19 世纪中叶（大约 200 年前）发现的，但由于其具有多学科性和复杂性，经过很长时间的发展才成为一种成熟的技术．有趣的是，在 20 世纪 60 年代的阿波罗太空计划中，美国宇航局实现了使用燃料电池从氧气罐和氢气罐中为宇航员提供水的技术．

质子交换膜燃料电池的建模、控制和仿真实验一直是一个非常热门的研究领域. 例如，Pukrushpan 等（2004a，2004b），Nehrir 和 Wang（2009），Gou 等（2010），Wang 等（2011，2013），Barelli 等（2012），Matraji 等（2012，2013，2015），Bhargav 等（2014），Jiao（2014），Wang 和 Guo（2015），Li 等（2015a，2015b），Naghidokht 等（2016），Wu 和 Zhou（2016），Zhou 等（2017），Hong 等（2017），Tong 等（2017），Daud 等（2017），Reddy 和 Samuel（2017），Majlan 等（2018），以及 Sankar 和 Jana（2018a，2018b）的著作和综述论文以及其中的参考文献. Fuhrmann 等（2008）强调了数学建模对研究燃料电池动力学的重要性，在他们的论文中提到“质子交换膜燃料电池的运行是基于多个时间尺度上的物理、化学和电化学过程的复杂的相互作用. 只有在数学模型的基础上才能对这种复杂物质进行定量和定性的理解”. 燃料电池的数学建模应结合数学、物理、化学、系统分析和控制工程等多个自然科学和工程学科的知识，在非常严谨的工作中完成.

电动汽车是质子交换膜燃料电池最重要的应用之一. 单个质子交换膜燃料电池的宽度非常窄，只有 1mm，产生的电压只有 0.7V. 其电流密度约为 0.8A/cm^2，相当于可让一块尺寸仅 10cm×10cm 的燃料电池板产生 56W 的功率. 为了获得更高的电压和电能，将多块燃料电池板串联在一起形成一个燃料电池堆. 为了驱动一部燃料动力电动汽车，需要约 40kW 的标准电力（足以为八个普通家庭提供电力），则质子交换膜燃料电池至少需要能提供 80kW 的电力，这可由 228 块尺寸为 25cm×25cm 的燃料电池板串联实现. 相比之下，特斯拉所生产的以电池驱动的电动汽车，为了提供约 80kW 的电力，采用了 8000 节 1V 电池. 值得注意的是，本田公司的 Clarity、现代公司的 Tucson 已经可以上路行驶，仍处于测试阶段的梅赛德斯-奔驰 B 级车上使用了 100kW 的质子交换膜燃料电池. 如 Rojas 等（2017）所述，丰田公司的 Mirai（现已上市）使用了 114kW 的质子交换膜燃料电池. Samuelsen 于 2017 年在 *IEEE Spectrum* 上发表了一篇题名为《汽车的未来属于燃料电池：续航里程、行驶适应性和燃料加注用时等因素最终将使氢燃料电池领先于普通电池》的论文. 有些文献研究了在汽车上应用的燃料电池（尤其是 PEM 燃料电池）的建模和控制问题，例如，zur Megede（2002），Pukrushpan 等（2004a，2004b），Mitchell 等（2006），Wang 和 Peng（2014），Haddad 等（2015），Reddy 和 Samuel（2017），Han 等（2017）以及 Zhou 等（2017，2018）的研究文献.

Radisavljević-Gajić 和 Rose（2014），Radisavljević-Gajić（2015a，2015b）和

Radisavljević-Gajić 等（2017）专门研究了两级和三级反馈控制器的设计. 设计中，将控制器简化为两级和三级系统（也称为奇异摄动系统）. 这些系统可以很自然地分解为慢速和快速的子系统. 因此，它们非常适用于两级和三级反馈控制器的设计. 具有慢速和快速状态空间变量的动态系统在控制工程中起着重要作用，例如，Kokotovic 等（1999），Naidu 和 Calise（2001），Gajic 和 Lim（2001），Liu 等（2003），Dimitriev 和 Kurina（2006），Zhang 等（2014），Kuehn（2015）的著作和综述论文以及其中的参考文献.

许多具有不同性质组件的真实物理系统（电气、机械、化学、热力学、电化学）中存在多个时间尺度. 例如，先进重水反应堆有三个时间尺度（Shimjith et al.，2011a，2011b；Munje et al.，2014）. 燃料电池的动力学至少在三个（可能是四个）时间尺度上实现了发展（Zenith and Skogestad，2009）. Zenith 和 Skogestad（2009）的研究表明，质子交换膜燃料电池系统具有三个子系统，它们在三个不同的时间尺度上运行，对应于三个不同的时间常数：电化学子系统以秒为单位运行，化学部分（能量平衡和质量平衡）以分钟为单位运行，而电气部分则以毫秒为单位运行. Wedig（2014）证明了道路车辆具有多时间尺度的动力学特性. 可以使用多时间尺度分析对化学反应网络进行建模（Lee and Othmer，2010）. 有趣的是，正如 Cronin（2008）的报告所描述的，模拟神经导电性的霍奇金-赫胥黎方程具有奇异摄动形式. Jalics 等（2010）的论文表明，神经元动力学模型可以在三个时间尺度上进行研究. 在电力电子方向中，许多设备在三个时间尺度上运行（Umbria et al.，2014）. 由于存在多个不同量级的时间常数，由电气、机械和电子部件组成的电力系统通常具有多个时间尺度. 在直升机动力学分析（Esteban et al.，2013）中，存在三时间尺度电子动力学，建模则需要五个时间尺度（Kummrow et al.，1999）.

两级和三级（通常为多级）反馈设计技术有以下优点：

（1）不同类型的控制器（特征值分配、最优、鲁棒、可靠性等）可针对系统的不同部分（子系统）进行设计，并使用仅对子系统（降阶）矩阵执行计算（设计）所获得的相应反馈增益.

（2）标准全状态反馈控制器是由多个局部子系统反馈增益形成的. 例如，在两级反馈设计的情况下，通过简单公式 $\boldsymbol{G}_{eq}=\boldsymbol{G}_{eq}(\boldsymbol{G}_1,\boldsymbol{G}_2)$ ，控制局部子系统的反馈增益 $\boldsymbol{G}_1$ 和 $\boldsymbol{G}_2$ 最终合成了一个全状态反馈增益. 图 1.1 给出了两级反馈控制器的设计框图.

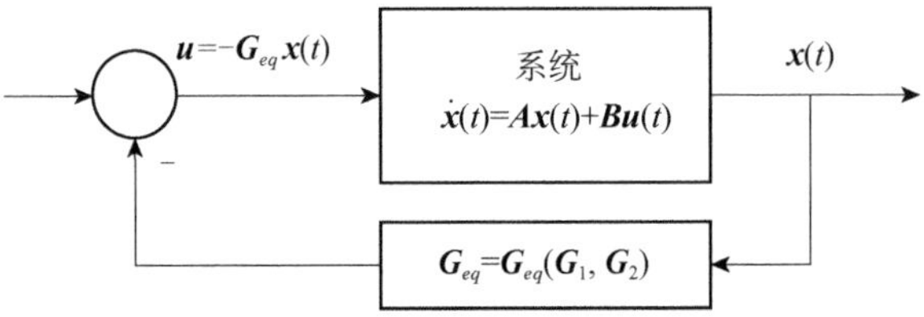

图 1.1　两级全状态反馈 $G_{eq}=G_{eq}(G_1,G_2)$ 设计图（其中 G_1 控制系统的一部分，G_2 控制系统的其余部分）

（3）所有的数值运算都是用子系统对应的降阶矩阵完成的，因此计算要求大大减少（特别是对于二时间和三时间尺度线性系统）.

（4）可以获得非常高的精度，因为可以消除高阶矩阵的数值不良条件，并且利用良好条件的低阶矩阵（特别是二时间和三时间尺度系统）进行计算.

（5）该设计可扩展用于开发相应的两级和三级观测器与卡尔曼滤波器，以及观测器和卡尔曼滤波器驱动控制器（因此，它也可扩展到随机系统），包括它们的两级和三级时间尺度系统.

（6）该设计对每个局部子系统的设计都是独立的，因此它为部分全状态反馈（对于所有状态变量都可用于反馈的子系统）和部分输出反馈（对于只有输出信号可用于反馈的子系统）的开发提供了灵活性.

（7）使用两级和三级设计，可以提高鲁棒性和可靠性，并且可以提高反馈控制回路的安全性，现如今显得非常重要，尤其是对于网络物理系统.

（8）即使在全局系统不可控（可观测）但局部子系统可控（可观测）的情况下，所需的局部控制器、观测器和滤波器的设计也可能是可行的. 在这种情况下，这些控制器、观测器和滤波器可以为线性动态系统的特定子系统设计.

在第（8）项中的描述可通过以下简单示例进行说明.

例 1.1　考虑线性连续时间系统

$$\frac{d\boldsymbol{x}(t)}{dt}=\begin{bmatrix}\dfrac{dx_1(t)}{dt}\\ \dfrac{dx_2(t)}{dt}\end{bmatrix}=\begin{bmatrix}a_1 & 0\\ 0 & a_2\end{bmatrix}\begin{bmatrix}x_1(t)\\ x_2(t)\end{bmatrix}+\begin{bmatrix}b_1\\ b_2\end{bmatrix}\boldsymbol{u}(t),\quad b_1\neq 0, b_2\neq 0$$

解得可控性矩阵，即

$$\boldsymbol{C}(\boldsymbol{A},\boldsymbol{b})=[\boldsymbol{B}\quad \boldsymbol{AB}]=\begin{bmatrix}b_1 & a_1b_1\\ b_2 & a_2b_2\end{bmatrix}$$

容易看出，该系统对于 $a_1 = a_2$ 是不可控的．然而，局部子系统对 $b_1 \neq 0, b_2 \neq 0$ 具有局部可控性，因此可以设计局部线性二次型最优控制器或将局部闭环系统特征值放置在所需位置．可以为局部可观测性构建类似的示例．

两级、三级和四级反馈设计适用于几乎所有类型的离散时间线性时不变系统和连续时间线性时不变系统以及线性化时不变系统．当介绍这些多级的反馈设计技术时，我们将在相应的章节中阐述其可行性条件．

在本书中，我们将讨论将两级、三级和四级反馈设计技术扩展到大规模（复杂）系统的一般多级反馈设计的可能性，以便保留两级和三级反馈设计的优点（1）～（7）．上述一些功能，特别是特点（7），在智能电网、互联网、通信网络以及系统生物学和化学网络等大规模系统中显得极其重要．在图 1.2 中，我们给出了线性系统多级反馈控制器设计的符号示意图，其中不同的控制器针对系统的不同部分（子系统）独立设计．

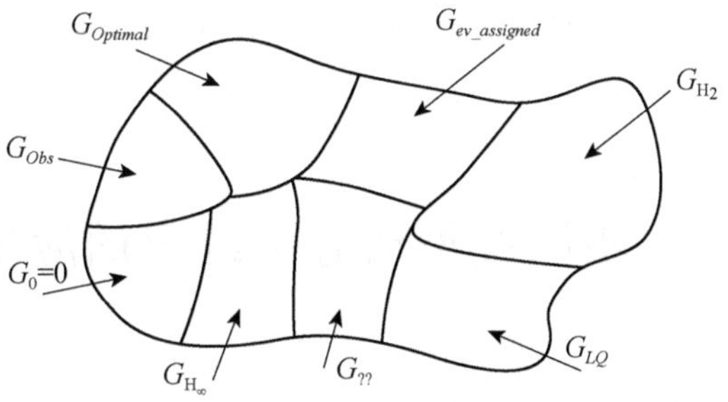

图 1.2 多级反馈控制器设计的符号示意图

G_{LQ}：线性二次型最优；G_{H_2}：H_2-最佳；G_{H_∞}：H_∞-鲁棒最优；G_{Obs}：基于观测器的控制器；$G_{ev\_assigned}$：特征值分配；G_0：未应用子系统反馈控制；$G_{??}$：任意线性反馈控制器；$G_{Optimal}$：最优增益

在对两级、三级和四级以及一般多级反馈设计线性时不变系统时，应首先进行适当的划分并确定其子系统．可以使用以下几个条件进行分区：

（1）基于子系统部件的物理性质（系统的自然分解）；

（2）根据必须满足的条件，使分区系统对多级反馈设计可行；

（3）基于必须满足的数学条件来求解相应的设计方程；

（4）控制需求（系统的哪些部分应通过本地反馈控制器进行独立控制）；

（5）对状态空间变量进行分组，使子系统满足局部控制器、观测器、滤波器的可控性（稳定性）以及可观测性（可检测性）．

1.1 总　　论

本书前四章提出了关于连续时间和离散时间线性动态系统的两级和三级反馈控制器设计. 设计结果表明了这是一项成熟的控制器系统设计技术，作者已在期刊和会议上发表了相关成果. 目前，作者正在完成离散系统的三级反馈控制器设计和连续系统的四级反馈控制器设计. 这些结果也专门用于质子交换膜燃料电池相关的三时间和四时间尺度线性系统. 从我们的经验来看，设计阶段越多，控制器的效率越高，控制器的适用条件和相应的非线性代数方程的求解就会变得越来越困难. 第 5 章和第 6 章分别介绍了三级离散时间反馈控制器设计和四级连续时间反馈控制器设计的主要思想与完整推导，但这些领域仍有待研究，特别是在三时间尺度离散线性系统和四时间尺度线性时不变连续时间动态系统中的应用.

1.2 不同类型动态系统中的应用

本书的研究结果是针对线性连续和离散时不变的动态系统，所得结果可直接推广到非线性动态系统的线性化模型. 作者认为，本研究也可推广到分布参数系统的线性化模型，这些分布参数系统由无穷多组二阶常微分方程、柔性空间结构模型和二阶非经典阻尼线性力学系统构成. 分布参数系统（用偏微分方程描述的无限维系统）的线性化模型可以用无穷个二阶常微分方程集在模态坐标中表示（Meirovitch and Baruh，1983；Baruh and Choe，1990）. 柔性结构，特别是大空间柔性结构，可以用无穷多的纯振子（特征值在虚轴上）和弱阻尼振子（特征值在非常接近虚轴的稳定半复平面上）来建模（Gawronski and Juang，1990；Gawronski 1994，1998）. 这些技术将为两级、三级和四级反馈控制器设计技术应用于相应的动态系统提供条件.

1.3 提高系统鲁棒性、可靠性和安全性

为每个局部子系统设计单独的控制器，将提高系统的鲁棒性、可靠性和安全性，对于当今大型（复杂）系统，如电网、供水网络、互联网、通信网络、生物网络、化学网络和一般的网络物理系统，这一点显得尤为重要．值得注意的是，在多级反馈设计技术中，反馈回路的总数与原始全状态反馈系统保持一致，但反馈回路是根据子系统和所使用的反馈算法分组的，因此，自然很少会提示全局故障．如果一组反馈循环失败，剩下的组将正常工作，有可能仍然能提供令人满意的系统性能．我们期望，在未来，多级反馈设计可以成功地扩展到控制网络物理系统和相应的线性二次动态博弈中(Pasqualetti et al.，2015；Zhu and Basar，2015)．例如，可以专门设计一些反馈增益来抵御针对特定子系统的外部恶意攻击．

1.4 本书结构

在绪论之后，第 2 章详细介绍了线性时不变动态系统的连续两级反馈控制器设计技术，给出了设计所需的所有代数和微分方程、新导出的矩阵公式的表达式，以及适用两级控制器设计的条件．所得结果专门用于双时间尺度的奇异摄动线性系统，强调了这类线性时不变系统设计的简化．为此，此示例遵循 Radisavljević-Gajić 和 Rose 在 2014 年的基本研究结果．该设计首先在一个十阶重整制氢器（氢气处理系统）上进行论证．该重整器从富氢燃料中生产 PEM 燃料电池运行所必需的氢气．书中给出了慢速子系统和快速子系统特征值分配控制器的设计方法．此外，针对该双时间尺度系统，设计了一种混合最优线性二次慢速与基于特征值分配的快速控制器．

在第 2 章的第二部分，我们根据 Radisavljević-Gajić 等在 2015 年的研究结果，将两级控制器设计方法应用于 PEM 燃料电池的八阶模型．我们还提出了将设计代数方程作为线性代数方程组有效求解的有效不动点和牛顿法类型的数值算法．在本章的最后，我们为所考虑的燃料电池模型设计了一个观测器，用于估

计全状态反馈控制器设计所需的所有状态变量（特征值分配或线性二次型最优控制器）. 就像在氢气重整的情况下，我们为该燃料电池独立设计了慢速和快速子系统的特征值分配控制器，以及整个 PEM 燃料电池模型的混合最优慢速和特征值分配快速控制器.

第 3 章涉及离散时间线性系统两级反馈控制器的设计. 本章遵循 Radisavljević-Gajić（2015a，2015b）的结果. 与连续时间域的控制一样，我们推导并建立了设计所需的所有设计代数方程和微分方程，给出了用于新推导出的设计矩阵公式的表达式，以及适用两级设计的条件. 此外，专门研究了所得的结果，并将其简化为双时间尺度离散线性系统. 同时考虑了这类系统的慢时标形式和快时标形式. 通过一个电力系统（慢时间尺度公式）和一个蒸汽动力系统（快时间尺度公式）的例子，验证了设计效率.

第 4 章给出了连续时间三级反馈控制器的设计. 我们首先指出了三级反馈控制器设计的细节以及与两级反馈控制器设计的区别. 我们提出了所有的设计公式，推导了相应的代数方程，并建立了这种设计可能的条件. 像在第 2 章和第 3 章一样，我们已经专门研究和简化了三时间尺度奇异摄动系统的设计，并展示了如何使用像定点迭代求解线性代数方程组一样来求解所有需要的非线性方程组. 以一个八阶 PEM 燃料电池模型为例，验证了所提出的三级三时间尺度反馈控制器设计的有效性. 我们设计了几种控制器类型：（1）三个子系统的特征值分配控制器；（2）只针对慢速子系统设计线性二次型最优控制器，而针对快速、极快速子系统不使用控制器的线性二次型最优控制器（部分优化）；（3）仅使用子系统数据为每个子系统独立设计线性二次型最优控制器（慢、快和非常快）. 本章的介绍紧跟 Radisavljević-Gajić 和 Milanović 在 2016 年以及 Radisavljević-Gajić 等在 2017 年发表的论文.

第 5 章内容与第 4 章的连续时间推导相似，完整地推导了一般线性时不变离散系统的三级反馈控制器. 本章还讨论了三级离散系统反馈控制器设计的主要思想和可能的推导. 目前，这类系统问题的公式尚未确定，至少有四种不同的公式可用于线性离散系统的三级三时间尺度反馈控制器设计. 因此，这一主题仍然是未来一个值得研究的开放领域.

第 6 章给出了连续四级线性时不变系统反馈控制器设计的完整推导. 尽管本章报告的结果是由第 4 章介绍的三级连续反馈控制器设计结果推导而来的，但这些推导与第 4 章的不同. 这里的推导要复杂得多，得到的设计所需的代数方程也要复杂得多. 目前还没有明确的方法可用于解决这些代数方程的一般问题. 因此，这将是未来有待研究的问题. 我们希望在四阶奇异摄动系统的情况下，将得到的代数方程进行相当程度的简化，这些代数方程中存在的小的奇异摄动参数，这些参数也许会为采用定点迭代法或牛顿法解方程提供了新的思路. 这就引出了该控制系统领域的另一个有待研究的问题.

第 7 章讨论了质子交换膜燃料电池数学模型的建模、系统分析和控制问题. El-Sharkh 等（2004）的三阶线性模型与 Gemmen（2003）和 Chiu 等（2004）的双线性三阶模型，考虑了三个基本的燃料电池状态空间变量：氢气压力、氧气压力和阴极侧水蒸气压力. 我们从这些模型出发，证明了这些三阶模型具有一些基本的可控性问题. 三阶燃料电池数学模型的介绍紧跟作者的论文（Radisavljević，2011；Radisavljević-Gajić and Graham，2017）. 此外，在本章的第一部分，我们还讨论了 Na 和 Gou（2008）开发的五阶非线性模型，Gou 等（2010）在其论文中也详细考虑了该模型.

在第 7 章的第二部分，我们还讨论了 Milanović 等（2017）为维拉诺瓦大学相应实验室使用的 Greenlight Innovation G60 燃料电池导出的五阶非线性燃料电池模型. 该模型的状态空间变量为阴极中氧气的质量、阴极中氮气的质量、阳极中氢气的质量、阳极中水蒸气的质量和阴极中水蒸气的质量. 模型与实验结果吻合较好. 在本章的最后，基于 Pukrushpan 等（2004a，2004b）报告的结果，提出了应用于汽车的 PEM 燃料电池的八阶模型. 除了阴极中氧气的质量、阴极中氮气的质量、阳极中氢气的质量、阳极中水蒸气的质量和阴极中水蒸气的质量外，由于燃料电池在电动汽车中的特殊应用，Pukrushpan 等（2004a，2004b）的模型将这些参数作为状态变量，具有进气（供应）和排气（返回）歧管中的气体动力学. 这个模型可以在双时间尺度、三时间尺度及最终的四时间尺度上进行研究. 本书也通过几个案例对该模型进行了研究.

第 8 章介绍了氢气天然气处理系统（也称为氢气转化器）的一些基本控制策略，该系统通过简单的物理过程从天然气中提供纯氢气，效率约为 50%. 这些氢气随后被用于 PEM 燃料电池. 本章基于作者 Radisavljević-Gajić 和 Rose（2015）的研究论文，首先设计了一个降阶观测器，用于估计十阶氢气转化器的状态变量. 该控制器具有两个反馈控制器和一个前馈控制器. 反馈控制器是处理恒定扰动的积分控制器和线性二次型最优控制器. 前馈控制器消除了燃料电池电流引起的扰动. 结果是通过严格的动态线性二次优化得到的. 仿真结果表明，所设计的控制器具有良好的抗大扰动能力. 此外，所提出的控制器优于用于相同氢气处理系统的相应全阶观测器控制器.

第 9 章讨论了将所提出的方法推广到由 N 个子系统组成的线性动态系统的一般多级反馈控制器设计的思想和研究问题，包括运行在 N 时间尺度上的线性动态系统. N 级 N 时间尺度线性反馈控制器设计是最终的研究目标. 本研究是这一方向的第一步，我们相信需要几年的时间才能完全解决一般的多级反馈控制器设计问题. 这是当前控制工程研究的一个有趣而富有挑战性的领域.

1.5 附　　注

第 2～4 章、第 7 章和第 8 章部分使用了我们以前发表的期刊和会议论文的材料，包括 3 篇期刊论文和 5 篇会议论文. 剩下的四章是我们的原创. 我们获得了美国机械工程师协会（American Society of Mechanical Engineers，ASME）的授权，可以在本研究专著中使用会议论文内的材料. Elsevier 授予了我们 2 篇期刊论文的使用许可. 每一章的末尾会确认每一篇特定论文都得到了授权许可，并清楚地标出特定的书的章节、论文和授予许可的出版商.

第 2 章　连续时间两级反馈控制器设计

在本章中，我们首先提出了一种两级反馈的通用算法，根据 Radisavljević-Gajić 和 Rose（2014）的结果，为线性连续时间时不变动态系统设计了控制器. 2.1 节所建议的设计大大降低了计算要求，并提供了设计的灵活性，可用于为系统的不同动态部分设计不同类型的控制器，从而构成给定系统的子系统. 2.2 节中，新提出的设计进一步简化，专门用于线性具有慢模式和快模式的动态系统（奇异摄动线性系统）. 2.3 节中，将所述的算法有效地应用于重整制氢器的反馈控制器. 该重整制氢器从富氢燃料（如天然气或甲醇）产生氢气用于燃料电池. 2.4 节和 2.5 节中，我们展示了所提出的算法在设计质子交换膜燃料电池反馈控制器上的应用，其中包括设计了基于观测器的控制器.

2.1　两级线性反馈控制器设计

线性状态反馈控制器的设计在工程应用中起着重要作用（Ogata，1995；Sinha，2007；Chen，2012）. 本节介绍了 Radisavljević-Gajić 和 Rose（2014）开发的设计算法. 考虑一个线性时不变动态系统，以分区形式表示为

$$\frac{d\boldsymbol{x}(t)}{dt}=\begin{bmatrix}\dfrac{d\boldsymbol{x}_1(t)}{dt}\\ \dfrac{d\boldsymbol{x}_2(t)}{dt}\end{bmatrix}=\begin{bmatrix}\boldsymbol{A}_{11} & \boldsymbol{A}_{12}\\ \boldsymbol{A}_{21} & \boldsymbol{A}_{22}\end{bmatrix}\begin{bmatrix}\boldsymbol{x}_1(t)\\ \boldsymbol{x}_2(t)\end{bmatrix}+\begin{bmatrix}\boldsymbol{B}_{11}\\ \boldsymbol{B}_{22}\end{bmatrix}\boldsymbol{u}(t)=\boldsymbol{A}\boldsymbol{x}(t)+\boldsymbol{B}\boldsymbol{u}(t) \tag{2.1}$$

式中 $\boldsymbol{x}(t)\in\mathbf{R}^n$，$\boldsymbol{x}_1(t)\in\mathbf{R}^{n_1}$，$\boldsymbol{x}_2(t)\in\mathbf{R}^{n_2}$，且 $n=n_1+n_2$ 表示状态空间变量，$\boldsymbol{u}(t)\in\mathbf{R}^m$

表示系统控制输入向量，$\boldsymbol{A}_{ij}$ 和 $\boldsymbol{B}_{ii}$ $(i,j=1,2)$是适当大小的常数矩阵．矩阵 $\boldsymbol{A}_{11}$ 和 $\boldsymbol{A}_{22}$ 定义了大小为 n_1 和 n_2 的子系统，分别对应于状态变量 $\boldsymbol{x}_1(t)$ 和 $\boldsymbol{x}_2(t)$．矩阵 $\boldsymbol{A}_{12}$ 和 $\boldsymbol{A}_{21}$ 定义了子系统之间的耦合．

在本节的后续部分中，将说明如何简化在不同子系统上独立运行的独立控制器．尽管子系统（用 $\boldsymbol{x}_1(t)$ 和 $\boldsymbol{x}_2(t)$ 表示）之间是强耦合的，并且两个子系统具有共同的输入量 $\boldsymbol{u}(t)$．

下文中，我们将说明如何独立地找到子系统反馈增益，随后用作复合的全状态反馈增益，如图 1.1 所示．

由于找到了两种合适的相似变换形式（Chen，2012），新的两级线性反馈算法相继应用于系统（2.1）．在设计结束时，线性反馈增益在式（2.1）定义的原始系统坐标中获得．

Philips（1980a，1980b，1983）的经典著作描述了线性反馈控制器的两级设计的第一个结果，这一结果出现在连续时间和离散时间两种情况下．Radisavljević-Gajić 和 Rose（2014）将 Philips 的经典工作进行了简化，提出了一种可以减少计算要求的算法．Radisavljević-Gajić 和 Rose（2014）提出的两级线性反馈控制器设计，分为五个步骤，如下所述．

第一级

第 1 步：将状态变量按式（2.2）进行变换后应用于式（2.1）

$$\boldsymbol{\eta}(t)=\boldsymbol{L}\boldsymbol{x}_1(t)+\boldsymbol{x}_2(t) \tag{2.2}$$

式中，$\boldsymbol{L}$ 满足由式（2.3）定义的非对称非平方里卡蒂代数方程：

$$\boldsymbol{L}\boldsymbol{A}_{11}-\boldsymbol{A}_{22}\boldsymbol{L}-\boldsymbol{L}\boldsymbol{A}_{12}\boldsymbol{L}+\boldsymbol{A}_{21}=0 \tag{2.3}$$

非对称代数方程式（2.3）出现在系统和控制理论的一些领域中，得到了控制系统和应用数学研究者的广泛研究，参见 Medanic（1982），Gao 和 Bai（2010），以及其中的参考文献．通常，还可以使用特征向量方法进行求解，见 Medanic（1982）．

通过式（2.4）所示的线性变换，将初始状态变量与新的状态变量联系起来：

$$\begin{bmatrix}\boldsymbol{x}_1(t)\\ \boldsymbol{\eta}(t)\end{bmatrix}=\boldsymbol{T}_{1new}\begin{bmatrix}\boldsymbol{x}_1(t)\\ \boldsymbol{x}_2(t)\end{bmatrix}=\begin{bmatrix}\boldsymbol{I} & 0\\ \boldsymbol{L} & \boldsymbol{I}\end{bmatrix}\begin{bmatrix}\boldsymbol{x}_1(t)\\ \boldsymbol{x}_2(t)\end{bmatrix} \tag{2.4}$$

其逆变换为

$$\begin{bmatrix} x_1(t) \\ x_2(t) \end{bmatrix} = T_{1new}^{-1} \begin{bmatrix} x_1(t) \\ \eta(t) \end{bmatrix} = \begin{bmatrix} I & 0 \\ -L & I \end{bmatrix} \begin{bmatrix} x_1(t) \\ \eta(t) \end{bmatrix} \tag{2.5}$$

将变量的变换式（2.2）代入式（2.1），得

$$\begin{bmatrix} \dfrac{dx_1(t)}{dt} \\ \dfrac{d\eta(t)}{dt} \end{bmatrix} = \begin{bmatrix} A_{11} - A_{12}L & A_{12} \\ 0 & A_{22} + LA_{12} \end{bmatrix} \begin{bmatrix} x_1(t) \\ \eta(t) \end{bmatrix} + \begin{bmatrix} B_{11} \\ B_{22} + LB_{11} \end{bmatrix} u(t)$$

$$= \begin{bmatrix} A_1 & A_{12} \\ 0 & A_2 \end{bmatrix} \begin{bmatrix} x_1(t) \\ \eta(t) \end{bmatrix} + \begin{bmatrix} B_{11} \\ B_2 \end{bmatrix} u(t) \tag{2.6}$$

其中

$$A_1 = A_{11} - A_{12}L,\quad A_2 = A_{22} + LA_{12},\quad B_2 = B_{22} + LB_{11} \tag{2.7}$$

第 2 步：运用反馈控制

$$u(t) = -G_2\eta(t) + v(t)$$

设置η子系统的闭环特征值，并得到式（2.8）所示的线性系统：

$$\begin{bmatrix} \dfrac{dx_1(t)}{dt} \\ \dfrac{d\eta(t)}{dt} \end{bmatrix} = \begin{bmatrix} A_1 & A_{12} - B_{11}G_2 \\ 0 & A_2 - B_2G_2 \end{bmatrix} \begin{bmatrix} x_1(t) \\ \eta(t) \end{bmatrix} + \begin{bmatrix} B_{11} \\ B_2 \end{bmatrix} v(t) \tag{2.8}$$

第二级

第 3 步：将状态变量进行另一种变换，如式（2.9）所示

$$\xi(t) = x_1(t) - P\eta(t) \tag{2.9}$$

式中，P 满足式（2.10）所示的线性西尔维斯特代数方程（Chen，2012）：

$$A_1P - P(A_2 - B_2G_2) + A_{12} - B_{11}G_2 = 0 \tag{2.10}$$

其中，矩阵 A_1，A_2，B_2 由式（2.7）定义．由此，定义了另一个相似变换

$$\begin{bmatrix} \xi(t) \\ \eta(t) \end{bmatrix} = T_{2new} \begin{bmatrix} x_1(t) \\ \eta(t) \end{bmatrix} = \begin{bmatrix} I & -P \\ 0 & I \end{bmatrix} \begin{bmatrix} x_1(t) \\ \eta(t) \end{bmatrix} \tag{2.11}$$

其逆变换①为

$$\begin{bmatrix} x_1(t) \\ \eta(t) \end{bmatrix} = T_{2new}^{-1} \begin{bmatrix} \xi(t) \\ \eta(t) \end{bmatrix} = \begin{bmatrix} I & P \\ 0 & I \end{bmatrix} \begin{bmatrix} \xi(t) \\ \eta(t) \end{bmatrix} \tag{2.12}$$

① 式（2.12）右端 $\xi(t)$，此处原书中为 $x_1(t)$．根据式（2.11）的逆变换可知，此处原书有误．译者更正了符号．——译者注

由此，得到

$$\begin{bmatrix}\dfrac{d\boldsymbol{\xi}(t)}{dt}\\ \dfrac{d\boldsymbol{\eta}(t)}{dt}\end{bmatrix}=\begin{bmatrix}\boldsymbol{A}_1 & 0\\ 0 & \boldsymbol{A}_2-\boldsymbol{B}_2\boldsymbol{G}_2\end{bmatrix}\begin{bmatrix}\boldsymbol{\xi}(t)\\ \boldsymbol{\eta}(t)\end{bmatrix}+\begin{bmatrix}\boldsymbol{B}_{11}-\boldsymbol{P}\boldsymbol{B}_2\\ \boldsymbol{B}_2\end{bmatrix}\boldsymbol{v}(t) \tag{2.13}$$

第 4 步：为$\boldsymbol{\xi}$子系统添加状态反馈（如下式所示）

$$\boldsymbol{v}(t)=-\boldsymbol{G}_1\boldsymbol{\xi}(t)$$

得到

$$\begin{bmatrix}\dfrac{d\boldsymbol{\xi}(t)}{dt}\\ \dfrac{d\boldsymbol{\eta}(t)}{dt}\end{bmatrix}=\begin{bmatrix}\boldsymbol{A}_1-(\boldsymbol{B}_{11}-\boldsymbol{P}\boldsymbol{B}_2)\boldsymbol{G}_1 & 0\\ -\boldsymbol{B}_2\boldsymbol{G}_1 & \boldsymbol{A}_2-\boldsymbol{B}_2\boldsymbol{G}_2\end{bmatrix}\begin{bmatrix}\boldsymbol{\xi}(t)\\ \boldsymbol{\eta}(t)\end{bmatrix} \tag{2.14}$$

由于式(2.14)是一个下三角矩阵，其特征值是$\boldsymbol{A}_2-\boldsymbol{B}_2\boldsymbol{G}_2$和$\boldsymbol{A}_1-(\boldsymbol{B}_{11}-\boldsymbol{P}\boldsymbol{B}_2)\boldsymbol{G}_1$的特征值的并集，后两者都设置在子系统级别.

第 5 步：采用式（2.15）所示的相似变换，获得原始坐标中的反馈增益：

$$\begin{aligned}\boldsymbol{u}(\boldsymbol{x}(t))&=-\begin{bmatrix}0 & \boldsymbol{G}_2\end{bmatrix}\begin{bmatrix}\boldsymbol{x}_1(t)\\ \boldsymbol{\eta}(t)\end{bmatrix}-\begin{bmatrix}\boldsymbol{G}_1 & 0\end{bmatrix}\begin{bmatrix}\boldsymbol{\xi}(t)\\ \boldsymbol{\eta}(t)\end{bmatrix}\\
&=-\begin{bmatrix}0 & \boldsymbol{G}_2\end{bmatrix}\begin{bmatrix}\boldsymbol{x}_1(t)\\ \boldsymbol{\eta}(t)\end{bmatrix}-\begin{bmatrix}\boldsymbol{G}_1 & 0\end{bmatrix}\boldsymbol{T}_{2new}\begin{bmatrix}\boldsymbol{x}_1(t)\\ \boldsymbol{\eta}(t)\end{bmatrix}\\
&=-\left\{\begin{bmatrix}0 & \boldsymbol{G}_2\end{bmatrix}+\begin{bmatrix}\boldsymbol{G}_1 & 0\end{bmatrix}\boldsymbol{T}_{2new}\right\}\boldsymbol{T}_{1new}\begin{bmatrix}\boldsymbol{x}_1(t)\\ \boldsymbol{x}_2(t)\end{bmatrix}\\
&=-\left\{\begin{bmatrix}0 & \boldsymbol{G}_2\end{bmatrix}+\begin{bmatrix}\boldsymbol{G}_1 & 0\end{bmatrix}\begin{bmatrix}\boldsymbol{I} & -\boldsymbol{P}\\ 0 & \boldsymbol{I}\end{bmatrix}\right\}\begin{bmatrix}\boldsymbol{I} & 0\\ \boldsymbol{L} & \boldsymbol{I}\end{bmatrix}\begin{bmatrix}\boldsymbol{x}_1(t)\\ \boldsymbol{x}_2(t)\end{bmatrix}\\
&=-\begin{bmatrix}\boldsymbol{G}_1 & \boldsymbol{G}_2-\boldsymbol{G}_1\boldsymbol{P}\end{bmatrix}\begin{bmatrix}\boldsymbol{I} & 0\\ \boldsymbol{L} & \boldsymbol{I}\end{bmatrix}\begin{bmatrix}\boldsymbol{x}_1(t)\\ \boldsymbol{x}_2(t)\end{bmatrix}\\
&=-\begin{bmatrix}\boldsymbol{G}_1+(\boldsymbol{G}_2-\boldsymbol{G}_1\boldsymbol{P})\boldsymbol{L} & \boldsymbol{G}_2-\boldsymbol{G}_1\boldsymbol{P}\end{bmatrix}\begin{bmatrix}\boldsymbol{x}_1(t)\\ \boldsymbol{x}_2(t)\end{bmatrix}\\
&=-\boldsymbol{G}_{1eq}\boldsymbol{x}_1(t)-\boldsymbol{G}_{2eq}\boldsymbol{x}_2(t)=-\boldsymbol{G}_{eq}\boldsymbol{x}(t)=-\begin{bmatrix}\boldsymbol{G}_{1eq} & \boldsymbol{G}_{2eq}\end{bmatrix}\boldsymbol{x}(t)\end{aligned} \tag{2.15}$$

其中，原始状态空间变量的等效反馈增益如式（2.16）所示.

$$\boldsymbol{G}_{1eq}=\boldsymbol{G}_1+(\boldsymbol{G}_2-\boldsymbol{G}_1\boldsymbol{P})\boldsymbol{L},\quad \boldsymbol{G}_{2eq}=\boldsymbol{G}_2-\boldsymbol{G}_1\boldsymbol{P} \tag{2.16}$$

所提出的设计需要非对称非平方代数方程组的解. 注意，非对称非平方代数方程有许多实解（Medanic，1982），一般来说，任何实解都将用于该线性反馈控制器的两级设计．由于 $\boldsymbol{L}$ 的非唯一性，所提出的一般技术并不是唯一的方法．这是一个优点，正因如此，所提出的设计可以提供多个子系统的分解对，而考虑到其可实施性，只有一个子系统是满足设计条件（假设）的就足够了．式（2.3）中定义的非对称非平方代数方程的解可以通过特征向量法从相应的 $n\times n$ 矩阵 $\boldsymbol{H}$ 的广义特征向量获得（参见如 Medanic（1982）以及 Bingulac 和 Van Landingham（1993）的研究文献）：

$$\boldsymbol{H}=\begin{bmatrix}\boldsymbol{A}_{11} & \boldsymbol{A}_{12}\\ \boldsymbol{A}_{21} & \boldsymbol{A}_{22}\end{bmatrix}^{n\times n} \tag{2.17}$$

例如，使用 Bingulac 和 Van Landingham（1993）的算法，需要从 $\boldsymbol{H}$ 的对应实特征向量形成矩阵 $\boldsymbol{V}$，并且对于 $\boldsymbol{H}$ 的所有复共轭特征向量，将其实部和虚部放入矩阵 $\boldsymbol{V}$ 中而舍弃其复共轭对．划分矩阵 $\boldsymbol{V}$，如式（2.18）所示．

$$\boldsymbol{V}^{n\times n}=\begin{bmatrix}\boldsymbol{V}_1^{n\times n_1} & \boldsymbol{V}_2^{n\times n_2}\end{bmatrix}=\begin{bmatrix}\boldsymbol{V}_{11}^{n_1\times n_1} & \boldsymbol{V}_{21}^{n_1\times n_2}\\ \boldsymbol{V}_{12}^{n_2\times n_1} & \boldsymbol{V}_{22}^{n_2\times n_2}\end{bmatrix} \tag{2.18}$$

采用式（2.19）（Medanic，1982；Bingulac and Van Landingham，1993）可以获得 $\boldsymbol{L}$ 的任何解：

$$\boldsymbol{L}=\boldsymbol{V}_{12}\boldsymbol{V}_{11}^{-1} \tag{2.19}$$

2.2　慢速和快速系统的两级反馈设计

具有慢速和快速两种模式的线性系统（奇异摄动系统（Kokotovic 等（1999）与 Naidu 和 Calise（2001）也称为多时间尺度系统））特别适合采用两级反馈设计．一般来说，对于这类系统，如果试图采用整个（全阶）系统设计线性反馈控制器，就会出现数值病态条件．奇异摄动系统在工程和科学中有许多应用（Kokotovic et al.，1999；Naidu and Calise，2001），在机械工程和航空航天工程领域中发挥着重要作用（Hsiao et al.，2001；Naidu and Calise，2001；Chen et al.，2002；Shapira and Ben-Asher，2004；Demetriou and Kazantzis，2005；Wang and Ghorbel，2006；Amjadifard et al.，2011；Kuehn，2015）．

在本节中，通过将系统设定为奇异摄动线性系统，将 2.1 节中提出的控制器设计进一步简化，从而只需要获得线性代数方程的解．相应控制器的数字实现将允许慢速（大采样率）和快速（小采样率）控制器使用不同的采样率．否则，如果没有两级设计，整个系统的数字控制器将需要很小的采样率才能完成控制．此外，对于这一类线性动态系统，相应的两级设计代数方程对于足够小的奇异摄动参数值具有唯一的解．

相应的线性时不变连续时间奇异摄动系统定义如式（2.20）所示：

$$\begin{bmatrix} \dfrac{d\boldsymbol{x}_1(t)}{dt} \\ \varepsilon\dfrac{d\boldsymbol{x}_2(t)}{dt} \end{bmatrix} = \begin{bmatrix} \boldsymbol{A}_{11} & \boldsymbol{A}_{12} \\ \boldsymbol{A}_{21} & \boldsymbol{A}_{22} \end{bmatrix} \begin{bmatrix} \boldsymbol{x}_1(t) \\ \boldsymbol{x}_2(t) \end{bmatrix} + \begin{bmatrix} \boldsymbol{B}_{11} \\ \boldsymbol{B}_{22} \end{bmatrix} \boldsymbol{u}(t) \tag{2.20}$$
$$\boldsymbol{y}(t) = \boldsymbol{C}_1\boldsymbol{x}_1(t) + \boldsymbol{C}_2\boldsymbol{x}_2(t)$$

其中，ε是一个很小的正奇异摄动参数，表示状态空间变量分离为慢速状态变量$\boldsymbol{x}_1(t)$和快速状态变量$\boldsymbol{x}_2(t)$．2.1 节中已经定义了状态变量、控制输入和常量矩阵的维度．奇异摄动系统理论中的一个标准假设是，矩阵$\boldsymbol{A}_{22}$是非奇异的（Kokotovic et al.，1999；Naidu and Calise，2001）．因此，在本章的后续工作中提出了假设 2.1．

假设 2.1 快速子系统矩阵$\boldsymbol{A}_{22}$是非奇异的．

在奇异摄动系统的情况下，Radisavljević-Gajić 和 Rose（2014）提出的两级反馈设计将设计过程简化，分成了以下两个阶段的步骤．

第一级

第 1 步：求解里卡蒂代数方程式（2.3），在奇异摄动系统中，由于存在很小的正奇异摄动参数ε，其形式如式（2.21）所示．

$$\varepsilon\boldsymbol{L}\boldsymbol{A}_{11} - \boldsymbol{A}_{22}\boldsymbol{L} - \varepsilon\boldsymbol{L}\boldsymbol{A}_{12}\boldsymbol{L} + \boldsymbol{A}_{21} = 0 \tag{2.21}$$

基于假设 2.1，当ε值足够小时，存在式（2.21）的唯一解．在该假设下，对线性代数方程组进行式（2.22）所示的定点迭代，可以有效求解式（2.21）．

$$\boldsymbol{A}_{22}\boldsymbol{L}^{(i+1)} = \boldsymbol{A}_{21} + \varepsilon\boldsymbol{L}^{(i)}\boldsymbol{A}_{11} - \varepsilon\boldsymbol{L}^{(i)}\boldsymbol{A}_{12}\boldsymbol{L}^{(i)},\quad \boldsymbol{L}^{(0)} = \boldsymbol{A}_{22}^{-1}\boldsymbol{A}_{21},\quad i = 1,2,\cdots,k \tag{2.22}$$

可以看出，该算法会按$O(\varepsilon)$的收敛率进行收敛，这意味着在i次迭代之后，会达到$O(\varepsilon^i)$的精度．$O(\varepsilon^i)$的定义为$O(\varepsilon^i) < c\varepsilon^i$，其中，$c$是有界常数，$i$是实数．此外，如果$\varepsilon$不是足够小的，则可以使用特征向量法（Medanic，1982）来求解式（2.21）．

对式（2.20）进行变量变换：

$$\boldsymbol{x}_f(t) = \boldsymbol{L}\boldsymbol{x}_1(t) + \boldsymbol{x}_2(t) \tag{2.23}$$

得到式（2.24）所示的上三角系统.

$$\begin{bmatrix} \dfrac{d\boldsymbol{x}_1(t)}{dt} \\ \varepsilon\dfrac{d\boldsymbol{x}_f(t)}{dt} \end{bmatrix} = \begin{bmatrix} \boldsymbol{A}_{11}-\boldsymbol{A}_{12}\boldsymbol{L} & \boldsymbol{A}_{12} \\ 0 & \boldsymbol{A}_{22}+\varepsilon\boldsymbol{L}\boldsymbol{A}_{12} \end{bmatrix}\begin{bmatrix} \boldsymbol{x}_1(t) \\ \boldsymbol{x}_f(t) \end{bmatrix} + \begin{bmatrix} \boldsymbol{B}_{11} \\ \boldsymbol{B}_{22}+\varepsilon\boldsymbol{L}\boldsymbol{B}_{11} \end{bmatrix}\boldsymbol{u}(t)$$

$$= \begin{bmatrix} \boldsymbol{A}_s & \boldsymbol{A}_{12} \\ 0 & \boldsymbol{A}_f \end{bmatrix}\begin{bmatrix} \boldsymbol{x}_1(t) \\ \boldsymbol{x}_f(t) \end{bmatrix} + \begin{bmatrix} \boldsymbol{B}_{11} \\ \boldsymbol{B}_f \end{bmatrix}\boldsymbol{u}(t) \tag{2.24}$$

其中

$$\boldsymbol{A}_s = \boldsymbol{A}_{11}-\boldsymbol{A}_{12}\boldsymbol{L},\quad \boldsymbol{A}_f = \boldsymbol{A}_{22}+\varepsilon\boldsymbol{L}\boldsymbol{A}_{12},\quad \boldsymbol{B}_f = \boldsymbol{B}_{22}+\varepsilon\boldsymbol{L}\boldsymbol{B}_{11} \tag{2.25}$$

原始状态变量和新状态变量通过式（2.26）所示的相似变换进行关联.

$$\begin{bmatrix} \boldsymbol{\xi}(t) \\ \boldsymbol{\eta}(t) \end{bmatrix} = \boldsymbol{T}_{2new}\begin{bmatrix} \boldsymbol{x}_1(t) \\ \boldsymbol{\eta}(t) \end{bmatrix} = \begin{bmatrix} \boldsymbol{I} & -\boldsymbol{P} \\ 0 & \boldsymbol{I} \end{bmatrix}\begin{bmatrix} \boldsymbol{x}_1(t) \\ \boldsymbol{\eta}(t) \end{bmatrix} \tag{2.26}$$

其逆变换[①]为

$$\begin{bmatrix} \boldsymbol{x}_1(t) \\ \boldsymbol{\eta}(t) \end{bmatrix} = \boldsymbol{T}_{2new}^{-1}\begin{bmatrix} \boldsymbol{\xi}(t) \\ \boldsymbol{\eta}(t) \end{bmatrix} = \begin{bmatrix} \boldsymbol{I} & \boldsymbol{P} \\ 0 & \boldsymbol{I} \end{bmatrix}\begin{bmatrix} \boldsymbol{\xi}(t) \\ \boldsymbol{\eta}(t) \end{bmatrix} \tag{2.27}$$

第 2 步：将反馈控制（如下式所示）应用于快速子系统

$$\boldsymbol{u}(t) = -\boldsymbol{G}_f\boldsymbol{x}_f(t)+\boldsymbol{v}(t)$$

得到

$$\begin{bmatrix} \dfrac{d\boldsymbol{x}_1(t)}{dt} \\ \varepsilon\dfrac{d\boldsymbol{x}_f(t)}{dt} \end{bmatrix} = \begin{bmatrix} \boldsymbol{A}_s & \boldsymbol{A}_{12}-\boldsymbol{B}_{11}\boldsymbol{G}_f \\ 0 & \boldsymbol{A}_f-\boldsymbol{B}_f\boldsymbol{G}_f \end{bmatrix}\begin{bmatrix} \boldsymbol{x}_1(t) \\ \boldsymbol{x}_f(t) \end{bmatrix} + \begin{bmatrix} \boldsymbol{B}_{11} \\ \boldsymbol{B}_f \end{bmatrix}\boldsymbol{v}(t) \tag{2.28}$$

第二级

第 3 步：使用另一个状态变量变换，如式（2.29）所示.

$$\boldsymbol{x}_s(t) = \boldsymbol{x}_1(t)-\varepsilon\boldsymbol{P}\boldsymbol{x}_f(t) \tag{2.29}$$

其中，$\boldsymbol{P}$ 满足西尔维斯特代数方程

$$\varepsilon\boldsymbol{A}_s\boldsymbol{P}-\boldsymbol{P}(\boldsymbol{A}_f-\boldsymbol{B}_f\boldsymbol{G}_f)+\boldsymbol{A}_{12}-\boldsymbol{B}_{11}\boldsymbol{G}_f = 0 \tag{2.30}$$

其中，矩阵 $\boldsymbol{A}_s$，$\boldsymbol{A}_f$ 和 $\boldsymbol{B}_f$ 在式（2.25）中进行了定义. 从式（2.22）中获得 $\boldsymbol{L}$ 后，可以直接将 $\boldsymbol{P}$ 的代数方程式（2.30）作为一个线性西尔维斯特代数方程来进行

① 式（2.27）右端 $\boldsymbol{\xi}(t)$，此处原书为 $\boldsymbol{x}_1(t)$. 根据式（2.26）的逆变换可知，此处原书有误. 译者更正了符号. ——译者注

求解．假设矩阵 $\varepsilon\boldsymbol{A}_s$ 和 $\boldsymbol{A}_f-\boldsymbol{B}_f\boldsymbol{G}_f$ 没有共同的特征值（Chen，2012），则存在唯一的解．奇异摄动系统是始终符合这一假设的，因为其特征值分成了两个簇：靠近虚轴的慢速子系统特征值和远离虚轴的快速子系统特征值．此外，由于 $\lambda(\varepsilon\boldsymbol{A}_s)=\varepsilon\lambda(\boldsymbol{A}_s)$，慢速子系统特征值乘以足够小的正参数 ε，西尔维斯特代数方程式（2.30）的唯一解始终存在（Stewart，1973）.

式（2.29）定义了另一个相似变换

$$\begin{bmatrix}\boldsymbol{x}_s(t)\\ \boldsymbol{x}_f(t)\end{bmatrix}=\boldsymbol{T}_{2sp}\begin{bmatrix}\boldsymbol{x}_1(t)\\ \boldsymbol{x}_f(t)\end{bmatrix}=\begin{bmatrix}\boldsymbol{I} & -\varepsilon\boldsymbol{P}\\ 0 & \boldsymbol{I}\end{bmatrix}\begin{bmatrix}\boldsymbol{x}_1(t)\\ \boldsymbol{x}_f(t)\end{bmatrix} \tag{2.31a}$$

$$\begin{bmatrix}\boldsymbol{x}_1(t)\\ \boldsymbol{x}_f(t)\end{bmatrix}=\boldsymbol{T}_{2sp}^{-1}\begin{bmatrix}\boldsymbol{x}_s(t)\\ \boldsymbol{x}_f(t)\end{bmatrix}=\begin{bmatrix}\boldsymbol{I} & \varepsilon\boldsymbol{P}\\ 0 & \boldsymbol{I}\end{bmatrix}\begin{bmatrix}\boldsymbol{x}_s(t)\\ \boldsymbol{x}_f(t)\end{bmatrix} \tag{2.31b}$$

得到

$$\begin{bmatrix}\dfrac{d\boldsymbol{x}_s(t)}{dt}\\ \varepsilon\dfrac{d\boldsymbol{x}_f(t)}{dt}\end{bmatrix}=\begin{bmatrix}\boldsymbol{A}_s & 0\\ 0 & \boldsymbol{A}_f-\boldsymbol{B}_f\boldsymbol{G}_f\end{bmatrix}\begin{bmatrix}\boldsymbol{x}_s(t)\\ \boldsymbol{x}_f(t)\end{bmatrix}+\begin{bmatrix}\boldsymbol{B}_{11}-\boldsymbol{P}\boldsymbol{B}_f\\ \boldsymbol{B}_f\end{bmatrix}\boldsymbol{v}(t) \tag{2.32}$$

第 4 步：采用状态反馈

$$\boldsymbol{v}(t)=-\boldsymbol{G}_s\boldsymbol{x}_s(t)$$

设置慢速子系统的闭环特征向量，得到

$$\begin{bmatrix}\dfrac{d\boldsymbol{x}_s(t)}{dt}\\ \varepsilon\dfrac{d\boldsymbol{x}_f(t)}{dt}\end{bmatrix}=\begin{bmatrix}\boldsymbol{A}_s-(\boldsymbol{B}_{11}-\boldsymbol{P}\boldsymbol{B}_f)\boldsymbol{G}_s & 0\\ -\boldsymbol{B}_f\boldsymbol{G}_s & \boldsymbol{A}_f-\boldsymbol{B}_f\boldsymbol{G}_f\end{bmatrix}\begin{bmatrix}\boldsymbol{x}_s(t)\\ \boldsymbol{x}_f(t)\end{bmatrix} \tag{2.33}$$

由于式(2.33)是一个下三角矩阵，其特征向量是 $(\boldsymbol{A}_f-\boldsymbol{B}_f\boldsymbol{G}_f)/\varepsilon$ 和 $\boldsymbol{A}_s-(\boldsymbol{B}_{11}-\boldsymbol{P}\boldsymbol{B}_f)\boldsymbol{G}_s$ 的特征向量的并集，两者都设置在子系统级别.

第 5 步：原始系统状态空间坐标中的反馈增益可由式（2.34）得到.

$$\begin{aligned}\boldsymbol{u}(x(t))&=-\begin{bmatrix}0 & \boldsymbol{G}_f\end{bmatrix}\begin{bmatrix}\boldsymbol{x}_1(t)\\ \boldsymbol{x}_f(t)\end{bmatrix}-\begin{bmatrix}\boldsymbol{G}_s & 0\end{bmatrix}\begin{bmatrix}\boldsymbol{x}_s(t)\\ \boldsymbol{x}_f(t)\end{bmatrix}\\ &=-\begin{bmatrix}0 & \boldsymbol{G}_f\end{bmatrix}\begin{bmatrix}\boldsymbol{x}_1(t)\\ \boldsymbol{x}_f(t)\end{bmatrix}-\begin{bmatrix}\boldsymbol{G}_s & 0\end{bmatrix}\boldsymbol{T}_{2sp}\begin{bmatrix}\boldsymbol{x}_1(t)\\ \boldsymbol{x}_f(t)\end{bmatrix}\\ &=-\left\{\begin{bmatrix}0 & \boldsymbol{G}_f\end{bmatrix}+\begin{bmatrix}\boldsymbol{G}_s & 0\end{bmatrix}\boldsymbol{T}_{2sp}\right\}\boldsymbol{T}_{1sp}\begin{bmatrix}\boldsymbol{x}_1(t)\\ \boldsymbol{x}_2(t)\end{bmatrix}\end{aligned}$$

$$=-\left\{\begin{bmatrix}0 & \boldsymbol{G}_f\end{bmatrix}+\begin{bmatrix}\boldsymbol{G}_s & 0\end{bmatrix}\begin{bmatrix}\boldsymbol{I} & -\varepsilon\boldsymbol{P}\\0 & \boldsymbol{I}\end{bmatrix}\right\}\begin{bmatrix}\boldsymbol{I} & 0\\\boldsymbol{L} & \boldsymbol{I}\end{bmatrix}\begin{bmatrix}\boldsymbol{x}_1(t)\\\boldsymbol{x}_2(t)\end{bmatrix}$$

$$=-\begin{bmatrix}\boldsymbol{G}_s & \boldsymbol{G}_f-\varepsilon\boldsymbol{G}_s\boldsymbol{P}\end{bmatrix}\begin{bmatrix}\boldsymbol{I} & 0\\\boldsymbol{L} & \boldsymbol{I}\end{bmatrix}\begin{bmatrix}\boldsymbol{x}_1(t)\\\boldsymbol{x}_2(t)\end{bmatrix}$$

$$=-\begin{bmatrix}\boldsymbol{G}_s+(\boldsymbol{G}_f-\varepsilon\boldsymbol{G}_s\boldsymbol{P})\boldsymbol{L} & \boldsymbol{G}_f-\varepsilon\boldsymbol{G}_s\boldsymbol{P}\end{bmatrix}\begin{bmatrix}\boldsymbol{x}_1(t)\\\boldsymbol{x}_2(t)\end{bmatrix} \tag{2.34}$$

$$=-\boldsymbol{G}_{1eq}\boldsymbol{x}_1(t)-\boldsymbol{G}_{2eq}\boldsymbol{x}_2(t)=-\boldsymbol{G}_{eq}\boldsymbol{x}(t)$$

原始状态空间变量的等效反馈增益如式（2.35）所示.

$$\boldsymbol{G}_{1eq}=\boldsymbol{G}_s+(\boldsymbol{G}_f-\varepsilon\boldsymbol{G}_s\boldsymbol{P})\boldsymbol{L}=\boldsymbol{G}_s+\boldsymbol{G}_{2eq}\boldsymbol{L},\quad \boldsymbol{G}_{2eq}=\boldsymbol{G}_f-\varepsilon\boldsymbol{G}_s\boldsymbol{P} \tag{2.35}$$

综上所述，为了对奇异摄动线性系统（包括特征值分配）执行两级线性反馈设计，需要求解非线性里卡蒂代数方程式（2.21）和线性西尔维斯特代数方程式（2.30）. 如式（2.22）所示，对线性代数方程组进行迭代计算，可以有效地求解非线性代数方程式（2.25）.

2.3 重整制氢器慢速–快速动力学的两级控制

在本节中，我们将说明 2.2 节中提出的新的两级反馈控制器设计技术的应用情况. 重整制氢器（Pukrushpan et al.，2004a，2006；Tsourapas et al.，2007；Cipiti et al.，2013）是从用于 PEM 燃料电池的天然气中产生氢气. 天然气是一种碳氢化合物的混合物，主要成分为甲烷（CH_4），并包含少量石蜡（饱和烃）、二氧化碳、氮气和硫化氢. 要从天然气中提取氢气，必须进行几个简单的反应. 之后，将获得的氢气泵送到 PEM 燃料电池的阳极侧（Pukrushpan et al.，2004a）.

正如 Pukrushpan 等（2004a，2006）和 Tsourapas 等（2007）的研究文献所讨论的，重整制氢器动力学的建模和控制一直是一个重要且具有挑战性的研究领域. 本节所考虑的重整制氢器的数学模型具有相对较高的阶数（十阶），并且其变量在两个时间尺度上运行，即慢速和快速. 由于潜在的数值病态条件（例如，快速状态变量在初始时斜率极大），需要予以格外注意. 双时间尺度动力学来自于与 PEM 燃料电池耦合的重整制氢器的动力学不同的控制过程. 这些过程是化学的、电气的、电子的、电化学的、机械的和热力学的，并且它们具有不同的时间常数，这些时间常数对应于与 PEM 燃料电池耦合的重整制氢器的复杂动力学，两者都在多时间尺度上运行.

2.3.1 重整制氢器的工作过程及其建模

燃料电池利用氢气的化学反应来发电. 然而，气态氢并不总是很容易能用于燃料电池系统. 该问题的解决方案是使用重整制氢器（也称为燃料处理器系统（fuel processor system，FPS））将气体（通常为天然气）净化为所需的气态氢（Pukrushpan et al.，2004a，2006；Tsourapas et al.，2007；Cipiti et al.，2013）. 在 FPS 中，从天然气中提取氢气的常用方法是使用部分氧化工艺. 该工艺利用天然气和空气的化学反应产生富氢气体产物. 图 2.1 所示为 FPS 的四个主要反应器，即加氢脱硫器（hydro-dcsulfurizer，HDS）、催化部分氧化器（catalytic partial oxidizer，CPOX）、水气转换器（water-gas shift，WGS）和优先氧化器（preferential oxidizer，PROX）. 一旦气体通过所有这些反应器，就会产生富氢气体. 在图 2.1 中，BL 代表鼓风机，HEX 代表热交换器，MIX 代表混合器.

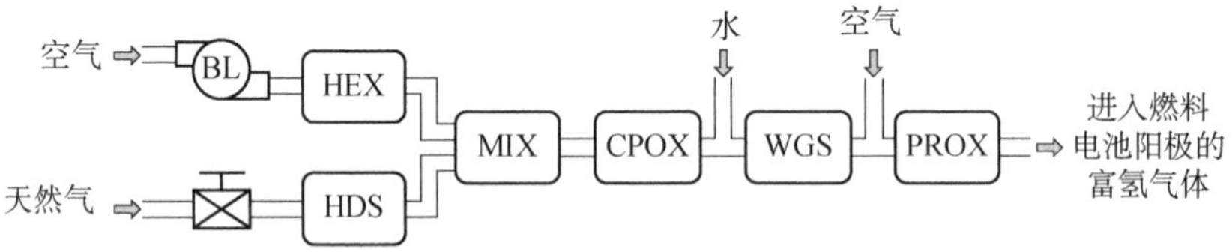

图 2.1 燃料处理器系统（FPS）

天然气通过高压源（通常是储罐或天然气管线）进入 FPS. 气体首先通过加氢脱硫器，以消除气体中可能含有的任何硫. 这样做是因为硫会污染水气转换. 然后，将脱硫气体送入 MIX，与空气混合. 空气首先由鼓风机（blower，BL）送入 FPS，然后通过热交换器达到必要的温度.

一旦进行混合，气体通过 CPOX，催化剂使天然气与空气中的氧气发生反应. 在 CPOX 中，发生两个放热反应：部分氧化（partial oxidation，POX）反应和完全氧化（total oxidation，TOX）反应. 部分氧化反应产生氢气和一氧化碳. 完全氧化反应产生水和二氧化碳. 即使这两种反应都会产生热量，TOX 释放的热量要多得多（$\Delta H_{tox}^{\ominus} = -0.8026\times 10^6\ \mathrm{J/mol}$）.

$$(\mathrm{POX})\quad CH_4 + \frac{1}{2}O_2 \longrightarrow CO + 2H_2 \quad \Delta H_{pox}^{\ominus} = -0.036\times 10^6\ \mathrm{J/mol}$$

(TOX) $CH_4 + 2O_2 \longrightarrow CO_2 + 2H_2O \quad \Delta H_{tox}^{\ominus} = -0.8026 \times 10^6 \text{ J/mol}$

由于只有 POX 反应产生氢气，因此，最好增加通过 POX 而不是 TOX 反应的气体量．这高度依赖于进入 CPOX 的氧气和天然气的比例以及 CPOX 催化剂温度 T_{cpox}（Zhu et al.，2001）．此外，T_{cpox} 非常高会导致 CPOX 损伤，而 T_{cpox} 很低则会导致不良反应．由于 CPOX 中的反应，特别是氢气的产生，强烈依赖于 CPOX 催化剂温度 T_{cpox}，因此有必要进行温度控制．

通过 POX 反应产生了氢气，同时还会产生一氧化碳．一氧化碳会污染 PEM 燃料电池催化剂，因此，需要去除一氧化碳．为了有效地解决这个问题，需要接下来的两个反应器，即 WGS 和 PROX．气体混合物从 CPOX 流入 WGS，注入反应室的水与一氧化碳发生反应．

(WGS) $CO + H_2O \longrightarrow CO_2 + H_2$

WGS 内的反应会去除一氧化碳并产生额外的氢气．此过程不会将所有的一氧化碳都转换成二氧化碳．此外，对于燃料电池应用而言，混合物会造成一定的风险．因此，气体混合物接着会进入 PROX，其中剩余的一氧化碳会与注入到空气中的氧气产生反应．

(PROX) $2CO + O_2 \longrightarrow 2CO_2$

在完成 PROX 后，气体中会富含氢气．此时可以安全地将气体输送到 PEM 燃料电池的阳极．

Pukrushpan 等（2004a，2004b，2006）和 Tsourapas 等（2007）考虑了重整器数学模型及其控制器/观测器设计技术．所设计的基于观测器的控制器有助于将部分氧化催化过程的温度和阳极氢气摩尔分数调节在期望值．相应的十阶非线性数学模型及其状态空间变量可在 Pukrushpan 等（2004a，2006）和 Tsourapas 等（2007）的研究文献中找到．

$$\frac{d\boldsymbol{x}(t)}{dt} = f\left(\boldsymbol{x}(t), \boldsymbol{u}(t), w(t)\right)$$

$$\begin{aligned}\boldsymbol{x}(t) &= [x_1(t) \quad x_2(t) \quad x_3(t) \quad x_4(t) \quad x_5(t) \quad x_6(t) \quad x_7(t) \quad x_8(t) \quad x_9(t) \quad x_{10}(t)]^{\mathrm{T}} \\ &= \begin{bmatrix} T_{cpox} & p_{H_2}^{an} & p^{an} & p^{hex} & \omega^{bl} & p^{hds} & p_{CH_4}^{mix} & p_{air}^{mix} & p_{H_2}^{wrox} & p^{wrox} \end{bmatrix}^{\mathrm{T}} \end{aligned} \tag{2.36}$$

状态变量表示以下量值：

$x_1(t) = T_{cpox}(t)$——催化剂温度；

$x_2(t) = p_{H_2}^{an}(t)$——阳极中的氢气压力；

$x_3(t)=p^{an}(t)$——阳极压力；

$x_4(t)=p^{hex}(t)$——热交换器压力；

$x_5(t)=\omega^{bl}(t)$——压缩机鼓风机角速度（rad/s）；

$x_6(t)=p^{hds}(t)$——加氢脱硫器压力；

$x_7(t)=p_{CH_4}^{mix}(t)$——混合器中的甲烷压力；

$x_8(t)=p_{air}^{mix}(t)$——混合器中的空气压力；

$x_9(t)=p_{H_2}^{wrox}(t)$——气体变换转换器中的氢气压力；

$x_{10}(t)=p^{wrox}(t)$——气体变换转换器中的总压力.

压缩机会吹出氧化燃料（天然气）所需的空气．在式（2.36）定义的模型中，$w(t)$是干扰因素，表示燃料电池堆（连接到重整制氢器）电流，$w(t)=I_{st}(t)$，由$I_{st}(t)=V_{st}(t)/R_L$给出，其中，$V_{st}(t)$是燃料电池堆电压，R_L代表燃料电池堆负载.

控制变量控制鼓风机的角速度和燃料（天然气）箱阀，即

$$\boldsymbol{u}(t)=\begin{bmatrix}u_{blower}(t)\\u_{valve}(t)\end{bmatrix}\tag{2.37}$$

同时，所测得的输出$\boldsymbol{y}(t)$作为受控变量，$\boldsymbol{y}(t)=\boldsymbol{z}(t)$．其定义如式（2.38）所示.

$$\boldsymbol{y}(t)=\boldsymbol{z}(t)=[T_{cpox}(t)\quad y_{H_2}^{an}(t)]^{T}\tag{2.38}$$

其中，$y_{H_2}^{an}$是阳极氢气摩尔分数.

控制目标是将部分氧化催化温度调节到$T_{cpox}=972K$（对应于氧气摩尔数与甲烷摩尔数之比为0.6），并将稳定状态下所需温度值处的阳极氢气摩尔分数调节到$y_{H_2}^{an}=0.088$（8.8%）（对应于80%的利用率）．在本节中，我们将考虑重整制氢器的线性化数学模型（Pukrushpan et al.，2004a，2004b，2006；Tsourapas et al.，2007）．线性系统如式（2.39）所示.

$$\begin{cases}\dfrac{\delta\boldsymbol{x}(t)}{dt}=\boldsymbol{A}\delta\boldsymbol{x}(t)+\boldsymbol{B}\delta\boldsymbol{u}(t)+\boldsymbol{\Gamma}\delta w(t)\\ \delta\boldsymbol{y}(t)=\delta\boldsymbol{z}(t)=\boldsymbol{C}\delta\boldsymbol{x}(t)\\ \boldsymbol{y}(t)=\boldsymbol{y}_{ss}+\delta\boldsymbol{y}(t),\quad \boldsymbol{z}(t)=\boldsymbol{z}_{ss}+\delta\boldsymbol{z}(t),\quad \boldsymbol{x}(t)=\boldsymbol{x}_{ss}+\delta\boldsymbol{x}(t)\\ \boldsymbol{u}(t)=\boldsymbol{u}_{ss}+\delta\boldsymbol{u}(t),\quad w(t)=w_{ss}+\delta w(t)\end{cases}\tag{2.39}$$

$\delta\boldsymbol{x}(t)$，$\delta\boldsymbol{u}(t)$，$\delta\boldsymbol{y}(t)$，$\delta\boldsymbol{z}(t)$，$\delta w(t)$表示各变量相对于其稳态值的变化．由于燃料电池堆电流以$I_{st}(t)=V_{st}(t)/R_L$的形式变化，其中，负载R_L作为常数分段函数随时间变化（Tsourapas et al.，2007）．因此，需要设计具有积分作用的控制器

（Khalil，2002），以应对分段常数扰动 $\delta w(t)=\delta I_{st}(t)$．基于本节的目的，同时强调新提出的两级反馈控制器设计，假设 $\delta w(t)=\delta I_{st}(t)=0$．

在所需的稳定状态下，在标称（操作）点（Khalil，2002）处，按照非线性系统的线性化过程可以得到线性系统矩阵．该线性系统矩阵可以在 Pukrushpan 等（2004a）的研究文献第 147 页中找到．重要的是，观察到重整制氢器模型是可控的（Sinha，2007；Chen，2012），以便相应的线性反馈控制器可以分配闭环特征值．该闭环特征值可以放置在复杂平面中的任何期望位置．

状态空间矩阵（对应于 50%的电流负载）如下：

$$
\boldsymbol{A}=\begin{bmatrix}
-0.074 & 0 & 0 & 0 & 0 & 0 & -3.53 & 1.0748 & 0 & 0\\
0 & -1.468 & -25.3 & 0 & 0 & 0 & 0 & 0 & 2.5582 & 13.911\\
0 & 0 & -156 & 0 & 0 & 0 & 0 & 0 & 0 & 33.586\\
0 & 0 & 0 & 124.5 & 212.63 & 0 & 112.69 & 112.69 & 0 & 0\\
0 & 0 & 0 & 0 & -3.3333 & 0 & 0 & 0 & 0 & 0\\
0 & 0 & 0 & 0 & 0 & -32.43 & 32.304 & 32.304 & 0 & 0\\
0 & 0 & 0 & 0 & 0 & 331.8 & -344 & -341 & 0 & 9.9042\\
0 & 0 & 0 & 221.97 & 0 & 0 & -253.2 & -254.9 & 0 & 32.526\\
0 & 0 & 2.0354 & 0 & 0 & 0 & 1.8309 & 1.214 & -0.358 & -3.304\\
0.0188 & 0 & 8.1642 & 0 & 0 & 0 & 5.6043 & 5.3994 & 0 & -13.61
\end{bmatrix}
$$

$$
\boldsymbol{B}=\begin{bmatrix}
0 & 0 & 0 & 0 & 0.12 & 0 & 0 & 0 & 0 & 0\\
0 & 0 & 0 & 0 & 0 & 0.1834 & 0 & 0 & 0 & 0
\end{bmatrix}^{\mathrm{T}}
$$

$$
\boldsymbol{\Gamma}=\begin{bmatrix}0 & -0.328 & -0.024 & 0 & 0.0265 & 0.0504 & 0 & 0 & 0 & 0\end{bmatrix}^{\mathrm{T}}
$$

$$
\boldsymbol{C}=\begin{bmatrix}
1 & 0 & 0 & 0 & 0 & 0 & 0 & 0 & 0\\
0 & 0.994 & -0.088 & 0 & 0 & 0 & 0 & 0 & 0
\end{bmatrix}
$$

通过使用重整制氢器的降阶动态模型系统矩阵和相应的降阶矩阵，分别计算慢速子系统和快速子系统反馈增益，分两个阶段进行特征值分配．该系统的开环特征值分为 3 个非常接近虚轴的慢速特征值（分别位于 -0.0862，-0.358，-1.468 处）和 7 个离虚轴更远位置的快速特征值（分别位于 $-2.771\pm j0.5473$，-3.333，-12.169，-89.137，-157.9，-660.68）．

经过多次尝试可以发现，存在一个相似变换 $\bar{\boldsymbol{x}}(t)=\boldsymbol{T}\boldsymbol{x}(t)$，$\bar{\boldsymbol{A}}=\boldsymbol{T}\boldsymbol{A}\boldsymbol{T}^{-1}$，$\boldsymbol{B}_{11}=\boldsymbol{T}\boldsymbol{B}$，使得重整制氢器模型成为由式（2.20）定义的标准奇异摄动形式，其中，$n_1=3$ 且 $n_2=7$．对于非常小的奇异摄动参数 $\varepsilon=0.53=1.468/2.771$，根据式（2.20）中使

用的符号，相应的矩阵如下：

$$\boldsymbol{A}_{11}=\begin{bmatrix}-0.4949 & 5.5762 & -5.386\\ -0.0664 & 0.6406 & -0.8501\\ -0.1509 & 2.0413 & -2.0545\end{bmatrix}$$

$$\boldsymbol{A}_{12}=\begin{bmatrix}-0.2371 & 0.8823 & 56.287 & 2.3071 & 0.2255 & 5.7138 & 5.3861\\ 1.987 & 0.1184 & 7.5552 & 0.9791 & 1.9266 & 1.2804 & 0.8501\\ -0.0825 & 0.2690 & 17.162 & 2.8748 & 0.2810 & -0.2569 & 2.0545\end{bmatrix}$$

$$\boldsymbol{A}_{21}=\begin{bmatrix}0 & 0 & 0\\ 0 & 0 & 0\\ 0 & 0 & 0\\ 0 & 0 & 0\\ 0 & 0 & 0\\ 0 & 0 & 0\\ 0.0032 & 0 & -0.0087\end{bmatrix}$$

$$\boldsymbol{A}_{22}=\begin{bmatrix}-1.56 & 0 & 0 & 0 & 0 & 0 & 33.586\\ 0 & -124.5 & 212.63 & 0 & 112.69 & 112.69 & 0\\ 0 & 0 & -3.333 & 0 & 0 & 0 & 0\\ 0 & 0 & 0 & -32.43 & 32.304 & 32.304 & 0\\ 0 & 0 & 0 & 331.8 & -344 & -341 & 9.9042\\ 0 & 221.97 & 0 & 0 & -252.2 & -254.9 & 32.526\\ 8.1647 & -0.0057 & -0.3629 & 0.2139 & 5.6252 & 5.3962 & -13.601\end{bmatrix}$$

使用定点算法式（2.22），获得 $\boldsymbol{L}$ 方程式（2.21）的解．进行 $k=21$ 次迭代，得到精度为 $\boldsymbol{E}^{(k)}=O(10^{-15})$，其中，精度由下式的范数确定：

$$\boldsymbol{E}^{(k)}=\varepsilon\boldsymbol{L}^{(k)}\boldsymbol{A}_{11}-\boldsymbol{A}_{22}\boldsymbol{L}^{(k)}-\varepsilon\boldsymbol{L}^{(k)}\boldsymbol{A}_{12}\boldsymbol{L}^{(k)}+\boldsymbol{A}_{21}$$

得到 $\boldsymbol{L}\approx\boldsymbol{L}^{(21)}$ 后，矩阵 $\boldsymbol{A}_s$，$\boldsymbol{A}_f$，$\boldsymbol{B}_f$ 将根据式（2.25）计算得到

$$\boldsymbol{L}=\begin{bmatrix}-0.0001 & 0 & 0.0002\\ -0.0002 & 0 & 0.0006\\ 0 & 0 & 0\\ -0.0003 & 0 & 0.0007\\ -0.0005 & 0 & 0.0013\\ 0.0002 & 0 & -0.0006\\ -0.0004 & 0 & 0.0011\end{bmatrix},\quad \boldsymbol{B}_f=\begin{bmatrix}-0.0006 & 0.0006\\ -0.0017 & 0.0015\\ 0.1200 & 0\\ -0.0018 & 0.1850\\ -0.0034 & 0.0030\\ 0.0016 & -0.0014\\ -0.0029 & 0.0026\end{bmatrix}$$

$$A_s = \begin{bmatrix} -0.4931 & 5.5763 & -5.3911 \\ -0.0650 & 0.6406 & -0.8540 \\ -0.1491 & 2.0413 & -2.0594 \end{bmatrix}$$

$$A_f = \begin{bmatrix} -1556.0000 & 0 & -0.0004 & 0.0002 & 0 & 0 & 33.5860 \\ 0 & -124.5000 & 212.6288 & 0.0007 & 112.6901 & 112.6892 & 0 \\ 0 & 0 & -3.3330 & 0 & 0 & 0 & 0 \\ 0 & 0 & -0.0013 & -32.4293 & 32.3041 & 32.3031 & 0 \\ 0 & 0 & -0.0026 & 331.8013 & -343.9998 & -341.0016 & 9.9042 \\ 0 & 221.9700 & 0.0013 & -0.0006 & -253.2001 & -254.8993 & 32.5260 \\ 8.1647 & -0.0057 & -0.3649 & 0.2151 & 5.6253 & 5.3949 & -13.6010 \end{bmatrix}$$

2.3.2　重整制氢器的特征值分配

已知闭环特征值的位置，可以以期望的方式形成系统瞬态响应．假设希望对重整制氢器状态空间变量的瞬态响应进行整形，并将闭环的慢速特征值设置为 $-1, -2 \pm j2$，将快速特征值设置为 $-5, -7, -10 \pm j5, -12, -15 \pm j10$．选择在闭环反馈配置中将 3 个开环慢速特征值保持为慢速，并将 7 个开环快速特征值保持为快速．所有这些都是为了测试算法的数值精度．反馈不应将自然缓慢的状态变量混合在一起，使其变快，反之亦然．然而，在系统可控的前提下，新提出的两级反馈设计技术可以处理闭环特征值的任何期望值的选择．为了能够在任何位置通过线性反馈分配特征值，重整制氢器必须是可控的（Sinha，2007；Chen，2012）．Radisavljević（2011）已经考虑了燃料电池可控性的重要性．使用 MATLAB 检查重整制氢器的慢速和快速模型都是可控的，原始重整制氢器模型也是可控的．

根据所提出的两级反馈设计，首先找到快速子系统增益 G_f（第 2 步），以确定所需的 $\lambda(A_f - B_f G_f) = \lambda_{fast}^{desired}$．（使用 MATLAB 函数“place”）将获得

$$G_f = 10^5 \begin{bmatrix} 1.2263 & 0.005 & -0.0104 & -0.0080 & 0.0197 & 0.0192 & -0.2864 \\ 0.4458 & -0.0312 & 0.0074 & -0.0419 & 0.0818 & 0.0815 & -0.1089 \end{bmatrix}$$

在第 3 步中，使用 MATLAB 函数“lyap”直接求解西尔维斯特代数方程式（2.30），其精度为 $O(10^{-7})$，

$$P = 10^5 \begin{bmatrix} 2.3490 & 0.1284 & -0.0911 & 0.1198 & -0.2390 & -0.2394 & -0.5313 \\ 1.1541 & -0.0190 & 0.0021 & -0.0264 & 0.0586 & 0.0581 & -0.2720 \\ 2.5557 & -0.0452 & 0.0065 & -0.0618 & 0.1367 & 0.1355 & -0.6052 \end{bmatrix}$$

在第 4 步中，使用相应的 MATLAB 函数“place”找到慢速子系统的反馈增益，使得慢速特征值满足 $\lambda(\boldsymbol{A}_s-(\boldsymbol{B}_{11}-\boldsymbol{P}\boldsymbol{B}_f)\boldsymbol{G}_s)=\lambda_{slow}^{desired}$，从而得到

$$\boldsymbol{G}_s=\begin{bmatrix}0.0042 & -0.0097 & 0.007\\ 0.0015 & -0.0305 & 0.0144\end{bmatrix}$$

需要强调的是，这些慢速反馈增益 $\boldsymbol{G}_s$ 和快速反馈增益 $\boldsymbol{G}_f$ 仅使用降阶矩阵获得. 由原始状态空间变量所得的反馈，可在第 5 步中获得实际全状态反馈增益，该增益在原始重整制氢器中得到了应用.

$$\boldsymbol{G}=\begin{bmatrix}\boldsymbol{G}_{1eq} & \boldsymbol{G}_{2eq}\end{bmatrix}=\begin{bmatrix}\boldsymbol{G}_s+\left(\boldsymbol{G}_f-\varepsilon\boldsymbol{G}_s\boldsymbol{P}\right)\boldsymbol{L} & \boldsymbol{G}_f-\varepsilon\boldsymbol{G}_s\boldsymbol{P}\end{bmatrix}$$

$$=10^5\begin{bmatrix}1.2260 & 0.0001 & -0.0102 & -0.0084 & 0.0204 & 0.0200 & -0.2864\\ 0.4430 & -0.0313 & 0.0075 & -0.0420 & 0.0819 & 0.0816 & -0.1083\end{bmatrix}$$

可以很容易地检查（使用 MATLAB），该增益确实产生了具有非常高精度 $O(10^{-7})$ 所需的特征值集. 也就是说，得到以下结果

$$\lambda\left(\boldsymbol{A}-\boldsymbol{B}\boldsymbol{G}\right)=\lambda_{system}^{desired}=\lambda_{slow}^{desired}\cup\lambda_{fast}^{desired}=\left\{-1.000000,-2.0000000\pm j2.0000000\right\}$$
$$\cup\left\{-5.0000000,-7.0000000,-10.0000000\pm j5.0000000,-12,-15.0000000\pm j10.0000000\right\}$$

2.3.3 最佳慢速子系统和特征值分配快速子系统

所提出的方法可以为不同的子系统设计不同类型的控制器. 可以选择与 2.3.2 节相同的增益 $\boldsymbol{G}_f$，用于分配重整制氢器在 $-5,-7,-10\pm j5,-12,-15\pm j10$ 处的闭环快速特征值，也可以选择新的增益 $\boldsymbol{G}_s^{opt}$ 优化其慢速子系统. 重整制氢器的慢速子系统可从两级设计算法的第 4 步中获得，如式（2.40）所示.

$$\frac{d\boldsymbol{x}_s(t)}{dt}=\boldsymbol{A}_s\boldsymbol{x}_s(t)+\boldsymbol{B}_s\boldsymbol{v}(t),\quad \boldsymbol{B}_s=\boldsymbol{B}_{11}-\boldsymbol{P}\boldsymbol{B}_f \tag{2.40}$$

通过将二次型性能标准最小化，获得慢速子系统的优化反馈增益. 二次型性能标准如式（2.41）所示.

$$J=\frac{1}{2}\int_0^{\infty}\left(\boldsymbol{x}_s^{\mathrm{T}}\left(t\right)\boldsymbol{R}_1\boldsymbol{x}_s\left(t\right)+\boldsymbol{v}^{\mathrm{T}}\left(t\right)\boldsymbol{R}_2\boldsymbol{v}\left(t\right)\right)dt \tag{2.41}$$

沿着重整制氢器慢速子系统的轨迹. 选择性能标准惩罚矩阵为 $\boldsymbol{R}_1=\boldsymbol{I}_3$ 且 $\boldsymbol{R}_2=\boldsymbol{I}_2$，得到最佳慢速子系统增益如下：

$$\boldsymbol{G}_s^{opt}=\begin{bmatrix}0.7413 & 0.2571 & 0.6139\\ -0.6704 & 0.2607 & 0.6945\end{bmatrix}$$

该增益将得到第一个子系统（慢速子系统）性能标准的最佳值为 $J_{opt}=0.8536$.

根据式（2.34）给出$\boldsymbol{G}_{eq}$的表达式，得到$\boldsymbol{G}_s^{opt}$值，使用该值，得到混合反馈增益：

$$\boldsymbol{G}_{eq}^{hybrid}=\begin{bmatrix}\boldsymbol{G}_{1eq}^{hybrid} & \boldsymbol{G}_{2eq}^{hybrid}\end{bmatrix}=\begin{bmatrix}\boldsymbol{G}_s^{opt}+(\boldsymbol{G}_f-\varepsilon\boldsymbol{G}_s^{opt}\boldsymbol{P})\boldsymbol{L} & \boldsymbol{G}_f-\varepsilon\boldsymbol{G}_s^{opt}\boldsymbol{P}\end{bmatrix}$$

该反馈增益优化了重整制氢器的慢速子系统，并同时将其闭环快速子系统特征值分配到所需的位置：$-5,-7,-10\pm j5,-12,-15\pm j10$.

2.4　PEM 燃料电池的两级双时间尺度反馈控制

Hoffmann 和 Dorgan（2012）在其研究文献中很好地展示了燃料电池作为绿色电力发电设备的重要性. PEM 燃料电池是所有燃料电池中发展最好的一种，可用于移动设备（车辆、便携式计算设备）和固定设备（住宅和工业发电和数据中心）. 此外，Dong 等（2012）还考虑了可再生能源（如燃料电池）在设有数据中心的链路层数据网的有效利用.

本节考虑了 Pukrushpan 等（2004a，2004b）的八阶质子交换膜（PEM）燃料电池的数学模型，并说明其具有双时间尺度的特性，展示了 3 个模型状态空间变量在慢时间尺度上运行的动态和 5 个状态变量在快时间尺度上运行的动态. 这种双尺度性质使得独立控制器只使用相应的降阶慢速（三维）和快速（五维）子模型，就可以实现在慢速时间和快速时间尺度上的设计. 所提出的设计便于混合控制器的设计，例如，慢速子系统的线性二次型最优控制器和快速子系统的特征值分配控制器. 通过对所考虑的 PEM 燃料电池数学模型的仿真，证明了设计效率及其高精度.

燃料电池由于其由不同性质的过程（电化学、热力学、机械、化学、电气等过程）决定的复杂动态情况，为控制工程师提供了许多机会. PEM 燃料电池是发展最好和最广为人知的一类燃料电池. 到目前为止，已经导出了多种 PEM 燃料电池动态模型，并且已经设计了多种控制器. 这些控制器在特定的 PEM 模型和特定的约束条件下工作良好（参见 Pukrushpan 等（2004a，2004b），Tsourapas 等（2007），Na 等（2007），Na 和 Gou（2008），Nehrir 和 Wang（2009），Laurim 等（2010），Gou 等（2010），Matraji 等（2013，2015），Tong 等（2013），Wang 和 Kim（2014），Wang 和 Guo（2015）以及 Laghrouche 等（2015）的研究文献）.

在本节中，我们将首先说明 Pukrushpan 等（2004a，2004b）开发的特定 PEM

燃料电池模型的双时间尺度特性（3 个状态变量在慢时间尺度下运行，5 个状态变量则在快时间尺度下运行）．然后，将阐述如何在慢速和快速时间尺度下设计独立控制器，以控制慢速和快速 PEM 燃料电池状态变量．所得到的控制器是降阶的，因此，设计起来比全阶控制器简单得多．此外，所提出的方法为复杂的燃料电池动力学提供了更多的信息，从而能更好地理解特定类型的 PEM 模型的控制器设计要求．

2.4.1 PEM 燃料电池动力学数学模型

PEM 燃料电池是一种依靠化学反应产生电能和水的设备．在燃料电池内，氢气和氧气之间发生化学反应，形成水和电．燃料电池是利用该反应产生的能量，并将其用作电负载的电源，如图 2.2 所示．

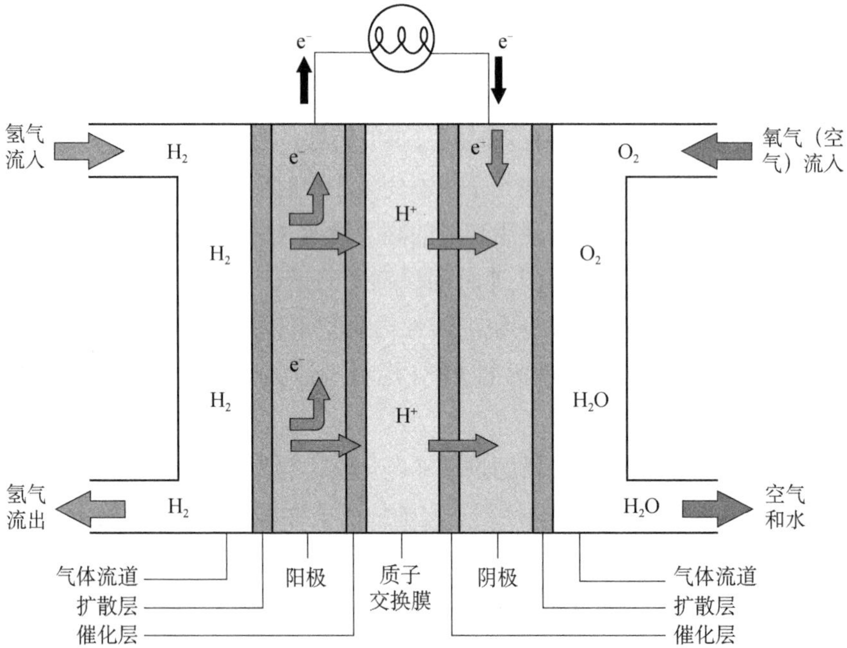

图 2.2　单个 PEM 燃料电池中的反应

氢气进入电池的一侧（称为阳极），在反应性催化剂（通常是铂）的作用下分解成质子和电子．然后分解后的产物经过质子交换膜．该膜会阻挡电子流，仅允许氢质子通过．这将迫使电子通过外部电路，在膜的另一侧（称为阴极）进入电池．由此，形成回路，为外部负载产生电力．

氧气（通常是空气）通过阴极流入燃料电池．自由质子和电子与氧气在阴极相遇，并反应生成水蒸气．反应完成后，多余的气体和水蒸气流出燃料电池．这个过程是针对单个燃料电池描述的，也可以扩展到电池堆，见图 2.3．

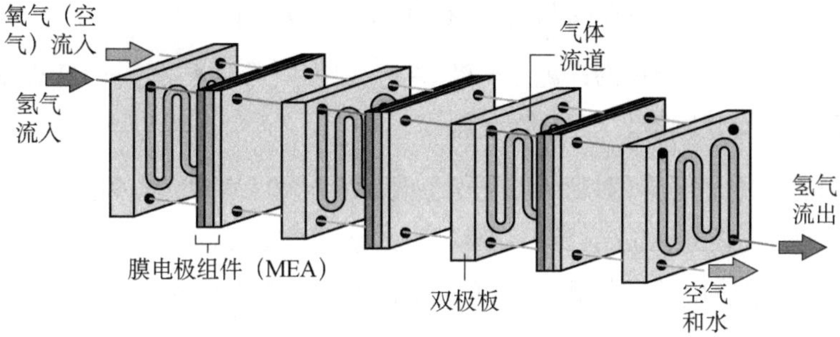

图 2.3　PEM 燃料电池堆

对于每个单独的电池，该过程相同．燃料电池堆是将单个电池串联．由此，电子流串联通过每个电池，再经过连接到燃料电池堆两端的外部电路．阳极和阴极气体通道保持分离，允许气体流入和流出燃料电池堆．膜电极组件（MEA）由阳极、质子交换膜和阴极组成．在膜电极组件之间添加气体通道板，可以向每个膜电极组件供应气体．板的一侧是氢气的流道，另一侧是氧气（空气）的流道．

密歇根大学的研究人员开发了聚合物电解质膜燃料电池的线性化模型，并在一系列期刊论文中进行了详细研究（如（Pukrushpan et al.，2004a，2004b；Tsourapas et al.，2007）等）．所考虑的 PEM 燃料电池的相应九阶非线性模型及其状态空间变量如式（2.42）所示．

$$
\begin{aligned}
&\frac{d\boldsymbol{x}(t)}{dt}=f(\boldsymbol{x}(t),\boldsymbol{u}(t),w(t))\\
&\boldsymbol{x}(t)=\begin{bmatrix}x_1(t) & x_2(t) & x_3(t) & x_4(t) & x_5(t) & x_6(t) & x_7(t) & x_8(t) & x_9(t)\end{bmatrix}^{\mathrm{T}}\\
&\quad=\begin{bmatrix}m_{\mathrm{O}_2}(t) & m_{\mathrm{H}_2}(t) & m_{\mathrm{N}_2}(t) & \omega_{cp}(t) & p_{sm}(t) & m_{sm}(t) & m_{\mathrm{H}_2\mathrm{O}_A}(t) & m_{\mathrm{H}_2\mathrm{O}_C}(t) & p_{rm}(t)\end{bmatrix}^{\mathrm{T}}
\end{aligned}
\tag{2.42}
$$

其中，m_{O_2}，m_{H_2}，m_{N_2}，$m_{\mathrm{H}_2\mathrm{O}_A}$，$m_{\mathrm{H}_2\mathrm{O}_C}$ 分别是氧气、氢气、氮气、阳极侧水蒸气和阴极侧水蒸气的质量；ω_{cp} 是压缩机（在阴极侧吹空气（氧气））的角速度；p_{sm} 是进气歧管气压，m_{sm} 是进气歧管中的气体质量；p_{rm} 是回流歧管气压；$\boldsymbol{u}(t)=\boldsymbol{v}_{cm}(t)$ 是压缩机电机电压；$w(t)$ 是干扰因素，表示燃料电池堆电流，$w(t)=I_{st}(t)$．

输出（测量）变量如式（2.43）所示.

$$\boldsymbol{y}(t)=\begin{bmatrix}W_{cp} & p_{sm} & v_{st}\end{bmatrix}^{\mathrm{T}}=\boldsymbol{h}_y(\boldsymbol{x},\boldsymbol{u},w) \tag{2.43}$$

其中，$W_{cp}=W_{cp}(x_4,x_5)$ 是压缩机的空气摩尔流量，$p_{sm}(t)=x_5(t)$，而 v_{st} 是燃料电池组电压．除测量输出 $\boldsymbol{y}(t)$ 外，受控输出如式（2.44）所示.

$$\boldsymbol{z}(t)=\begin{bmatrix}e_{Pnet} & \lambda_{O_2}\end{bmatrix}^{\mathrm{T}}=h_z(\boldsymbol{x},\boldsymbol{u},w) \tag{2.44}$$

其中，两个受控变量分别为：$e_{Pnet}=P_{net}^{ref}-P_{net}$，为所需功率 $P_{net}^{ref}=40\text{kW}$ 和实际净功率之差；$\lambda_{O_2}=W_{O_2}^{in}\big/W_{O_2}^{reacted}$ 为氧过剩比.

稳态线性化系统矩阵（对应于以下稳态值：$P_{net}^{ss}=40\text{ kW}, I^{ss}=191\text{ A}, v_{cm}^{ss}=164\text{ V}, \lambda_{O_2}^{ss}=2$），见于 Pukrushpan 等（2004a）的研究文献第 145 页．Pukrushpan 等（2004a）的数据使用相应的状态空间矩阵表示，线性化系统的状态空间模型如式（2.45）所示.

$$\begin{aligned}
&\frac{\delta\boldsymbol{x}(t)}{dt}=\boldsymbol{A}\delta\boldsymbol{x}(t)+\boldsymbol{B}\delta\boldsymbol{u}(t)+\boldsymbol{F}\delta w(t)\\
&\delta\boldsymbol{y}(t)=\boldsymbol{C}_y\delta\boldsymbol{x}(t)+\boldsymbol{D}_{yu}\delta\boldsymbol{u}(t)+\boldsymbol{D}_{yw}\delta w(t)\\
&\delta\boldsymbol{z}(t)=\boldsymbol{C}_z\delta\boldsymbol{x}(t)+\boldsymbol{D}_{zu}\delta\boldsymbol{u}(t)+\boldsymbol{D}_{zw}\delta w(t)\\
&\boldsymbol{x}(t)=\boldsymbol{x}_{ss}+\delta\boldsymbol{x}(t),\quad \boldsymbol{u}(t)=\boldsymbol{u}_{ss}+\delta\boldsymbol{u}(t),\quad \boldsymbol{y}(t)=\boldsymbol{y}_{ss}+\delta\boldsymbol{y}(t)\\
&\boldsymbol{z}(t)=\boldsymbol{z}_{ss}+\delta\boldsymbol{z}(t),\quad w(t)=w_{ss}+\delta w(t)
\end{aligned} \tag{2.45}$$

其中，$\delta\boldsymbol{z}(t)=\begin{bmatrix}\delta e_{Pnet}(t) & \delta\lambda_{O_2}(t)\end{bmatrix}^{\mathrm{T}}$．为简化设计，假设 $\delta w(t)=\delta I_{st}(t)=0$．因此，在本节中，我们考虑的模型如式（2.46）所示.

$$\begin{aligned}
&\frac{\delta\boldsymbol{x}(t)}{dt}=\boldsymbol{A}\delta\boldsymbol{x}(t)+\boldsymbol{B}\delta\boldsymbol{u}(t)\\
&\delta\boldsymbol{y}(t)=\boldsymbol{C}_y\delta\boldsymbol{x}(t)+\boldsymbol{D}_{yu}\delta\boldsymbol{u}(t)\\
&\delta\boldsymbol{z}(t)=\boldsymbol{C}_z\delta\boldsymbol{x}(t)+\boldsymbol{D}_{zu}\delta\boldsymbol{u}(t)\\
&\boldsymbol{z}(t)=\boldsymbol{z}_{ss}+\delta\boldsymbol{z}(t),\quad \boldsymbol{x}(t)=\boldsymbol{x}_{ss}+\delta\boldsymbol{x}(t)\\
&\boldsymbol{u}(t)=\boldsymbol{u}_{ss}+\delta\boldsymbol{u}(t),\quad \boldsymbol{y}(t)=\boldsymbol{y}_{ss}+\delta\boldsymbol{y}(t)
\end{aligned} \tag{2.46}$$

请注意，原始模型式（2.42）的阶数为 9．Pukrushpan 等（2004a，2004b）所获得的线性化模型为八阶，也就是说，使用 Zhou 和 Doyle（1998）的结果，从原始的九阶线性化模型中去除了对系统动力学（阴极中的水质量）的影响可忽略的状态变量．该结果是在研究可观测性和可控性时，由相应的可观测性和可控性格拉姆矩阵的奇异值获得的（Zhou and Doyle，1998）．事实上，可以忽略可控性和可观测性较弱的系统模型，这可以通过平衡变换来实现，该变换将系统坐标系变换为平衡的坐标系，即可控性格拉姆矩阵与可观测性格拉姆矩阵相同且均为对角矩阵（Zhou and Doyle，1998）. 在几篇论文中考虑了 PEM 燃料电池的可控性和可观测性问题（如 Serra 等（2005）和 Radisavljević（2011）的研究文献）.

取自 Pukrushpan 等（2004a，2004b）的线性化模型的相应数值如下：

$$
\boldsymbol{A}=\begin{bmatrix}
-6.30908 & 0 & -10.9544 & 0 & 83.74458 & 0 & 0 & 24.05866\\
0 & -161.083 & 0 & 0 & 51.52923 & 0 & -18.0261 & 0\\
-18.7858 & 0 & -46.3136 & 0 & 275.6592 & 0 & 0 & 158.3741\\
0 & 0 & 0 & -17.3506 & 193.9373 & 0 & 0 & 0\\
1.299576 & 0 & 2.969317 & 0.3977 & -38.7024 & 0.105748 & 0 & 0\\
16.64244 & 0 & 38.02522 & 5.066579 & -479.384 & 0 & 0 & 0\\
0 & -450.386 & 0 & 0 & 142.2084 & 0 & -80.9472 & 0\\
2.02257 & 0 & 4.621237 & 0 & 0 & 0 & 0 & -51.2108
\end{bmatrix}
$$

$$
\boldsymbol{B}=\begin{bmatrix}0 & 0 & 0 & 3.946683 & 0 & 0 & 0 & 0\end{bmatrix}^{\mathrm{T}}
$$

$$
\boldsymbol{C}_y=\begin{bmatrix}
0 & 0 & 0 & 5.066579 & -116.446 & 0 & 0 & 0\\
0 & 0 & 0 & 0 & 1 & 0 & 0 & 0\\
12.96989 & 10.32532 & -0.56926 & 0 & 0 & 0 & 0 & 0
\end{bmatrix}
$$

$$
\boldsymbol{C}_z=\begin{bmatrix}
-2.4837 & -1.9773 & 0.109013 & -0.21897 & 0 & 0 & 0 & 0\\
-0.63477 & 0 & -1.45035 & 0 & 13.84308 & 0 & 0 & 0
\end{bmatrix}
$$

$$
\boldsymbol{D}_{zu}=\begin{bmatrix}0.169141\\ 0\end{bmatrix},\quad \boldsymbol{D}_{yu}=\begin{bmatrix}0\\ 0\\ 0\end{bmatrix}
$$

2.4.2 PEM 燃料电池的双时间尺度结构

找到 PEM 燃料电池系统矩阵 $\boldsymbol{A}$ 的所有特征值，可以看出，特征值分布很广. 因此，可以将其分为两组，3 个靠近虚轴的小特征值（慢速特征值）和 5 个远离虚轴的绝对值较大的特征值（快速特征值），即

$$\lambda_1=-1.4038,\quad \lambda_2=-1.6473,\quad \lambda_3=-2.9151$$

$$\lambda_4=-18.2582,\quad \lambda_5=-22.4040,\quad \lambda_6=-46.1768,\quad \lambda_7=-89.4853,\quad \lambda_8=-219.6262$$

这清楚地说明了所考虑的 PEM 燃料电池模型的双时间尺度结构. 事实上，PEM 燃料电池的特征值可以分为三组甚至四组，表示燃料电池在三个甚至四个时间尺度上的运行. 为了简单起见，并能使用可用的工具（两级反馈控制器设计技

术），我们将在本研究中仅关注具有 3 个慢速特征值和 5 个快速特征值的双时间尺度.

线性反馈控制器的三级和四级设计将在后续章节中讨论．此外，为了实现 PEM 燃料电池的数字控制器和可用于 PC（个人计算机）端的在环控制，还需要在离散时间条件下完成三级和四级设计．第 3 章将详细介绍线性动态系统的离散时间两级双时间尺度反馈控制器设计．第 5 章将考虑相应的离散三时间尺度三级反馈设计的主要设计思路和设计结果.

具有慢速模式和快速模式的线性系统（奇异摄动系统，见 Kokotovic 等（1999），Naidu 和 Calise（2001）以及 Kuehn（2015）的研究文献），特别适合两级反馈控制器设计．一般来说，对于这类系统，如果试图使用整个（全阶）系统设计线性反馈控制器，就会出现数值病态条件．奇异摄动系统在所有工程和科学领域都有大量应用（Naidu and Calise，2001）．在本节中，将 2.2 节中提出的设计专门针对奇异摄动线性系统进一步简化，从而只需要求得线性代数方程的解就能完成设计.

在实践中，通常将很小的奇异摄动参数 ε 确定为慢速特征值的最大值和快速特征值的最小值之比，即，在所考虑的 PEM 燃料电池的情况下，其由下式给出：

$$\varepsilon = \frac{|\lambda_{s\max}|}{|\lambda_{f\min}|} = \frac{2.9151}{18.2582} = 0.1597 \tag{2.47}$$

通过交换原始系统矩阵的行和列，可以将 PEM 燃料电池数学模型转化为显式奇异摄动形式．式（2.46）中定义的 PEM 燃料电池数学模型（已知相应矩阵）为隐式奇异摄动形式，即系统矩阵 $\boldsymbol{A}$ 的形式为 $\boldsymbol{A} = \boldsymbol{A}(\varepsilon)$．为了得到与式（2.20）一致的显式奇异摄动形式，必须交换状态空间变量的顺序，使得对应于快速变量的矩阵 $\boldsymbol{A}_{22}$ 是非奇异的．总的来说，这不是一项容易的任务，尤其是对于高维系统．经过几次尝试，我们发现，正如 Radisavljević-Gajić 等（2015）最初提出的那样，使用相似矩阵 $\boldsymbol{V}$（根据 $\boldsymbol{V} = \boldsymbol{I}_{25}\boldsymbol{I}_{24}\boldsymbol{I}_{27}\boldsymbol{I}_{15}\boldsymbol{I}_{36}$ 得到的置换矩阵的乘积）进行状态变量变换，将得到式（2.20）定义所需的奇异摄动形式．置换矩阵 $\boldsymbol{I}_{ij}$ 是通过交换单位矩阵的行 i 和列 j 而得到的（Golub and Van Loan，2013）．所得的矩阵 $\boldsymbol{V}$ 如式（2.48）所示.

$$V=\begin{bmatrix}0&0&0&0&1&0&0&0\\1&0&0&0&0&0&0&0\\0&0&0&0&0&1&0&0\\0&0&0&0&0&0&1&0\\0&0&0&1&0&0&0&0\\0&0&1&0&0&0&0&0\\0&1&0&0&0&0&0&0\\0&0&0&0&0&0&0&1\end{bmatrix} \tag{2.48}$$

相似变换 $A_{sp}=VAV^{\mathrm{T}}$（注意：$V^{\mathrm{T}}=V^{-1}$）产生了所考虑的 PEM 燃料电池数学模型的显式奇异结构，如式（2.49）所示：

$$A_{sp}=VAV^{\mathrm{T}}=\begin{bmatrix}A_{11sp}&A_{12sp}\\A_{21sp}&A_{22sp}\end{bmatrix}$$
$$=\begin{bmatrix}-38.7024&1.2996&0.1057&0&0.3977&2.9693&0&0\\83.7446&-6.3091&0&0&0&-10.9544&0&24.0587\\-479.3840&16.6424&0&0&5.0666&38.0252&0&0\\142.2084&0&0&-80.9472&0&0&-450.3860&0\\193.9373&0&0&0&-17.3506&0&0&0\\275.6592&-18.7858&0&0&0&-46.3136&0&158.3741\\51.5292&0&0&-18.0261&0&0&-161.3136&0\\0&2.2026&0&0&0&46.6212&0&-51.2108\end{bmatrix} \tag{2.49}$$

式（2.20）与式（2.49）中的矩阵通过式（2.50）所示的关系进行关联.

$$A_{11}=A_{11sp},\quad A_{12}=A_{12sp},\quad A_{21}=\varepsilon A_{21sp},\quad A_{22}=\varepsilon A_{22sp} \tag{2.50}$$

式（2.49）的作用等同于将原始状态空间变量按式（2.51）所示的方式进行了排序.

$$[x_5(t)\quad x_1(t)\quad x_6(t)\quad x_7(t)\quad x_4(t)\quad x_3(t)\quad x_2(t)\quad x_8(t)] \tag{2.51}$$

通过这种排序，满足了假设 2.1 的条件，相应的慢速子系统和快速子系统（待定义）成为可控系统. 慢速子系统包含所有慢速特征值，快速子系统包含全部快速特征值. 对于状态变量的慢速-快速排序，如式（2.51）所示，由此，得出结论：$x_5(t), x_1(t), x_6(t)$ 是慢速状态变量，而剩余的状态空间变量 $x_7(t), x_4(t), x_3(t), x_2(t), x_8(t)$ 是快速状态变量.

注释 2.1　由式（2.51）可知，氧气的压力 $x_1(t)$ 属于表示慢速状态变量的子系统，而氢气的压力 $x_2(t)$ 属于表示快速状态变量的子系. 这一点很有趣. 另一个有趣的结论是，即使从物理角度看到的预期结果，也可以得到数学上的验证，具体方式是使用平衡变换（Zhou and Doyle，1998）并确定每个状态空间变量在奇异摄动系统中的动态支配方式. 也就是说，平衡变换揭示了该系统中最主要的变量（具有最高能量的变量）是 $x_1(t)$ 和 $x_2(t)$. 这里很有意思的是，指出了虽然 $x_2(t)$ 是快速子系统的一部分，但其仍占据了主导地位（通常快速状态变量是低能量信号，因此，是非主导信号）.

PEM 燃料电池的显式奇异摄动形式的输入和输出矩阵，如式（2.52）和式（2.53）所示.

$$\boldsymbol{B}_{sp}=\begin{bmatrix}\boldsymbol{B}_{11sp}\\ \boldsymbol{B}_{22sp}\end{bmatrix}=\boldsymbol{VB}=\begin{bmatrix}0 & 0 & 0 & 0 & 3.9467 & 0 & 0 & 0\end{bmatrix}^{\mathrm{T}} \tag{2.52}$$

$$\begin{aligned}\boldsymbol{C}_{sp}&=\begin{bmatrix}\boldsymbol{C}_{11sp} & \boldsymbol{C}_{22sp}\end{bmatrix}=\boldsymbol{C}_{y}\boldsymbol{V}^{\mathrm{T}}\\ &=\begin{bmatrix}-116.4460 & 0 & 0 & 0 & 5.0666 & 0 & 0 & 0\\ 1 & 0 & 0 & 0 & 0 & 0 & 0 & 0\\ 0 & 12.9689 & 0 & 0 & 0 & -0.5693 & 10.3253 & 0\end{bmatrix}\end{aligned} \tag{2.53}$$

式（2.20）和式（2.52）的系统输入矩阵通过式（2.54）所示的关系进行关联.

$$\boldsymbol{B}_{11}=\boldsymbol{B}_{11sp}，\quad \boldsymbol{B}_{22}=\varepsilon\boldsymbol{B}_{22sp} \tag{2.54}$$

现在，将 2.2 节中的两级双时间尺度反馈控制器设计，用于本节所定义的质子交换膜燃料电池模型. 为了在两个阶段对奇异摄动线性系统进行线性反馈设计（包括特征值分配），需要找到非线性代数方程式（2.21）和线性代数方程式（2.30）的解. 在满足假设 2.1 条件的前提下，对于足够小的 ε 值，式（2.21）存在唯一解.

在这种情况下，可以通过对线性代数方程组进行定点迭代求解代数方程式（2.21），如式（2.22）所示. 此外，如果 ε 不是足够小，则可以使用特征向量法（Medanic，1982）来求解（2.21）. 在特定的假设下，牛顿法也可以用于求解式（2.22），对于足够小的 ε 值，也可以通过式（2.55）所示的线性代数方程组迭代求解代数方程式（2.30）.

$$\begin{aligned}&\boldsymbol{P}^{(i+1)}(\boldsymbol{A}_f-\boldsymbol{B}_f\boldsymbol{G}_f)=\boldsymbol{A}_{12}-\boldsymbol{B}_{11}\boldsymbol{G}_f+\varepsilon\boldsymbol{A}_s\boldsymbol{P}^{(i)}=0\\ &\boldsymbol{P}^{(0)}=(\boldsymbol{A}_{12}-\boldsymbol{B}_{11}\boldsymbol{G}_f)(\boldsymbol{A}_f-\boldsymbol{B}_f\boldsymbol{G}_f)^{-1}\end{aligned} \tag{2.55}$$

注意，$\boldsymbol{A}_f-\boldsymbol{B}_f\boldsymbol{G}_f$ 是闭环快速子系统矩阵，该系统是渐近稳定的（Chen，2012），因此，$\boldsymbol{A}_f-\boldsymbol{B}_f\boldsymbol{G}_f$ 是可逆的. 如果 ε 不是很小，应直接将式（2.30）所示的方程作为西尔维斯特代数方程进行求解. 在这种情况下，在假设矩阵 $\varepsilon\boldsymbol{A}_s$ 和

$A_f - B_f G_f$ 没有共同特征值的情况下，可以得到唯一的解（Chen，2012）. 由于其特征值分成了两组（靠近虚轴的慢速子系统特征值和远离虚轴的快速子系统特征值），对于奇异摄动系统来说，该假设是始终成立的. 此外，由于 $\lambda(\varepsilon A_s) = \varepsilon\lambda(A_s)$，慢速子系统特征值乘以足够小的正参数 ε，使得西尔维斯特代数方程式（2.30）的唯一解始终存在（Stewart，1973）.

注释 2.2　正如 Gao 和 Bai（2010）所指出的：尽管西尔维斯特代数方程式（2.30）是一个线性代数方程，但在某些情况下，直接得到其数值解的方法精度却不高（另见 Simoncini（2016）的研究）. 对于某些系统，使用 MATLAB 函数“lyap”（也用于求解西尔维斯特代数方程）可能求解精度有限. 在这种情况下，采用式（2.55）所示的迭代方法求解西尔维斯特代数方程式（2.30），可以产生非常高的精度（除非，参数 ε 并不足够小，迭代公式（2.55）不会收敛）.

使用原始坐标和慢-快坐标之间的变换关系，可以得到慢速和快速子系统输出矩阵的表达式（即使不直接用于两级反馈设计过程）. 这些关系由式（2.56）和式（2.57）给出.

$$\begin{bmatrix} \boldsymbol{x}_s(t) \\ \boldsymbol{x}_f(t) \end{bmatrix} = T_{2sp}T_{1sp}\begin{bmatrix} \boldsymbol{x}_{\mathrm{I}}(t) \\ \boldsymbol{x}_{\mathrm{II}}(t) \end{bmatrix} = \begin{bmatrix} \boldsymbol{I} & -\varepsilon\boldsymbol{P} \\ 0 & \boldsymbol{I} \end{bmatrix}\begin{bmatrix} \boldsymbol{I} & 0 \\ \boldsymbol{L} & \boldsymbol{I} \end{bmatrix}\begin{bmatrix} \boldsymbol{x}_{\mathrm{I}}(t) \\ \boldsymbol{x}_{\mathrm{II}}(t) \end{bmatrix} = \begin{bmatrix} \boldsymbol{I}-\varepsilon\boldsymbol{PL} & -\varepsilon\boldsymbol{P} \\ \boldsymbol{L} & \boldsymbol{I} \end{bmatrix}\begin{bmatrix} \boldsymbol{x}_{\mathrm{I}}(t) \\ \boldsymbol{x}_{\mathrm{II}}(t) \end{bmatrix} \tag{2.56}$$

及

$$\begin{bmatrix} \boldsymbol{x}_{\mathrm{I}}(t) \\ \boldsymbol{x}_{\mathrm{II}}(t) \end{bmatrix} = T_{1sp}^{-1}T_{2sp}^{-1}\begin{bmatrix} \boldsymbol{x}_s(t) \\ \boldsymbol{x}_f(t) \end{bmatrix} = \begin{bmatrix} \boldsymbol{I} & 0 \\ -\boldsymbol{L} & \boldsymbol{I} \end{bmatrix}\begin{bmatrix} \boldsymbol{I} & \varepsilon\boldsymbol{P} \\ 0 & \boldsymbol{I} \end{bmatrix}\begin{bmatrix} \boldsymbol{x}_s(t) \\ \boldsymbol{x}_f(t) \end{bmatrix} = \begin{bmatrix} \boldsymbol{I} & \varepsilon\boldsymbol{P} \\ -\boldsymbol{L} & \boldsymbol{I}-\varepsilon\boldsymbol{LP} \end{bmatrix}\begin{bmatrix} \boldsymbol{x}_s(t) \\ \boldsymbol{x}_f(t) \end{bmatrix} \tag{2.57}$$

由于状态空间方程的坐标变化，式（2.20）中定义的奇异摄动系统的输出也发生了变化. 在新的坐标中，系统模型如式（2.58）所示.

$$\begin{aligned} \boldsymbol{y}(t) &= \begin{bmatrix} \boldsymbol{C}_{11sp} & \boldsymbol{C}_{22sp} \end{bmatrix}\begin{bmatrix} \boldsymbol{x}_{\mathrm{I}}(t) \\ \boldsymbol{x}_{\mathrm{II}}(t) \end{bmatrix} = \begin{bmatrix} \boldsymbol{C}_{11sp} & \boldsymbol{C}_{22sp} \end{bmatrix}\begin{bmatrix} \boldsymbol{I} & \varepsilon\boldsymbol{P} \\ -\boldsymbol{L} & \boldsymbol{I}-\varepsilon\boldsymbol{LP} \end{bmatrix}\begin{bmatrix} \boldsymbol{x}_s(t) \\ \boldsymbol{x}_f(t) \end{bmatrix} \\ &= \begin{bmatrix} \boldsymbol{C}_{11sp}-\boldsymbol{C}_{22sp}\boldsymbol{L} & \boldsymbol{C}_{22sp}+\varepsilon(\boldsymbol{C}_{11sp}-\boldsymbol{C}_{22sp}\boldsymbol{L})\boldsymbol{P} \end{bmatrix}\begin{bmatrix} \boldsymbol{x}_s(t) \\ \boldsymbol{x}_f(t) \end{bmatrix} = \boldsymbol{C}_s\boldsymbol{x}_s(t)+\boldsymbol{C}_f\boldsymbol{x}_f(t) \end{aligned} \tag{2.58}$$

其中

$$C_s = C_{11sp} - C_{22sp}L,\ \ C_f = C_{22sp} + \varepsilon C_s P \tag{2.59}$$

2.4.3 PEM燃料电池慢速-快速两级控制器设计仿真

在本节中，使用PEM燃料电池数学模型的降阶动态模型和相应的降阶矩阵，独立计算了慢速和快速子系统的反馈增益，分两个阶段进行了控制器设计. 首先，使用特征值分配方法对慢速子系统和快速子系统进行设计，然后，设计混合型控制器，即混合控制器，只将所需的特征值分配给快速子系统，并使用线性二次型最优控制器对慢速子系统的控制器进行设计. 当然，可以对慢速子系统和快速子系统均采用线性二次型最优控制器设计，或者对任一子系统采用任何其他线性反馈控制器.

使用式(2.47)给出的小奇异摄动参数值和式(2.49)提供的系统模型矩阵（另见式（2.50)），得到了以下与式（2.20）中定义的奇异摄动结构相对应的矩阵：

$$A_{11} = \begin{bmatrix} -38.7024 & 1.2996 & 0.1057 \\ 83.7446 & -6.3091 & 0 \\ -479.3840 & 16.6424 & 0 \end{bmatrix},\ \ A_{21} = \begin{bmatrix} 22.3267 & 0 & 0 \\ 30.4482 & 0 & 0 \\ 43.2785 & -2.9494 & 0 \\ 8.0901 & 0 & 0 \\ 0 & 0.3175 & 0 \end{bmatrix}$$

$$A_{12} = \begin{bmatrix} 0 & 0.3977 & 2.9693 & 0 & 0 \\ 0 & 0 & -10.9544 & 0 & 24.0587 \\ 0 & 5.0666 & 38.0252 & 0 & 0 \end{bmatrix}$$

$$A_{22} = \begin{bmatrix} -12.7087 & 0 & 0 & -70.7106 & 0 \\ 0 & -2.7240 & 0 & 0 & 0 \\ 0 & 0 & -7.2712 & 0 & 24.8647 \\ -2.8301 & 0 & 0 & -25.2900 & 0 \\ 0 & 0 & 0.7255 & 0 & -8.0401 \end{bmatrix}$$

进行6次牛顿法迭代，得出$\boldsymbol{L}$方程的解，其精度为$E^{(k)} = O(10^{-13})$. 该精度由如下式所示矩阵的范数确定.

$$\boldsymbol{E}^{(k)} = \varepsilon \boldsymbol{L}^{(k)} \boldsymbol{A}_{11} - \boldsymbol{A}_{22} \boldsymbol{L}^{(k)} - \varepsilon \boldsymbol{L}^{(k)} \boldsymbol{A}_{12} \boldsymbol{L}^{(k)} + \boldsymbol{A}_{21}$$

获得了迭代结果$\boldsymbol{L} \approx \boldsymbol{L}^{(6)}$的值后，矩阵$\boldsymbol{A}_s$，$\boldsymbol{A}_f$，$\boldsymbol{B}_f$由式（2.25）得出.

$$A_s=\begin{bmatrix}-3.5199 & 0.0291 & 0.0429\\ -2.3591 & -1.6426 & 0.1232\\ -29.2031 & 0.3737 & -0.8037\end{bmatrix}$$

$$L=\begin{bmatrix}0.1933 & -0.0012 & -0.0017\\ -13.9420 & 0.0250 & 0.0360\\ -9.9813 & 0.4245 & 0.0163\\ -0.3491 & 0.0002 & 0.0003\\ -0.9658 & -0.0007 & 0.0023\end{bmatrix}$$

且

$$A_f=\begin{bmatrix}-12.7087 & 0.0170 & 0.0820 & -70.7106 & -0.0044\\ 0 & -3.5660 & -6.3278 & 0 & 0.0944\\ 0 & -0.6102 & -12.5569 & 0 & 26.4682\\ -2.8301 & -0.0216 & -0.1614 & -25.2900 & 0.0007\\ 0 & -0.0585 & 0.2903 & 0 & -8.0427\end{bmatrix},\quad B_f=\begin{bmatrix}0\\ 0.6196\\ 0\\ 0\\ 0\end{bmatrix}$$

注意，矩阵 $B_s=B_s(G_f)$ 取决于快速子系统的反馈增益．对于第一个子系统，请参见式（2.40)．因此在本节后续部分定义并找到相应的反馈控制器时，将确定该矩阵．

PEM 燃料电池的特征值分配

假设出于某种原因（例如，为了实现所需的瞬态响应)，需将 PEM 燃料电池闭环慢速特征值设置为 $-1,-1.5\pm j1$，将闭环快速特征值设置为 $-9\pm j5,-10,-11,-12$．所考虑的两级反馈设计技术可以在系统可控的前提下处理闭环特征值的任何可选期望值．利用 MATLAB 检查 PEM 燃料电池的慢速和快速模型都是可控的，并且原始 PEM 燃料电池模型也是可控的．

首先，使用特征值分配技术分配 $\lambda(A_f-B_fG_f)=\lambda_{fast}^{desired}$，找到快速子系统增益 G_f（第 2 步)．使用 MATLAB 函数“place”，可以得到

$$G_f=10^5\begin{bmatrix}-1.898 & -0.0090 & -0.0018 & -1.4579 & -0.0298\end{bmatrix}$$

使用 MATLAB 函数“lyap”直接求解西尔维斯特代数方程，精度为 $O(10^{-7})$．

$$P=10^7\times\begin{bmatrix}-0.0176 & -0.0001 & -0.0010 & -0.1333 & -0.0087\\ -0.0344 & -0.0001 & -0.0020 & -0.2608 & -0.0169\\ -0.2321 & -0.0007 & -0.0135 & -1.7570 & -0.1151\end{bmatrix}$$

由式（2.40）得到的矩阵 B_s 如下：

$$B_s = 10^3\begin{bmatrix}0.3124\\0.6136\\4.1177\end{bmatrix}$$

第 4 步中，得到慢速子系统的反馈增益，使得$\lambda(A_s - B_sG_s) = \lambda_{slow}^{desired}$，

$$G_s = \begin{bmatrix}-0.0615 & 0.0038 & 0.0036\end{bmatrix}$$

仅使用降阶矩阵计算慢速子系统的反馈增益G_s和快速子系统的反馈增益G_f．计算用于原始 PEM 燃料电池模型的实际全状态反馈增益如下：

$$\begin{aligned}G_{eq} &= \begin{bmatrix}G_{1eq} & G_{2eq}\end{bmatrix} = \begin{bmatrix}G_s + (G_f - \varepsilon G_sP)L & G_f - \varepsilon G_sP\end{bmatrix}\\ &= 10^5\begin{bmatrix}0.5350 & -0.0008 & -0.0002 & -0.1915 & -0.0009 & -0.0017 & -1.4711 & -0.0307\end{bmatrix}\end{aligned}$$

使用 MATLAB 可以很容易地检查出来，该增益提供了所需的慢速特征值和快速特征值，精度高达$O(10^{-6})$，即

$$\begin{aligned}\lambda(A - BG_{eq}) &= \lambda_{system}^{desired} = \lambda_{slow}^{desired} \cup \lambda_{fast}^{desired} = \{-1.000000, -1.500000 \pm j1.000000\}\\ &\cup\{-9.000000 \pm j5.000000, -10.000000, -11.000000, -12.000000\}\end{aligned}$$

注意，MATLAB 函数“lyap”得到的矩阵P的精度仅为$O(10^{-7})$．

注释 2.3 应注意，反馈增益G_f和矩阵P等一些元素包含较大的值．这是由于快速状态变量是非常弱可控的（具有非常小的 Hankel 矩阵的奇异值（Zhou and Doyle，1998），这相当于对应的可控性格拉姆矩阵非常接近奇异）．众所周知，这种系统很难控制，需要付出很大的代价并使用高增益信号．

混合最优慢速-快速特征值分配的 PEM 燃料电池控制器

两级设计有助于为每个子系统设计不同类型的控制器．在本小节中，我们在所需的位置处（如$-9 \pm j5, -10, -11, -12$），设计用增益G_f来分配本节提到的 PEM 燃料电池的闭环快速特征值，并用增益G_s来优化慢速子系统．所考虑的 PEM 燃料电池的慢速子系统在第 4 步中由矩阵A_s和$B_s = B_{11} - PB_f$定义为

$$\frac{dx_s(t)}{dt} = A_sx_s(t) + B_sv(t)$$

慢速子系统在二次性能标准

$$J_s = \frac{1}{2}\int_0^\infty \left(x_s^{\mathrm{T}}(t)R_1x_s(t) + v^{\mathrm{T}}(t)R_2v(t)\right)dt$$

沿着 PEM 燃料电池慢速子系统的轨迹最小化的意义上进行优化．性能标准惩罚矩阵选为$R_1 = I_3$且$R_2 = I_2$，由此得到

$$G_s^{opt} = \begin{bmatrix}0.0965 & 0.1875 & 0.9779\end{bmatrix}$$

该增益为第一（慢速）子系统的性能标准提供了最佳值，即 $J_{opt}=0.4783$. 由所选的增益 $\boldsymbol{G}_f$ 和 $\boldsymbol{G}_{opt}$ 得到原始 PEM 燃料电池的等效全状态反馈值如下：

$$\boldsymbol{G}_{eq}^{opt}=\begin{bmatrix}\boldsymbol{G}_{1eq} & \boldsymbol{G}_{2eq}\end{bmatrix}=\begin{bmatrix}\boldsymbol{G}_s^{opt}+(\boldsymbol{G}_f-\varepsilon\boldsymbol{G}_s^{opt}\boldsymbol{P})\boldsymbol{L} & \boldsymbol{G}_f-\varepsilon\boldsymbol{G}_s^{opt}\boldsymbol{P}\end{bmatrix}$$
$$=10^6\times[-0.8291\ \ -0.0091\ \ 0.0003\ \ 0.3502\ \ 0.0010\ \ -0.0216\ \ 2.6487\ \ 0.1800]$$

这种混合增益优化了质子交换膜燃料电池的慢速子系统，同时在所需的位置处分配闭环快速子系统特征值 $-9\pm j5,-10,-11,-12$.

2.5 PEM 燃料电池观测器设计

随着两级状态反馈控制器设计的完成，由于 $\boldsymbol{u}(t)=\boldsymbol{u}(\boldsymbol{x}(t))=-\boldsymbol{G}_{eq}\boldsymbol{x}(t)$ ，燃料电池系统控制器的执行需要了解所有 8 个状态空间变量. 然而，由 $y(t)$ 表示的系统输出仅能直接测量到三种系统状态. 要解决这个问题需要使用观测器来估计所有的系统状态空间变量. 观测器已广泛用于许多科学和工程领域（Sinha，2007；Chen，2012；Radisavljević-Gajić，2015c；Ali et al.，2015）. Pilloni 等（2015）考虑了使用观测器控制 PEM 燃料电池.

观测器主要用于与原始系统具有相同阶数和相同结构的动态系统. 目标是使实际系统输出与观测器输出之间的差异（称为系统输出观测误差）随时间趋向于零，这意味着观测器状态变量趋向于实际系统状态空间变量.

对于本章中考虑的 $\boldsymbol{D}_{yu}=0$ 的线性化燃料电池模型，有

$$\begin{aligned}&\frac{\delta\boldsymbol{x}(t)}{dt}=\boldsymbol{A}\delta\boldsymbol{x}(t)+\boldsymbol{B}\delta\boldsymbol{u}(t)\\&\delta\boldsymbol{y}(t)=\boldsymbol{C}_y\delta\boldsymbol{x}(t)\\&\boldsymbol{x}(t)=\boldsymbol{x}_{ss}+\delta\boldsymbol{x}(t),\quad \boldsymbol{u}(t)=\boldsymbol{u}_{ss}+\delta\boldsymbol{u}(t),\quad \boldsymbol{y}(t)=\boldsymbol{y}_{ss}+\delta\boldsymbol{y}(t)\end{aligned}\tag{2.60}$$

观测器由式（2.61）所示的微分方程定义（Sinha，2007；Chen，2012；Radisavljević-Gajić，2015c）

$$\begin{aligned}\frac{\delta\hat{\boldsymbol{x}}(t)}{dt}&=\boldsymbol{A}\delta\hat{\boldsymbol{x}}(t)+\boldsymbol{B}\delta\boldsymbol{u}(t)+\boldsymbol{K}(\delta\boldsymbol{y}(t)-\delta\hat{\boldsymbol{y}}(t))\\&=(\boldsymbol{A}-\boldsymbol{K}\boldsymbol{C}_y)\delta\hat{\boldsymbol{x}}(t)+\boldsymbol{B}\delta\boldsymbol{u}(t)+\boldsymbol{K}\delta\boldsymbol{y}(t)\\\delta\hat{\boldsymbol{y}}(t)&=\boldsymbol{C}_y\delta\hat{\boldsymbol{x}}(t)\end{aligned}\tag{2.61}$$

其中，$\delta \boldsymbol{x}(t)$ 是实际系统状态在其标称值附近的变化，$\delta \hat{\boldsymbol{x}}(t)$ 是观测器估计的状态变化，$\delta \boldsymbol{u}(t)$ 为系统输入的变化，$\boldsymbol{K}$ 是观测器增益.

观测器误差变化的定义如式（2.62）所示.

$$\delta \boldsymbol{e}(t) = \delta \boldsymbol{x}(t) - \delta \hat{\boldsymbol{x}}(t) \tag{2.62}$$

进一步，得到观测器误差动态变化的微分方程，如式（2.63）所示.

$$\frac{\delta \boldsymbol{e}(t)}{dt} = (\boldsymbol{A} - \boldsymbol{K}\boldsymbol{C}_y)\delta \boldsymbol{e}(t) \tag{2.63}$$

必须选择观测器增益 $\boldsymbol{K}$，使得观测器反馈矩阵 $\boldsymbol{A} - \boldsymbol{K}\boldsymbol{C}_y$ 是渐近稳定的. 通过选择观测器特征值并将其放置在左半复平面，可以得到所需的结果. 可以借助 MATLAB 函数"place"来寻找观测器增益，该函数可以确定观测器增益 $\boldsymbol{K}$，并将特征值放置在所需位置. 注意，应选择观测器特征值的位置，使闭环观测器比闭环系统快得多（速度由系统闭环特征值的位置确定；特征值是矩阵 $\boldsymbol{A} - \boldsymbol{B}\boldsymbol{G}_{eq}$ 的特征值，其中 $\boldsymbol{G}_{eq}$ 是线性比例全状态反馈增益）. 实际上，这是通过将观测器特征值 $\lambda_{obs} = \lambda(\boldsymbol{A} - \boldsymbol{K}\boldsymbol{C}_y)$ 设置为比燃料电池系统特征值的期望值 $\lambda_{system}^{desired} = \lambda(\boldsymbol{A} - \boldsymbol{B}\boldsymbol{G}_{eq})$ 快五到六倍来实现的. 只要矩阵对 $(\boldsymbol{A}, \boldsymbol{C}_y)$ 是可观测的，观测器的特征值可以放置在任何所需的位置（Sinha，2007；Chen，2012；Radisavljević-Gajić，2015c）. 在这种 PEM 燃料电池的情况下，系统是可观察的.

使用 Simulink 状态空间模块，将观测器作为具有输入向量和输出向量的系统，得到观测器的模型（Radisavljević-Gajić，2015c），如式（2.64）所示.

$$\frac{\delta \hat{\boldsymbol{x}}(t)}{dt} = (\boldsymbol{A} - \boldsymbol{K}\boldsymbol{C}_y)\delta \hat{\boldsymbol{x}}(t) + \begin{bmatrix} \boldsymbol{B} & \boldsymbol{K} \end{bmatrix} \begin{bmatrix} \delta \boldsymbol{u}(t) \\ \delta \boldsymbol{y}(t) \end{bmatrix} \tag{2.64}$$

图 2.4 所示是燃料电池系统和观测器的 Simulink 模型框图. 用于估计状态的状态反馈控制为 $\delta \boldsymbol{u}(t) = -\boldsymbol{G}_{eq}\delta \hat{\boldsymbol{x}}(t)$，其中 $\boldsymbol{G}_{eq}$ 见 2.4.3 节. 在该节中，找到该增益，使得燃料电池的闭环慢速系统特征值位于 $-1, -1.5 \pm j1$，闭环快速系统的特征值位于 $-9 \pm j5, -10, -11, -12$. 选择观测器特征值，使观测器特征值比燃料电池特征值快五到六倍. 观测器特征值位于

$$\lambda_{obs} = \lambda(\boldsymbol{A} - \boldsymbol{K}\boldsymbol{C}_y) = \{-60 \pm j10, -62, -64, -66, -68 \pm j20, -70\}$$

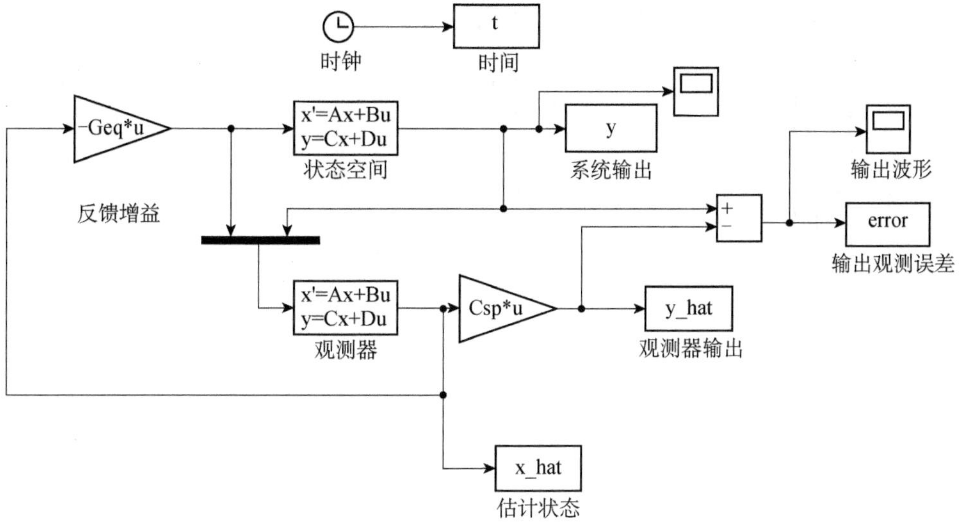

图 2.4 燃料电池系统和观测器的 Simulink 模型框图

使用 MATLAB 中的“place”函数，得到观测器增益矩阵 $\boldsymbol{K}$，如下：

$$\boldsymbol{K}=10^4\begin{bmatrix} 0.0000 & 0.0074 & 0.0000 \\ 0.0000 & -0.0271 & 0.0003 \\ -0.1242 & -3.2463 & 0.0151 \\ 0.0007 & -0.2496 & -0.0025 \\ 0.0009 & 0.1266 & 0.0000 \\ 0.0024 & 0.2121 & -0.0004 \\ 0.0011 & -0.0811 & -0.0010 \\ 0.0004 & 0.0256 & 0.0000 \end{bmatrix}$$

在获得了观测器增益矩阵 $\boldsymbol{K}$ 之后，可以使用观测器估计状态作为系统的全状态反馈输入来运行 Simulink 模型．由于可观测性格拉姆矩阵接近奇异值（它具有较小的 Hankel 奇异值（Zhou and Doyle，1998）)，观测器增益相对较高，这表明需要相对较大的代价才能观测到所考虑的 PEM 燃料电池的所有状态变量．尽管如此，定义为实际和观测到的燃料电池输出之间的差异的观测误差，在 0.2 秒内相当快地收敛到零．结果是非常明显的，见图 2.5．

需要强调的是，所提出的观测器设计使用了 Sinha（2007)，Chen（2012）和 Radisavljević-Gajić（2015c）的经典方法．使用两级反馈设计技术设计观测器将是一个有趣的研究课题．

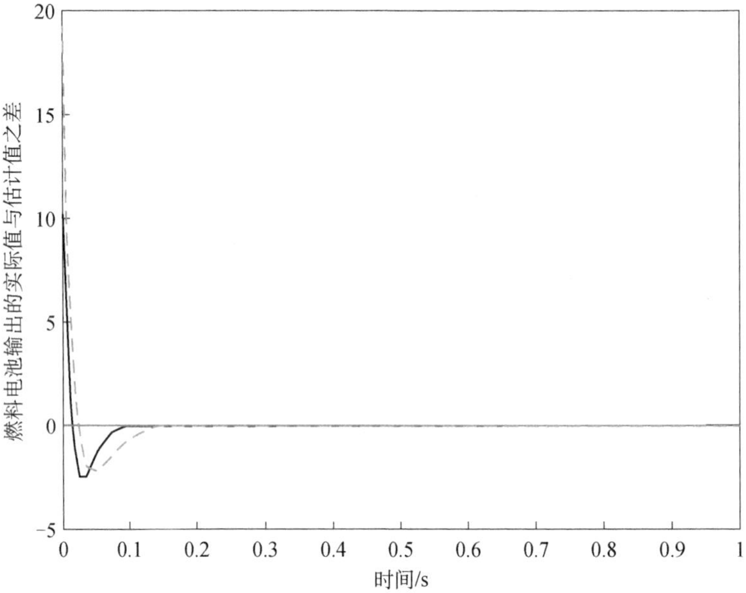

图 2.5　实际输出值与观测（估计）输出值之差

2.6　附　　注

2.1～2.3 节的内容是基于我们的期刊论文（Radisavljević-Gajić and Rose，2014）. 2.4 节是 Radisavljević-Gajić 等（2015）的论述. 经 Elsevier 的许可，我们获权在本研究专著中使用 Radisavljević-Gajić 和 Rose（2014）发表在 *Journal of Hydrogen Energy* 上的论文内的材料. 另外，经美国机械工程师协会（ASME）的许可，我们获得授权在本研究专著中使用 Radisavljević-Gajić 等（2015）在 2015 年美国机械工程师协会动态系统和控制大会（ASME Dynamic Systems and Control Conference）上发表的会议论文内的材料.

第 3 章　离散时间两级反馈控制器设计

在本章中，3.1 节呈现了根据 Radisavljević-Gajić（2015a）的研究结果提出的适用于线性离散时间控制系统的两级反馈控制器设计．此设计算法专门用于具有慢速和快速模式的线性系统并进行了简化．此类系统称为奇异摄动线性离散时间系统．由于离散时间奇异摄动系统有两种形式，因此，3.2 节和 3.3 节呈现了针对这两种形式的研究结果（Radisavljević-Gajić，2015a，2015b），确立了所提出的两个时间尺度下两级反馈控制器设计的适用性所需的条件．通过蒸汽动力系统、水电系统和质子交换膜燃料电池的特征值分配问题以及混合的线性二次型最优控制器/特征值分配控制器问题的研究，论证了所提出的两级反馈控制器设计过程及其极高的准确性．

3.1　离散时间反馈控制器的两级设计

假设有一个线性离散时不变动态系统，系统的差分方程如下（Ogata，1995）：

$$\boldsymbol{x}(k+1)=\begin{bmatrix}\boldsymbol{x}_1(k+1)\\ \boldsymbol{x}_2(k+1)\end{bmatrix}=\begin{bmatrix}\boldsymbol{A}_{11} & \boldsymbol{A}_{12}\\ \boldsymbol{A}_{21} & \boldsymbol{A}_{22}\end{bmatrix}\begin{bmatrix}\boldsymbol{x}_1(k)\\ \boldsymbol{x}_2(k)\end{bmatrix}+\begin{bmatrix}\boldsymbol{B}_{11}\\ \boldsymbol{B}_{22}\end{bmatrix}\boldsymbol{u}(k)=\boldsymbol{A}\boldsymbol{x}(k)+\boldsymbol{B}\boldsymbol{u}(k) \tag{3.1}$$

式中，$\boldsymbol{x}(k)\in\mathbf{R}^n$，$\boldsymbol{x}_1(k)\in\mathbf{R}^{n_1}$，$\boldsymbol{x}_2(k)\in\mathbf{R}^{n_2}$ 且 $n=n_1+n_2$ 是状态空间变量，$\boldsymbol{u}(k)\in\mathbf{R}^m$ 是控制输入向量，$\boldsymbol{A}_{ij}$ 和 $\boldsymbol{B}_{ii}$（i,j=1, 2）是适当大小的常数矩阵．矩阵 $\boldsymbol{A}_{11}$ 和 $\boldsymbol{A}_{22}$ 定义大小为 n_1 和 n_2 的子系统，分别对应于状态空间变量 $\boldsymbol{x}_1(k)$ 和 $\boldsymbol{x}_2(k)$．矩阵 $\boldsymbol{A}_{12}$ 和 $\boldsymbol{A}_{21}$ 定义子系统之间的耦合．

Radisavljević-Gajić（2015a）的算法以子系统的角度提出了适用于式（3.1）所示的两级线性反馈控制器设计，可用于子系统的稳定或系统特征值分配，或者用于设计线性二次型最优控制器（Sinha，2007）、观测器和滤波器（Ogata，1995；Sinha，2007；Chen，2012）. 例如，仅对子系统进行运算，在两级设计中可以利用此算法将式（3.1）的闭环特征值设定在所需位置. 通常，它可用于任何全状态线性反馈控制器的设计. 对于能自然分解成两个子系统、具有慢速和快速状态变量的线性动态系统而言，这一点尤为重要，我们将在 3.2 节和 3.3 节中对此进行探讨.

下面通过两个设计阶段说明 Radisavljević-Gajić（2015a）的两级反馈控制器设计算法，设计过程可进一步分为五个步骤.

第一级：第二个子系统控制器设计

第 1 步：用式（3.2）进行变量变换：

$$\begin{bmatrix} \boldsymbol{x}_1(k) \\ \boldsymbol{\eta}(k) \end{bmatrix} = \boldsymbol{T}_1 \begin{bmatrix} \boldsymbol{x}_1(k) \\ \boldsymbol{x}_2(k) \end{bmatrix} = \begin{bmatrix} \boldsymbol{I} & 0 \\ \boldsymbol{L} & \boldsymbol{I} \end{bmatrix} \begin{bmatrix} \boldsymbol{x}_1(k) \\ \boldsymbol{x}_2(k) \end{bmatrix}$$

$$\begin{bmatrix} \boldsymbol{x}_1(k) \\ \boldsymbol{x}_2(k) \end{bmatrix} = \boldsymbol{T}_1^{-1} \begin{bmatrix} \boldsymbol{x}_1(k) \\ \boldsymbol{\eta}(k) \end{bmatrix} = \begin{bmatrix} \boldsymbol{I} & 0 \\ -\boldsymbol{L} & \boldsymbol{I} \end{bmatrix} \begin{bmatrix} \boldsymbol{x}_1(k) \\ \boldsymbol{\eta}(k) \end{bmatrix} \tag{3.2}$$

其中，$\boldsymbol{L}$ 满足一个非对称非平方的非线性代数方程

$$\boldsymbol{L}\boldsymbol{A}_{11} - \boldsymbol{A}_{22}\boldsymbol{L} - \boldsymbol{L}\boldsymbol{A}_{12}\boldsymbol{L} + \boldsymbol{A}_{21} = 0 \tag{3.3}$$

这会得到具有分块上三角系统矩阵的状态空间差分方程

$$\begin{aligned} \begin{bmatrix} \boldsymbol{x}_1(k+1) \\ \boldsymbol{\eta}(k+1) \end{bmatrix} &= \begin{bmatrix} \boldsymbol{A}_{11} - \boldsymbol{A}_{12}\boldsymbol{L} & \boldsymbol{A}_{12} \\ 0 & \boldsymbol{A}_{22} + \boldsymbol{L}\boldsymbol{A}_{12} \end{bmatrix} \begin{bmatrix} \boldsymbol{x}_1(k) \\ \boldsymbol{\eta}(k) \end{bmatrix} + \begin{bmatrix} \boldsymbol{B}_{11} \\ \boldsymbol{B}_{22} + \boldsymbol{L}\boldsymbol{B}_{11} \end{bmatrix} \boldsymbol{u}(k) \\ &= \begin{bmatrix} \boldsymbol{A}_1 & \boldsymbol{A}_{12} \\ 0 & \boldsymbol{A}_2 \end{bmatrix} \begin{bmatrix} \boldsymbol{x}_1(k) \\ \boldsymbol{\eta}(k) \end{bmatrix} + \begin{bmatrix} \boldsymbol{B}_{11} \\ \boldsymbol{B}_2 \end{bmatrix} \boldsymbol{u}(k) \end{aligned} \tag{3.4}$$

$$\boldsymbol{A}_1 = \boldsymbol{A}_{11} - \boldsymbol{A}_{12}\boldsymbol{L},\quad \boldsymbol{A}_2 = \boldsymbol{A}_{22} + \boldsymbol{L}\boldsymbol{A}_{12},\quad \boldsymbol{B}_2 = \boldsymbol{B}_{22} + \boldsymbol{L}\boldsymbol{B}_{11}$$

非线性矩阵代数方程式（3.3）是一个非对称非平方的里卡蒂代数方程. 控制理论的相关文献同时从理论和数值角度对此进行了研究，对于相关示例，请参见 Medanic（1982）以及 Gao 和 Bai（2010）.

第 2 步：应用反馈控制

$$\boldsymbol{u}(k) = -\boldsymbol{G}_2\boldsymbol{\eta}(k) + \boldsymbol{v}(k)$$

设定 $\boldsymbol{\eta}$ 子系统的闭环特征值，得到以下差分方程：

$$\begin{bmatrix} x_1(k+1) \\ \eta(k+1) \end{bmatrix} = \begin{bmatrix} A_1 & A_{12} - B_{11}G_2 \\ 0 & A_2 - B_2G_2 \end{bmatrix} \begin{bmatrix} x_1(k) \\ \eta(k) \end{bmatrix} + \begin{bmatrix} B_{11} \\ B_2 \end{bmatrix} v(k) \tag{3.5}$$

第二级：第一个子系统控制器设计

第 3 步：进行另一个变量变换

$$\begin{gathered} \begin{bmatrix} \xi(k) \\ \eta(k) \end{bmatrix} = T_2 \begin{bmatrix} x_1(k) \\ \eta(k) \end{bmatrix} = \begin{bmatrix} I & -P \\ 0 & I \end{bmatrix} \begin{bmatrix} x_1(k) \\ \eta(k) \end{bmatrix} \\ \begin{bmatrix} x_1(k) \\ \eta(k) \end{bmatrix} = T_2^{-1} \begin{bmatrix} \xi(k) \\ \eta(k) \end{bmatrix} = \begin{bmatrix} I & P \\ 0 & I \end{bmatrix} \begin{bmatrix} \xi(k) \\ \eta(k) \end{bmatrix} \end{gathered} \tag{3.6}$$

式中，P 满足西尔维斯特代数方程

$$A_1P - P(A_2 - B_2G_2) + A_{12} - B_{11}G_2 = 0 \tag{3.7}$$

在假设矩阵 A_1 和 $A_2 - B_2G_2$ 没有共同特征值的前提下，此代数方程存在唯一解（Chen，2012）. 第二次变换会得出

$$\begin{bmatrix} \xi(k+1) \\ \eta(k+1) \end{bmatrix} = \begin{bmatrix} A_1 & 0 \\ 0 & A_2 - B_2G_2 \end{bmatrix} \begin{bmatrix} \xi(k) \\ \eta(k) \end{bmatrix} + \begin{bmatrix} B_{11} - PB_2 \\ B_2 \end{bmatrix} v(k) \tag{3.8}$$

第 4 步：应用状态反馈

$$v(k) = -G_1\xi(k)$$

以控制 ξ 子系统，即

$$\begin{gathered} \begin{bmatrix} \xi(k+1) \\ \eta(k+1) \end{bmatrix} = \begin{bmatrix} A_1 - B_1G_1 & 0 \\ -B_2G_1 & A_2 - B_2G_2 \end{bmatrix} \begin{bmatrix} \xi(k) \\ \eta(k) \end{bmatrix} \\ B_1 = B_{11} - PB_2 \end{gathered} \tag{3.9}$$

矩阵 A_1，A_2 和 B_2 是在式（3.4）中定义的. 由于式（3.9）是一个分块下三角矩阵，因此，它的特征值是使用所提出的两级设计技术和合适的反馈增益 G_1 和 G_2 在子系统级别同时设定的 $A_2 - B_2G_2$ 和 $A_1 - B_1G_1$ 的特征值的并集.

第 5 步：可以使用相应的变换将反馈增益映射到原始坐标中，得到

$$\begin{aligned} u(x(k)) &= -\begin{bmatrix} G_1 + (G_2 - G_1P)L & G_2 - G_1P \end{bmatrix} \begin{bmatrix} x_1(k) \\ x_2(k) \end{bmatrix} \\ &= -\begin{bmatrix} G_{1eq} & G_{2eq} \end{bmatrix} x(k) = -G_{eq}x(t) \\ G_{1eq} &= G_1 + (G_2 - G_1P)L, \quad G_{2eq} = G_2 - G_1P \end{aligned} \tag{3.10}$$

总之，Radisavljević-Gajić（2015a）的设计需要 $n_1 \times n_2$ 的 L 的非线性代数方程式（3.3）的一个解以及 $n_1 \times n_2$ 的 P 的西尔维斯特代数方程式（3.7）的一个解. 由

于设计是在两个独立阶段下完成的，因此，第二个阶段中出现的不准确性将不会对第一个阶段设计的准确性造成影响.

对于特征值分配问题，相应的子系统必须是可控的（Ogata，1995；Sinha，2007；Chen，2012）. 因此，第 2 步和第 4 步在假设 3.1 和假设 3.2 的前提下适用.

假设 3.1 （$\boldsymbol{A}_1$，$\boldsymbol{B}_1$）对是可控的.

假设 3.2 （$\boldsymbol{A}_2$，$\boldsymbol{B}_2$）对是可控的.

仅对于稳定性问题，可以将假设 3.1 和假设 3.2 放宽到（$\boldsymbol{A}_1$，$\boldsymbol{B}_1$）对和（$\boldsymbol{A}_2$，$\boldsymbol{B}_2$）对实施的可稳定性要求. 如果打算为子系统设计线性二次型最优控制器，应使用相对应的可稳定性条件来取代假设 3.1 和假设 3.2，并且应使用对相应子系统和性能标准惩罚矩阵实施的可检测性条件来对这两条假设进行补充（Sinha，2007）.

此外，西尔维斯特代数方程存在唯一解需要下一条假设.

假设 3.3 在假设矩阵 $\boldsymbol{A}_1$ 和 $\boldsymbol{A}_2 - \boldsymbol{B}_2\boldsymbol{G}_2$ 没有共同特征值的前提下，西尔维斯特代数方程式（3.7）存在唯一解（Chen，2012）.

注释 3.1 注意，假设 3.1～假设 3.3 中给出的矩阵是通过 $\boldsymbol{L}$ 方程和 $\boldsymbol{P}$ 方程的解矩阵参数化的，即 $\boldsymbol{A}_1 = \boldsymbol{A}_1(\boldsymbol{L})$，$\boldsymbol{A}_2 = \boldsymbol{A}_2(\boldsymbol{L})$，$\boldsymbol{B}_1 = \boldsymbol{B}_1(\boldsymbol{L},\boldsymbol{P})$，$\boldsymbol{B}_2 = \boldsymbol{B}_2(\boldsymbol{L})$，因此，对于 $\boldsymbol{L}$ 和 $\boldsymbol{P}$ 矩阵的某些选择，假设要么满足，要么不满足. 这给选择矩阵 $\boldsymbol{L}$ 带来了额外的自由度. 找到 $\boldsymbol{L}$ 后，矩阵 $\boldsymbol{P}$ 是在假设 3.3 的前提下根据式（3.7）唯一确定的（它也是通过 $\boldsymbol{L}$ 参数化的），$\boldsymbol{P} = \boldsymbol{P}(\boldsymbol{L})$. 由于矩阵 $\boldsymbol{L}$ 是通过特征向量方法得到的，因此，我们可以研究用于生成解矩阵 $\boldsymbol{L}$ 的特征向量所跨越的特征空间对开环瞬态响应（和其他开环系统量）的影响. 但是，由于将使用两级反馈算法，因此，将由闭环反馈矩阵 $\boldsymbol{A}_1 - \boldsymbol{B}_1\boldsymbol{G}_1$ 和 $\boldsymbol{A}_2 - \boldsymbol{B}_2\boldsymbol{G}_2$ 来确定系统闭环基本量.

计算量的减少首先基于以下事实：与为整个 $n \times n$ 的系统设计全状态反馈控制器相反，即与通过找到矩阵 $\boldsymbol{G}$，使闭环系统矩阵 $\boldsymbol{A} - \boldsymbol{B}\boldsymbol{G}$ 具有所需的特征相反，设计是在子系统级别完成的，即通过找到子系统全状态反馈增益 $\boldsymbol{G}_1$ 和 $\boldsymbol{G}_2$，使由矩阵 $\boldsymbol{A}_1 - \boldsymbol{B}_1\boldsymbol{G}_1$ 和 $\boldsymbol{A}_2 - \boldsymbol{B}_2\boldsymbol{G}_2$（大小分别为 $n_1 \times n_1$ 和 $n_2 \times n_2$，$n = n_1 + n_2$）定义的闭环子系统具有所需的特征. 根据所需的全状态设计的复杂度和类型：特征值放置、某种程度上的最优控制、鲁棒控制、基于观测器的控制器以及适用于线性离散时间随机系统的基于卡尔曼滤波的控制器等，减少所需的计算量是可观的.

3.2 适用于慢时间尺度下定义的系统的慢速-快速设计

在离散时间域中，离散时间奇异摄动线性系统有两种公式：Rao 和 Naidu（1981）以及 Naidu 和 Calise（2001）中引入的**慢时间尺度公式**，以及 Litkouhi 和 Khalil（1984，1985）中最初推导出的由 Bidani 等（2002）和 Kim 等（2004）进一步开发的**快时间尺度公式**. 在本节中，我们将展现如何将这些结果用于研究 Rao 和 Naidu（1981）以及 Naidu 和 Calise（2001）所提出的奇异摄动线性离散时间系统的慢时间尺度公式. 我们将在 3.3 节中探讨奇异摄动离散时间系统的快时间尺度公式以及相应的两级反馈控制器设计.

线性时不变离散时间奇异摄动系统是使用慢时间尺度公式来表示的，差分方程如下：

$$\begin{bmatrix} \boldsymbol{x}_1(k+1) \\ \boldsymbol{x}_2(k+1) \end{bmatrix} = \begin{bmatrix} \boldsymbol{A}_{11} & \varepsilon \boldsymbol{A}_{12} \\ \boldsymbol{A}_{21} & \varepsilon \boldsymbol{A}_{22} \end{bmatrix} \begin{bmatrix} \boldsymbol{x}_1(k) \\ \boldsymbol{x}_2(k) \end{bmatrix} + \begin{bmatrix} \boldsymbol{B}_{11} \\ \boldsymbol{B}_{22} \end{bmatrix} \boldsymbol{u}(k) \tag{3.11}$$

其中 ε 是一个较小的正奇异摄动参数，指示将状态空间变量分离成慢速状态变量 $\boldsymbol{x}_1(k)$ 以及快速状态变量 $\boldsymbol{x}_2(k)$. 式（3.11）中的状态空间变量、系统控制输入和常数矩阵的大小是在 3.1 节中使用方程式（3.1）后定义的. 可以将较小的正奇异摄动参数的值近似取作最慢的快速特征值和最快的慢速特征值的幅值之比（Kokotovic et al.，1999；Naidu and Calise，2001），即

$$\varepsilon \approx \frac{\max\{|\lambda_f(\boldsymbol{A})|\}}{\min\{|\lambda_s(\boldsymbol{A})|\}} \tag{3.12}$$

在用快时间尺度公式表示的奇异摄动线性离散时间系统的理论中，一个标准假设是矩阵 $\boldsymbol{A}_{11}$ 是非线性的（Naidu and Calise，2001）. 因此，提出了以下假设：

假设 3.4　子系统矩阵 $\boldsymbol{A}_{11}$ 是非线性的.

式（3.11）中定义的线性离散时间奇异摄动系统，用到了 3.1 节中提到的两级反馈设计. 两级反馈设计分为以下五个步骤.

第一级：快速子系统反馈控制器设计

第 1 步：对代数方程式（3.3）进行求解，在本例中方程的形式如下

$$\boldsymbol{L}\boldsymbol{A}_{11} - \varepsilon \boldsymbol{A}_{22}\boldsymbol{L} - \varepsilon \boldsymbol{L}\boldsymbol{A}_{12}\boldsymbol{L} + \boldsymbol{A}_{21} = 0 \tag{3.13}$$

由于式（3.13）中 $\boldsymbol{L}$ 的非线性项乘以较小的奇异摄动参数 ε，因此，求解式（3.13）比求解式（3.3）更加简单．事实上，可以从**线性代数方程**的角度推导出两种算法（定点迭代和牛顿法）来求解式（3.3）．在这两种情况下，在假设 3.4 的前提下，当 ε 的值足够小时，式（3.13）存在唯一解．注意，通过在式（3.13）中设定 $\boldsymbol{\varepsilon}=0$，$\boldsymbol{L}$ 的零阶近似由下式给出：

$$\boldsymbol{L}^{(0)}=-\boldsymbol{A}_{21}\boldsymbol{A}_{11}^{-1},\quad \boldsymbol{L}=\boldsymbol{L}^{(0)}+O(\boldsymbol{\varepsilon}) \tag{3.14}$$

定点算法是以简单的方式实现的，该方法是对所有乘以 $\boldsymbol{\varepsilon}$ 的项进行一次迭代的延迟．通过对式（3.13）进行定点迭代，我们需要解决以下问题，即对在由下式定义的每次迭代中的一组线性代数方程进行求解：

$$\boldsymbol{L}^{(i+1)}\boldsymbol{A}_{11}=-\boldsymbol{A}_{21}+\boldsymbol{\varepsilon}(\boldsymbol{A}_{22}+\boldsymbol{L}^{(i)}\boldsymbol{A}_{12})\boldsymbol{L}^{(i)},\quad \boldsymbol{L}^{(0)}=-\boldsymbol{A}_{21}\boldsymbol{A}_{11}^{-1},\quad i=1,2,\cdots \tag{3.15}$$

此算法按 $\boldsymbol{\varepsilon}$ 阶线性收敛率收敛，收敛率由 $O(\boldsymbol{\varepsilon})$ 表示，这意味着在 i 次迭代后，可实现 $O(\boldsymbol{\varepsilon}^{j})$ ①的准确性，即会在每次迭代中提高 $O(\boldsymbol{\varepsilon})$ 的准确性．如果定点迭代法式（3.15）的收敛半径小于每次迭代中的收敛半径，则会实现此收敛．

当 $\boldsymbol{\varepsilon}$ 的值较小时，另一种对式（3.13）进行求解的方法是：使用牛顿法来对弱非线性代数方程式（3.13）进行求解．众所周知，牛顿法具有二次收敛率，假设所选的初始猜测效果很好，在本例中，由于 $\boldsymbol{L}^{(0)}=\boldsymbol{L}+O(\boldsymbol{\varepsilon})$，因此这是成立的．应用牛顿法将得到涉及线性代数方程的迭代

$$\begin{gathered}\left(\boldsymbol{A}_{22}-\boldsymbol{\varepsilon}\boldsymbol{L}^{(i)}\boldsymbol{A}_{12}\right)\boldsymbol{L}^{(i+1)}+\boldsymbol{\varepsilon}\boldsymbol{L}^{(i+1)}\left(\boldsymbol{A}_{11}-\boldsymbol{L}^{(i)}\boldsymbol{A}_{12}\right)=\boldsymbol{A}_{21}-\boldsymbol{\varepsilon}\boldsymbol{L}^{(i)}\boldsymbol{A}_{12}\boldsymbol{L}^{(i)}\\ \boldsymbol{L}^{(0)}=-\boldsymbol{A}_{21}\boldsymbol{A}_{11}^{-1},\quad i=1,2,\cdots\end{gathered} \tag{3.16}$$

如果 $\boldsymbol{\varepsilon}$ 不够小，定点迭代和牛顿法都不会收敛，需要使用 2.1 节中讨论的特征向量方法（参见式（2.17）～（2.19））对非线性代数方程式（3.13）进行求解．

注释 3.2 根据式（3.13）和式（3.14）以及假设 3.4，当 $\boldsymbol{\varepsilon}$ 的值足够小时，式（3.13）的解是唯一的（隐函数定理（Ortega and Reinhardt，2000））．此外，根据式（3.14），解为 $O(1)$．现在，用式（3.17）进行变量变换：

$$\begin{gathered}\begin{bmatrix}\boldsymbol{x}_1(k)\\ \boldsymbol{x}_f(k)\end{bmatrix}=\boldsymbol{T}_{1sp}\begin{bmatrix}\boldsymbol{x}_1(k)\\ \boldsymbol{x}_2(k)\end{bmatrix}=\begin{bmatrix}\boldsymbol{I} & 0\\ \boldsymbol{L} & \boldsymbol{I}\end{bmatrix}\begin{bmatrix}\boldsymbol{x}_1(k)\\ \boldsymbol{x}_2(k)\end{bmatrix}\\ \begin{bmatrix}\boldsymbol{x}_1(k)\\ \boldsymbol{x}_2(k)\end{bmatrix}=\boldsymbol{T}_{1sp}^{-1}\begin{bmatrix}\boldsymbol{x}_1(k)\\ \boldsymbol{x}_f(k)\end{bmatrix}=\begin{bmatrix}\boldsymbol{I} & 0\\ -\boldsymbol{L} & \boldsymbol{I}\end{bmatrix}\begin{bmatrix}\boldsymbol{x}_1(k)\\ \boldsymbol{x}_f(k)\end{bmatrix}\end{gathered} \tag{3.17}$$

① $O(\varepsilon^{i})$ 定义为 $O(\varepsilon^{i})<c\varepsilon^{i}$，其中，$c$ 为一个有界常数，i 是一个实数．

这会将离散时间系统式（3.11）变换为

$$\begin{bmatrix}\boldsymbol{x}_1(k+1)\\\boldsymbol{x}_f(k+1)\end{bmatrix}=\begin{bmatrix}\boldsymbol{A}_{11}-\varepsilon\boldsymbol{A}_{12}\boldsymbol{L} & \varepsilon\boldsymbol{A}_{12}\\0 & \varepsilon(\boldsymbol{A}_{22}+\boldsymbol{L}\boldsymbol{A}_{12})\end{bmatrix}\begin{bmatrix}\boldsymbol{x}_1(k)\\\boldsymbol{x}_f(k)\end{bmatrix}+\begin{bmatrix}\boldsymbol{B}_{11}\\\boldsymbol{B}_{22}+\boldsymbol{L}\boldsymbol{B}_{11}\end{bmatrix}\boldsymbol{u}(k)$$

$$=\begin{bmatrix}\boldsymbol{A}_s & \varepsilon\boldsymbol{A}_{12}\\0 & \varepsilon\boldsymbol{A}_f\end{bmatrix}\begin{bmatrix}\boldsymbol{x}_1(k)\\\boldsymbol{x}_f(k)\end{bmatrix}+\begin{bmatrix}\boldsymbol{B}_{11}\\\boldsymbol{B}_f\end{bmatrix}\boldsymbol{u}(k) \tag{3.18}$$

$$\boldsymbol{A}_s=\boldsymbol{A}_{11}-\varepsilon\boldsymbol{A}_{12}\boldsymbol{L},\quad \boldsymbol{A}_f=\boldsymbol{A}_{22}+\boldsymbol{L}\boldsymbol{A}_{12},\quad \boldsymbol{B}_f=\boldsymbol{B}_{22}+\boldsymbol{L}\boldsymbol{B}_{11}$$

第 2 步：应用反馈控制 $\boldsymbol{u}(k)=-\varepsilon\boldsymbol{G}_f\boldsymbol{x}_f(k)+\boldsymbol{v}(k)$ 以设定快速子系统的闭环特征值，这将得出

$$\begin{bmatrix}\boldsymbol{x}_1(k+1)\\\boldsymbol{x}_f(k+1)\end{bmatrix}=\begin{bmatrix}\boldsymbol{A}_s & \varepsilon(\boldsymbol{A}_{12}-\boldsymbol{B}_{11}\boldsymbol{G}_f)\\0 & \varepsilon(\boldsymbol{A}_f-\boldsymbol{B}_f\boldsymbol{G}_f)\end{bmatrix}\begin{bmatrix}\boldsymbol{x}_1(k)\\\boldsymbol{x}_f(k)\end{bmatrix}+\begin{bmatrix}\boldsymbol{B}_{11}\\\boldsymbol{B}_f\end{bmatrix}\boldsymbol{v}(k) \tag{3.19}$$

应强调的是，按 ε 正确缩放快速子系统反馈增益对于完成两级慢速-快速反馈控制器设计而言至关重要．

第二级：慢速子系统反馈控制器设计

第 3 步：进行另一个变量变换

$$\begin{aligned}\begin{bmatrix}\boldsymbol{x}_s(k)\\\boldsymbol{x}_f(k)\end{bmatrix}&=\boldsymbol{T}_{2sp}\begin{bmatrix}\boldsymbol{x}_1(k)\\\boldsymbol{x}_f(k)\end{bmatrix}=\begin{bmatrix}\boldsymbol{I} & -\varepsilon\boldsymbol{P}\\0 & \boldsymbol{I}\end{bmatrix}\begin{bmatrix}\boldsymbol{x}_1(k)\\\boldsymbol{x}_f(k)\end{bmatrix}\\\begin{bmatrix}\boldsymbol{x}_1(k)\\\boldsymbol{x}_f(k)\end{bmatrix}&=\boldsymbol{T}_{2sp}^{-1}\begin{bmatrix}\boldsymbol{x}_s(k)\\\boldsymbol{x}_f(k)\end{bmatrix}=\begin{bmatrix}\boldsymbol{I} & \varepsilon\boldsymbol{P}\\0 & \boldsymbol{I}\end{bmatrix}\begin{bmatrix}\boldsymbol{x}_s(k)\\\boldsymbol{x}_f(k)\end{bmatrix}\end{aligned} \tag{3.20}$$

其中，$\boldsymbol{P}$ 满足西尔维斯特代数方程

$$\boldsymbol{A}_s\boldsymbol{P}-\varepsilon\boldsymbol{P}(\boldsymbol{A}_f-\boldsymbol{B}_f\boldsymbol{G}_f)+\boldsymbol{A}_{12}-\boldsymbol{B}_{11}\boldsymbol{G}_f=0 \tag{3.21}$$

矩阵 $\boldsymbol{A}_s$，$\boldsymbol{A}_f$ 和 $\boldsymbol{B}_f$ 是在式（3.18）中定义的．从式（3.13）得到解矩阵 $\boldsymbol{L}$ 后，可以根据式（3.18）计算矩阵 $\boldsymbol{A}_s$，$\boldsymbol{A}_f$ 和 $\boldsymbol{B}_f$，矩阵 $\boldsymbol{G}_f$ 是在第 2 步中确定的，用于控制快速子系统（例如将它的闭环特征值设定在所需的位置中）．可以直接将 $\boldsymbol{P}$ 的代数方程式（3.21）作为一个线性西尔维斯特代数方程来进行求解．如果矩阵 $\boldsymbol{A}_s$ 和 $\varepsilon(\boldsymbol{A}_f-\boldsymbol{B}_f\boldsymbol{G}_f)$ 没有共同的特征值，也就是说，如果以下关系成立 $\varepsilon\lambda(\boldsymbol{A}_f-\boldsymbol{B}_f\boldsymbol{G}_f)=O(\varepsilon)\neq\lambda(\boldsymbol{A}_s)=O(1)$（该式是始终成立的，因为慢速和快速子系统特征值的数量级不同），则西尔维斯特代数方程存在唯一解（Chen，2012）．还可以按如下所示通过对一组线性代数方程进行定点迭代来求解代数方程式（3.21）．

$$\begin{aligned}&\boldsymbol{A}_s\boldsymbol{P}^{(i+1)}-\varepsilon\boldsymbol{P}^{(i)}\left(\boldsymbol{A}_f-\boldsymbol{B}_f\boldsymbol{G}_f\right)+\boldsymbol{A}_{12}-\boldsymbol{B}_{11}\boldsymbol{G}_f=0\\&\boldsymbol{P}^{(0)}=-\boldsymbol{A}_s^{-1}\left(\boldsymbol{A}_{12}-\boldsymbol{B}_{11}\boldsymbol{G}_f\right),\quad i=0,1,2,\cdots\end{aligned}\tag{3.22}$$

收敛率为$O(\varepsilon)$，这意味着在i次迭代后，会实现$O(\varepsilon^i)$的准确性.

状态变换式（3.20）会得出

$$\begin{bmatrix}\boldsymbol{x}_s(k+1)\\\boldsymbol{x}_f(k+1)\end{bmatrix}=\begin{bmatrix}\boldsymbol{A}_s & 0\\0 & \varepsilon\left(\boldsymbol{A}_f-\boldsymbol{B}_f\boldsymbol{G}_f\right)\end{bmatrix}\begin{bmatrix}\boldsymbol{x}_s(k)\\\boldsymbol{x}_f(k)\end{bmatrix}+\begin{bmatrix}\boldsymbol{B}_s\\\boldsymbol{B}_f\end{bmatrix}\boldsymbol{v}(k)\tag{3.23}$$

$$\boldsymbol{B}_s=\boldsymbol{B}_{11}-\varepsilon\boldsymbol{P}\boldsymbol{B}_f$$

第 4 步：采用状态反馈

$$\boldsymbol{v}(k)=-\boldsymbol{G}_s\boldsymbol{x}_s(k)$$

控制慢速子系统，得到

$$\begin{bmatrix}\boldsymbol{x}_s(k+1)\\\boldsymbol{x}_f(k+1)\end{bmatrix}=\begin{bmatrix}\boldsymbol{A}_s-\boldsymbol{B}_s\boldsymbol{G}_s & 0\\-\boldsymbol{B}_f\boldsymbol{G}_s & \varepsilon\left(\boldsymbol{A}_f-\boldsymbol{B}_f\boldsymbol{G}_f\right)\end{bmatrix}\begin{bmatrix}\boldsymbol{x}_s(k)\\\boldsymbol{x}_f(k)\end{bmatrix}\tag{3.24}$$

由于式（3.24）是一个分块下三角矩阵，因此，它的特征值是在子系统级别同时设定的$\varepsilon\left(\boldsymbol{A}_f-\boldsymbol{B}_f\boldsymbol{G}_f\right)$的特征值和矩阵$\boldsymbol{A}_s-\boldsymbol{B}_s\boldsymbol{G}_s$的特征值的并集．注意，闭环**慢速**子系统矩阵特征值为$O(1)$，位于单位圆附近；而闭环**快速**特征值位于原点的ε附近，也就是说，它们是$O(\varepsilon)$，因此，当特征值为$O(\varepsilon^k)$，$k=1,2,3,\cdots$时，会出现快速的变化.

第 5 步：原始坐标中的反馈增益是使用以下步骤得到的

$$\begin{aligned}\boldsymbol{u}(\boldsymbol{x}(k))&=-\begin{bmatrix}0 & \varepsilon\boldsymbol{G}_f\end{bmatrix}\begin{bmatrix}\boldsymbol{x}_1(k)\\\boldsymbol{x}_f(k)\end{bmatrix}-\begin{bmatrix}\boldsymbol{G}_s & 0\end{bmatrix}\begin{bmatrix}\boldsymbol{x}_s(k)\\\boldsymbol{x}_f(k)\end{bmatrix}\\&=-\begin{bmatrix}0 & \varepsilon\boldsymbol{G}_f\end{bmatrix}\begin{bmatrix}\boldsymbol{x}_1(k)\\\boldsymbol{x}_f(k)\end{bmatrix}-\begin{bmatrix}\boldsymbol{G}_s & 0\end{bmatrix}\boldsymbol{T}_{2sp}\begin{bmatrix}\boldsymbol{x}_1(k)\\\boldsymbol{x}_f(k)\end{bmatrix}\\&=-\left\{\begin{bmatrix}0 & \varepsilon\boldsymbol{G}_f\end{bmatrix}+\begin{bmatrix}\boldsymbol{G}_s & 0\end{bmatrix}\boldsymbol{T}_{2sp}\right\}\boldsymbol{T}_{1sp}\begin{bmatrix}\boldsymbol{x}_1(k)\\\boldsymbol{x}_2(k)\end{bmatrix}\\&=-\left\{\begin{bmatrix}0 & \varepsilon\boldsymbol{G}_f\end{bmatrix}+\begin{bmatrix}\boldsymbol{G}_s & 0\end{bmatrix}\begin{bmatrix}\boldsymbol{I} & -\varepsilon\boldsymbol{P}\\0 & \boldsymbol{I}\end{bmatrix}\right\}\begin{bmatrix}\boldsymbol{I} & 0\\\boldsymbol{L} & \boldsymbol{I}\end{bmatrix}\begin{bmatrix}\boldsymbol{x}_1(k)\\\boldsymbol{x}_2(k)\end{bmatrix}\\&=-\begin{bmatrix}\boldsymbol{G}_s & \varepsilon\boldsymbol{G}_f-\varepsilon\boldsymbol{G}_s\boldsymbol{P}\end{bmatrix}\begin{bmatrix}\boldsymbol{I} & 0\\\boldsymbol{L} & \boldsymbol{I}\end{bmatrix}\begin{bmatrix}\boldsymbol{x}_1(k)\\\boldsymbol{x}_2(k)\end{bmatrix}\end{aligned}$$

$$
\begin{aligned}
&= -\left[\boldsymbol{G}_s + \varepsilon\left(\boldsymbol{G}_f - \boldsymbol{G}_s\boldsymbol{P}\right)\boldsymbol{L} \quad \varepsilon\left(\boldsymbol{G}_f - \boldsymbol{G}_s\boldsymbol{P}\right)\right]\begin{bmatrix}\boldsymbol{x}_1(k)\\ \boldsymbol{x}_2(k)\end{bmatrix} \\
&= -\boldsymbol{G}_{1eq}\boldsymbol{x}_1(k) - \boldsymbol{G}_{2eq}\boldsymbol{x}_2(k) = -\boldsymbol{G}_{eq}\boldsymbol{x}(k)
\end{aligned} \tag{3.25}
$$

来自原始状态空间变量的原始坐标中的特征值反馈增益由式（3.26）给出

$$
\boldsymbol{G}_{1eq} = \boldsymbol{G}_s + \varepsilon\left(\boldsymbol{G}_f - \boldsymbol{G}_s\boldsymbol{P}\right)\boldsymbol{L} = \boldsymbol{G}_s + \boldsymbol{G}_{2eq}\boldsymbol{L}, \quad \boldsymbol{G}_{2eq} = \varepsilon\left(\boldsymbol{G}_f - \boldsymbol{G}_s\boldsymbol{P}\right) \tag{3.26}
$$

总之，若要为奇异摄动线性离散时间系统进行两级线性反馈设计，我们需要对代数方程式（3.13）和式（3.21）进行求解，这两个方程在形式上比一般两级反馈设计算法的相应非线性代数方程式（3.3）和线性代数方程式（3.7）更为简单.

注释 3.3　分别按照方程式（3.13）和式（3.21）以及用于对这些方程进行求解的相应数值算法式（3.15）或式（3.16）和式（3.22）的定义，解矩阵 $\boldsymbol{L}$ 和 $\boldsymbol{P}$ 的特征值都为 $O(1)$. 因此，它们将不会干扰系统慢速-快速动力学，在应用两个相似变换式（3.17）和式（3.20）后，慢速状态变量将仍然保持为慢速状态，快速状态变量将仍然保持为快速状态.

示例：某电力系统

在此示例中，我们将对一个电力系统进行两级的特征值分配设计，方法是使用降阶动态模型和相应的降阶矩阵来单独计算慢速和快速子系统反馈增益. 此系统有四个慢速（n_1=4）状态变量和四个快速（n_2=4）状态变量（模式). 较小的奇异摄动参数取 ε=0.259. 它表示最慢的快速特征值幅值和最快的慢速特征值幅值的近似比. 式（3.1）的状态空间模型 $\boldsymbol{x}(k+1) = \boldsymbol{A}\boldsymbol{x}(k) + \boldsymbol{B}\boldsymbol{u}(k)$ 的问题矩阵由下式给出

$$
\boldsymbol{A} = \begin{bmatrix}
0.835 & 0 & 0 & 0 & 0 & 0 & 0 & 0 \\
0.096 & 0.861 & 0 & 0 & 0 & 0 & 0 & 0 \\
-0.002 & -0.005 & 0.882 & -0.253 & 0.041 & -0.003 & -0.025 & -0.001 \\
0.007 & 0.014 & -0.029 & 0.928 & 0 & 0.006 & 0.0059 & 0.002 \\
-0.030 & -0.061 & 2.028 & -2.303 & -0.088 & -0.021 & -0.224 & -0.008 \\
0.048 & 0.758 & 0 & 0 & 0 & 0.165 & 0 & 0.023 \\
-0.012 & -0.027 & 1.209 & -1.400 & 0.161 & -0.013 & 0.156 & 0.006 \\
0.815 & 0 & 0 & 0 & 0 & 0 & 0 & 0.011
\end{bmatrix}
$$

$$
\boldsymbol{B}^{\mathrm{T}} = \begin{bmatrix}
0 & 0 & 0.294 & -0.038 & 2.762 & 0 & 1.473 & 0 \\
3.295 & 0.152 & -0.003 & 0.010 & -0.051 & 0.056 & -0.015 & 2.477
\end{bmatrix}
$$

矩阵 $\boldsymbol{A}$ 的特征值为

$$\lambda(\boldsymbol{A})=\{0.0110,0.0184,0.1650,0.2866,0.8350,0.8910,0.8745\pm j0.1696\}$$

原点附近的前四个特征值为快速特征值，单位圆附近的其余四个特征值为慢速特征值.

与式（3.11）中定义的分块奇异摄动系统结构一致，矩阵 $\boldsymbol{A}$ 的（1,2）和（2,2）分块（每个分块大小为 4×4）会乘以 $\boldsymbol{\varepsilon}$. 因此，（3.11）中的分块 $\boldsymbol{A}_{12}$ 是 $\boldsymbol{A}$ 的（1,2）分块除以 $\boldsymbol{\varepsilon}$，式（3.11）中的分块 $\boldsymbol{A}_{22}$ 是 $\boldsymbol{A}$ 的（2,2）分块除以 $\boldsymbol{\varepsilon}$. 通过使用 $\boldsymbol{\varepsilon}$=0.259，与式（3.11）一致的相应子系统矩阵由下式给出

$$\boldsymbol{A}_{11}=\begin{bmatrix}0.835&0&0&0\\0.096&0.861&0&0\\-0.002&-0.005&0.882&-0.253\\0.007&0.014&-0.029&0.928\end{bmatrix},\quad \boldsymbol{A}_{12}=\begin{bmatrix}0&0&0&0\\0&0&0&0.112\\0.158&-0.012&-0.097&-0.004\\0&0.023&0.228&0.008\end{bmatrix}$$

$$\boldsymbol{A}_{21}=\begin{bmatrix}-0.030&-0.061&2.028&-2.303\\0.048&0.758&0&0\\-0.012&-0.027&1.209&-1.400\\0.815&0&0&0\end{bmatrix},\quad \boldsymbol{A}_{22}=\begin{bmatrix}0.340&-0.081&-0.865&-0.031\\0&0.037&0&0.089\\0.622&-0.050&0.602&0.023\\0&0&0&0.043\end{bmatrix}$$

$$\boldsymbol{B}_{11}=\begin{bmatrix}0&3.295\\0&0.152\\0.294&-0.003\\-0.038&0.001\end{bmatrix},\quad \boldsymbol{B}_{22}=\begin{bmatrix}2.762&-0.051\\0&0.056\\1.473&-0.015\\0&2.477\end{bmatrix}$$

很容易注意到，$\boldsymbol{A}_{11}$ 的特征值是慢速特征值的小摄动，$\boldsymbol{\varepsilon A}_{22}$ 的特征值是快速特征值的小摄动，这说明分块结果与此动态系统的慢速-快速性质相一致. 有时，很难将慢速和快速状态变量分离开来. 在这种情况下，需要使用状态变量的摄动并交换相应状态空间模型矩阵中的某些行和列，从而得到式（3.11）中定义的奇异摄动结构.

$\boldsymbol{L}$ 的方程式（3.13）的解是通过使用式（3.15）所示的定点算法得到的，在这种情况下，我们会对相应的线性代数方程进行 30 次迭代，得到 $E^{(i)}=O(10^{-14})$ 的精度，其中，精度定义为

$$\left\|E^{(i)}\right\|=\left\|\boldsymbol{L}^{(i)}\boldsymbol{A}_{11}-\boldsymbol{\varepsilon A}_{22}\boldsymbol{L}^{(i)}-\boldsymbol{\varepsilon L}^{(i)}\boldsymbol{A}_{12}\boldsymbol{L}^{(i)}+\boldsymbol{A}_{21}\right\|$$

注意，由于（0.2866/0.8350）^{30}=1.1687×10^{-14}，此精度与系统慢速-快速分离保持动态一致. 得到 $\boldsymbol{L}^{(30)}\approx\boldsymbol{L}$ 后，利用式（3.18）和式（3.23）计算 $\boldsymbol{A}_s$，$\boldsymbol{B}_s$，$\boldsymbol{A}_f$

和 $\boldsymbol{B}_f$，将得到

$$\boldsymbol{L} \approx \boldsymbol{L}^{(30)} = \begin{bmatrix} 0.0148 & 0.0337 & -2.0799 & 1.8132 \\ 0.0887 & -1.0441 & 0 & 0 \\ -0.0221 & -0.0108 & -2.2552 & 1.5242 \\ -0.9891 & 0 & 0 & 0 \end{bmatrix}$$

$$\Rightarrow \boldsymbol{A}_s = \begin{bmatrix} 0.8353 & 0 & 0 & 0 \\ 0.1247 & 0.8910 & 0 & 0 \\ -0.0039 & -0.0098 & 0.9109 & -0.2892 \\ 0.0097 & 0.0209 & 0.1041 & 0.8381 \end{bmatrix}, \quad \boldsymbol{A}_f = \begin{bmatrix} 0.0105 & -0.0150 & -0.2511 & -0.0051 \\ 0 & 0.6371 & 0 & -0.0281 \\ 0.2646 & 0.0112 & 1.1672 & 0.0424 \\ 0 & 0 & 0 & 0.0425 \end{bmatrix}$$

$$\boldsymbol{B}_s = \begin{bmatrix} 0.8476 & 4.0776 \\ -0.1294 & 0.0159 \\ 0.3919 & 0.0054 \\ 0.0433 & -0.0054 \end{bmatrix}, \quad \boldsymbol{B}_f = \begin{bmatrix} 2.0816 & 0.0272 \\ 0 & 0.1896 \\ 0.7520 & -0.0673 \\ 0 & -0.7820 \end{bmatrix}$$

假设想要在 $\lambda_s^{desired} = \{0.9 \pm j0.005, 0.85, 0.80\}$ 处分配闭环慢速特征值，在 $\lambda_f^{desired} = \{0.2 \pm j0.01, 0.15, 0.10\}$ 处分配闭环快速特征值. 根据所提出的两级反馈设计，首先要找到位于 $\lambda(\boldsymbol{A}_f - \boldsymbol{B}_f\boldsymbol{G}_f) = \lambda_{fast}^{desired}$ 的快速子系统增益 $\boldsymbol{G}_f$（第 2 步），使用 MATLAB 函数“place”可得到出以下结果：

$$\boldsymbol{G}_f = \begin{bmatrix} -0.0777 & -0.0071 & 0.1441 & 0.0553 \\ -0.2249 & -0.0751 & -0.1652 & 0.7543 \end{bmatrix}$$

在第 3 步中，直接使用 MATLAB 函数“lyap”，对西尔维斯特代数方程式 (3.21) 进行求解，将得到

$$\boldsymbol{P} = \begin{bmatrix} -1.2535 & -0.4624 & -0.8820 & 3.7841 \\ 0.1932 & 0.0785 & 0.1293 & -0.6572 \\ -0.2073 & -0.0010 & 0.0715 & 0.0278 \\ -0.0010 & -0.0316 & -0.4146 & -0.0481 \end{bmatrix}$$

在第 4 步中，使用 $\lambda(\boldsymbol{A}_s - \boldsymbol{B}_s\boldsymbol{G}_s) = \lambda_{fast}^{desired}$ 和相应的 MATLAB 函数“place”找到慢速子系统反馈增益，将得到

$$\boldsymbol{G}_s = \begin{bmatrix} 0.2146 & 0.0839 & 0.3895 & -0.8643 \\ -0.0636 & -0.0253 & -0.1132 & 0.1743 \end{bmatrix}$$

需要强调的是，慢速增益 $\boldsymbol{G}_s$ 和快速增益 $\boldsymbol{G}_f$ 是利用降阶矩阵计算得到的. 应用于系统的实际全状态反馈增益是在第 5 步中得到的，如下所示

$$
\begin{aligned}
\boldsymbol{G}_{eq} &= \begin{bmatrix} \boldsymbol{G}_{1eq} & \boldsymbol{G}_{2eq} \end{bmatrix} = \begin{bmatrix} \boldsymbol{G}_s + \boldsymbol{G}_{2eq}\boldsymbol{L} & \varepsilon\left(\boldsymbol{G}_f - \boldsymbol{G}_s\boldsymbol{P}\right) \end{bmatrix} \\
&= \begin{bmatrix} 0.4104 & 0.0705 & 0.2893 & -0.7697 & 0.0661 & 0.0152 & -0.0165 & -0.1953 \\ -0.3199 & -0.0015 & 0.1412 & -0.0317 & -0.0837 & -0.0251 & -0.0356 & 0.2564 \end{bmatrix}
\end{aligned}
$$

利用 MATLAB，很容易注意到此增益确实会产生所需的闭环特征值集，其中 $O(10^{-14})$已达到一定准确性，也就是说，可以得到

$$
\begin{aligned}
&\lambda\left(\boldsymbol{A} - \boldsymbol{B}\boldsymbol{G}_{eq}\right) = \lambda_{system}^{desired} = \lambda_{slow}^{desired} \cup \lambda_{fast}^{desired} \\
&= \{0.90000000000000 \pm j0.00500000000000, 0.85000000000000, 0.80000000000000\} \\
&\quad \cup \{0.20000000000000 \pm j0.01000000000000, 0.15000000000000, 0.10000000000000\}
\end{aligned}
$$

如果仅将零阶近似用于相应的反馈设计（$i=0$），在研究离散时间奇异摄动系统几乎所有的论文中都采用了这一做法（Singh et al.，1996；Wang et al.，1996；Naidu and Calise，2001），将得到闭环所需特征值的不良近似值，由下式给出：

$$
\lambda_{system}^{(0)} = \{0.8406 \pm j0.0097, 1.0511, 0.7962, 0.1596 \pm j0.1350, 0.1600, 0.0925\}
$$

在所提出的方法中，只需进行额外的迭代即可提高精度．因此，可以轻松得到 $\lambda_{system}^{(1)}$，$\lambda_{system}^{(2)}$，$\lambda_{system}^{(3)}$，$\cdots$．例如，当 $i=1$ 时，则可以得到

$$
\lambda_{system}^{(1)} = \{0.9010 \pm j0.0051, 0.8384, 0.7932, 0.2125 \pm j0.0054, 0.1460, 0.0954\}
$$

当 $i=7$ 时，将得到 $O(10^{-4})$ 的精度，即

$$
\lambda_{system}^{(7)} = \{0.9000 \pm j0.0050, 0.8500, 0.8000, 0.2000 \pm j0.0100, 0.1500, 0.1000\}
$$

如前所示，在本例中，需要 $i=30$ 次迭代才能实现 $O(10^{-14})$ 的准确性．

两级设计的动力因素基于以下事实，即可以通过使用仅使用子系统（降阶）矩阵进行计算所得到的相应反馈增益为不同的子系统设计不同类型的控制器．例如，对于慢速子系统，我们可以使用线性二次型最优控制器，对于快速子系统，可以根据特征值分配技术（以相反的方式）或其他任何适用于线性反馈控制器设计的技术来设计控制器．这在此设计过程中引入了部分最优性概念．

3.3 适用于快时间尺度下定义的系统的慢速-快速设计

用快时间尺度公式（Litkouhi and Khalil，1984，1985；Bidani et al.，2002；Kim et al.，2004）表示的相应的时不变离散时间线性奇异摄动系统，由以下状态空间形式定义：

$$\begin{bmatrix} \boldsymbol{x}_1(k+1) \\ \boldsymbol{x}_2(k+1) \end{bmatrix} = \begin{bmatrix} \boldsymbol{I}+\varepsilon\boldsymbol{A}_{11} & \varepsilon\boldsymbol{A}_{12} \\ \boldsymbol{A}_{21} & \boldsymbol{A}_{22} \end{bmatrix} \begin{bmatrix} \boldsymbol{x}_1(k) \\ \boldsymbol{x}_2(k) \end{bmatrix} + \begin{bmatrix} \varepsilon\boldsymbol{B}_{11} \\ \boldsymbol{B}_{22} \end{bmatrix} \boldsymbol{u}(k) \tag{3.27}$$

其中 ε 是一个较小的正奇异摄动参数，将状态空间变量分离成慢速状态变量 $\boldsymbol{x}_1(k)$ 以及快速状态变量 $\boldsymbol{x}_2(k)$．3.1 节中的式（3.1）定义了状态变量、控制输入和常数矩阵的大小．

注释 3.4　在式（3.27）中，单位矩阵是将相应连续时间奇异摄动系统进行离散化的结果．实际的慢速子系统矩阵为 $\boldsymbol{I}+\varepsilon\boldsymbol{A}_{11}$，其特征值 $1+\lambda(\varepsilon\boldsymbol{A}_{11})=1+\varepsilon\lambda(\boldsymbol{A}_{11})$ 在单位圆附近．因此，可以表示慢速动态．相比之下，快速动态是由位于单位圆内更靠近原点的快速子系统矩阵 $\boldsymbol{A}_{22}$ 的特征值表示的．

在用快时间尺度公式表示奇异摄动线性离散时间系统的理论中，一个标准的假设是矩阵 $\boldsymbol{I}-\boldsymbol{A}_{22}$ 是非线性的（Litkouhi and Khali1，1984、1985；Bidani et al.，2002；Kim et al.，2004）．因此，为了完成本节其余部分的推导，需要进行以下假设．

假设 3.5　快速子系统矩阵 $\boldsymbol{I}-\boldsymbol{A}_{22}$ 是非线性的．

对于用快时间尺度公式表示的奇异摄动离散时间线性系统，相应的简化两级设计反馈具有以下步骤．

第一级：快速子系统的控制

第 1 步：求解代数里卡蒂型方程式（3.3）．在这种情况下，由于其结构已在式（3.27）中进行了定义，用快时间尺度公式表示的离散时间奇异摄动线性时不变动态系统，具有以下形式：

$$\boldsymbol{L}(\boldsymbol{I}+\varepsilon\boldsymbol{A}_{11})-\boldsymbol{A}_{22}\boldsymbol{L}-\varepsilon\boldsymbol{L}\boldsymbol{A}_{12}\boldsymbol{L}+\boldsymbol{A}_{21}=0 \tag{3.28}$$

将以下状态空间变量变换应用到（3.27）中定义的离散时间系统

$$\boldsymbol{x}_f(k)=\boldsymbol{L}x_1(k)+\boldsymbol{x}_2(k) \tag{3.29}$$

这会得出

$$\begin{aligned} \begin{bmatrix} \boldsymbol{x}_1(k+1) \\ \boldsymbol{x}_f(k+1) \end{bmatrix} &= \begin{bmatrix} \boldsymbol{I}+\varepsilon(\boldsymbol{A}_{11}-\boldsymbol{A}_{12}\boldsymbol{L}) & \varepsilon\boldsymbol{A}_{12} \\ 0 & \boldsymbol{A}_{22}+\varepsilon\boldsymbol{L}\boldsymbol{A}_{12} \end{bmatrix} \begin{bmatrix} \boldsymbol{x}_1(k) \\ \boldsymbol{x}_f(k) \end{bmatrix} + \begin{bmatrix} \varepsilon\boldsymbol{B}_{11} \\ \boldsymbol{B}_{22}+\varepsilon\boldsymbol{L}\boldsymbol{B}_{11} \end{bmatrix} \boldsymbol{u}(k) \\ &= \begin{bmatrix} \boldsymbol{I}+\varepsilon\boldsymbol{A}_s & \varepsilon\boldsymbol{A}_{12} \\ 0 & \boldsymbol{A}_f \end{bmatrix} \begin{bmatrix} x_1(k) \\ x_f(k) \end{bmatrix} + \begin{bmatrix} \varepsilon\boldsymbol{B}_{11} \\ \boldsymbol{B}_f \end{bmatrix} \boldsymbol{u}(k) \end{aligned} \tag{3.30}$$

其中

$$\boldsymbol{A}_s=\boldsymbol{A}_{11}-\boldsymbol{A}_{12}\boldsymbol{L},\quad \boldsymbol{A}_f=\boldsymbol{A}_{22}+\varepsilon\boldsymbol{L}\boldsymbol{A}_{12},\quad \boldsymbol{B}_f=\boldsymbol{B}_{22}+\varepsilon\boldsymbol{L}\boldsymbol{B}_{11} \tag{3.31}$$

原始状态变量和新的状态变量是通过相似变换相关联的，由下式给出

$$\begin{bmatrix} \boldsymbol{x}_1(k) \\ \boldsymbol{x}_f(k) \end{bmatrix} = \boldsymbol{T}_{1sp} \begin{bmatrix} \boldsymbol{x}_1(k) \\ \boldsymbol{x}_2(k) \end{bmatrix} = \begin{bmatrix} \boldsymbol{I} & 0 \\ \boldsymbol{L} & \boldsymbol{I} \end{bmatrix} \begin{bmatrix} \boldsymbol{x}_1(k) \\ \boldsymbol{x}_2(k) \end{bmatrix}$$
$$\begin{bmatrix} \boldsymbol{x}_1(k) \\ \boldsymbol{x}_2(k) \end{bmatrix} = \boldsymbol{T}_{1sp}^{-1} \begin{bmatrix} \boldsymbol{x}_1(k) \\ \boldsymbol{x}_f(k) \end{bmatrix} = \begin{bmatrix} \boldsymbol{I} & 0 \\ -\boldsymbol{L} & \boldsymbol{I} \end{bmatrix} \begin{bmatrix} \boldsymbol{x}_1(k) \\ \boldsymbol{x}_f(k) \end{bmatrix} \tag{3.32}$$

第 2 步：应用反馈控制

$$\boldsymbol{u}(k) = -\boldsymbol{G}_f \boldsymbol{x}_f(k) + \boldsymbol{v}(k)$$

以单独控制解耦的快速子系统 （3.30）（例如，设定闭环特征值），这会得到以下离散时间线性系统：

$$\begin{bmatrix} \boldsymbol{x}_1(k+1) \\ \boldsymbol{x}_f(k+1) \end{bmatrix} = \begin{bmatrix} \boldsymbol{I} + \varepsilon \boldsymbol{A}_s & \varepsilon\left(\boldsymbol{A}_{12} - \boldsymbol{B}_{11}\boldsymbol{G}_f\right) \\ 0 & \boldsymbol{A}_f - \boldsymbol{B}_f \boldsymbol{G}_f \end{bmatrix} \begin{bmatrix} \boldsymbol{x}_1(k) \\ \boldsymbol{x}_f(k) \end{bmatrix} + \begin{bmatrix} \varepsilon \boldsymbol{B}_{11} \\ \boldsymbol{B}_f \end{bmatrix} \boldsymbol{v}(k) \tag{3.33}$$

第二级：慢速子系统的控制

第 3 步：进行另一个变量变换

$$\boldsymbol{x}_s(k) = \boldsymbol{x}_1(k) - \varepsilon \boldsymbol{P} \boldsymbol{x}_f(k) \tag{3.34}$$

其中，$\boldsymbol{P}$ 满足西尔维斯特代数方程

$$\left(\boldsymbol{I} + \varepsilon \boldsymbol{A}_s\right)\boldsymbol{P} - \boldsymbol{P}\left(\boldsymbol{A}_f - \boldsymbol{B}_f \boldsymbol{G}_f\right) + \left(\boldsymbol{A}_{12} - \boldsymbol{B}_{11}\boldsymbol{G}_f\right) = 0 \tag{3.35}$$

矩阵 $\boldsymbol{A}_s$， $\boldsymbol{A}_f$ 和 $\boldsymbol{B}_f$ 是在式（3.31）中定义的．该定义的另一个相似变换是

$$\begin{bmatrix} \boldsymbol{x}_s(k) \\ \boldsymbol{x}_f(k) \end{bmatrix} = \boldsymbol{T}_{2sp} \begin{bmatrix} \boldsymbol{x}_1(k) \\ \boldsymbol{x}_f(k) \end{bmatrix} = \begin{bmatrix} \boldsymbol{I} & -\varepsilon \boldsymbol{P} \\ 0 & \boldsymbol{I} \end{bmatrix} \begin{bmatrix} \boldsymbol{x}_1(k) \\ \boldsymbol{x}_f(k) \end{bmatrix}$$
$$\begin{bmatrix} \boldsymbol{x}_1(k) \\ \boldsymbol{x}_f(k) \end{bmatrix} = \boldsymbol{T}_{2sp}^{-1} \begin{bmatrix} \boldsymbol{x}_s(k) \\ \boldsymbol{x}_f(k) \end{bmatrix} = \begin{bmatrix} \boldsymbol{I} & \varepsilon \boldsymbol{P} \\ 0 & \boldsymbol{I} \end{bmatrix} \begin{bmatrix} \boldsymbol{x}_s(k) \\ \boldsymbol{x}_f(k) \end{bmatrix} \tag{3.36}$$

由此，得到以下差分方程表示的线性离散时间系统：

$$\begin{bmatrix} \boldsymbol{x}_s(k+1) \\ \boldsymbol{x}_f(k+1) \end{bmatrix} = \begin{bmatrix} \boldsymbol{I} + \varepsilon \boldsymbol{A}_s & 0 \\ \boldsymbol{I} & \boldsymbol{A}_f - \boldsymbol{B}_f \boldsymbol{G}_f \end{bmatrix} \begin{bmatrix} \boldsymbol{x}_s(k) \\ \boldsymbol{x}_f(k) \end{bmatrix} \begin{bmatrix} \varepsilon\left(\boldsymbol{B}_{11} - \boldsymbol{P}\boldsymbol{B}_f\right) \\ \boldsymbol{B}_f \end{bmatrix} \boldsymbol{v}(k) \tag{3.37}$$

第 4 步：使用状态反馈

$$\boldsymbol{v}(k) = -\boldsymbol{G}_s \boldsymbol{x}_s(k)$$

以控制慢速子系统 $\boldsymbol{x}_s(k+1) = \left(\boldsymbol{I} + \varepsilon \boldsymbol{A}_s\right)\boldsymbol{x}_s(k) + \varepsilon\left(\boldsymbol{B}_{11} - \boldsymbol{P}\boldsymbol{B}_f\right)\boldsymbol{u}(k)$．注意，慢速子系统特征值位于靠近单位圆的位置，由此得到

$$\begin{bmatrix} \boldsymbol{x}_s(k+1) \\ \boldsymbol{x}_f(k+1) \end{bmatrix} = \begin{bmatrix} \boldsymbol{I} + \varepsilon\left(\boldsymbol{A}_s - \left(\boldsymbol{B}_{11} - \boldsymbol{P}\boldsymbol{B}_f\right)\boldsymbol{G}_s\right) & 0 \\ -\boldsymbol{B}_f \boldsymbol{G}_s & \boldsymbol{A}_f - \boldsymbol{B}_f \boldsymbol{G}_f \end{bmatrix} \begin{bmatrix} \boldsymbol{x}_s(k) \\ \boldsymbol{x}_f(k) \end{bmatrix} \tag{3.38}$$

式（3.38）中的系统状态矩阵是一个分块下三角矩阵，因此，系统闭环特征值是分块对角矩阵 $\boldsymbol{I}+\varepsilon\left(\boldsymbol{A}_s-\left(\boldsymbol{B}_{11}-\boldsymbol{P}\boldsymbol{B}_f\right)\boldsymbol{G}_s\right)=\boldsymbol{I}+\varepsilon\left[\left(\boldsymbol{A}_{11}-\boldsymbol{A}_{12}\boldsymbol{L}\right)-\left(\boldsymbol{B}_{11}-\boldsymbol{P}\boldsymbol{B}_f\right)\boldsymbol{G}_s\right]$，$\boldsymbol{A}_f-\boldsymbol{B}_f\boldsymbol{G}_f$ 的特征值的并集（Golub and Van Loan，2013）. 注意，慢速和快速闭环特征值是在子系统级别设定的.

第 5 步：原始坐标中的反馈增益是使用引入的相似变换所得到的

$$
\begin{aligned}
\boldsymbol{u}\left(\boldsymbol{x}(k)\right)&=-\begin{bmatrix}0 & \boldsymbol{G}_f\end{bmatrix}\begin{bmatrix}\boldsymbol{x}_1(k)\\ \boldsymbol{x}_f(k)\end{bmatrix}-\begin{bmatrix}\boldsymbol{G}_s & 0\end{bmatrix}\begin{bmatrix}\boldsymbol{x}_s(k)\\ \boldsymbol{x}_f(k)\end{bmatrix}\\
&=-\begin{bmatrix}0 & \boldsymbol{G}_f\end{bmatrix}\begin{bmatrix}\boldsymbol{x}_1(k)\\ \boldsymbol{x}_f(k)\end{bmatrix}-\begin{bmatrix}\boldsymbol{G}_s & 0\end{bmatrix}\boldsymbol{T}_{2sp}\begin{bmatrix}\boldsymbol{x}_1(k)\\ \boldsymbol{x}_f(k)\end{bmatrix}\\
&=-\left\{\begin{bmatrix}0 & \boldsymbol{G}_f\end{bmatrix}+\begin{bmatrix}\boldsymbol{G}_s & 0\end{bmatrix}\boldsymbol{T}_{2sp}\right\}\boldsymbol{T}_{1sp}\begin{bmatrix}\boldsymbol{x}_1(k)\\ \boldsymbol{x}_2(k)\end{bmatrix}\\
&=-\left\{\begin{bmatrix}0 & \boldsymbol{G}_f\end{bmatrix}+\begin{bmatrix}\boldsymbol{G}_s & 0\end{bmatrix}\begin{bmatrix}\boldsymbol{I} & -\varepsilon\boldsymbol{P}\\ 0 & \boldsymbol{I}\end{bmatrix}\right\}\begin{bmatrix}\boldsymbol{I} & 0\\ \boldsymbol{L} & \boldsymbol{I}\end{bmatrix}\begin{bmatrix}\boldsymbol{x}_1(k)\\ \boldsymbol{x}_2(k)\end{bmatrix}\\
&=-\begin{bmatrix}\boldsymbol{G}_s & \boldsymbol{G}_f-\varepsilon\boldsymbol{G}_s\boldsymbol{P}\end{bmatrix}\begin{bmatrix}\boldsymbol{I} & 0\\ \boldsymbol{L} & \boldsymbol{I}\end{bmatrix}\begin{bmatrix}\boldsymbol{x}_1(k)\\ \boldsymbol{x}_2(k)\end{bmatrix}\\
&=-\begin{bmatrix}\boldsymbol{G}_s+\left(\boldsymbol{G}_f-\varepsilon\boldsymbol{G}_s\boldsymbol{P}\right)\boldsymbol{L} & \boldsymbol{G}_f-\varepsilon\boldsymbol{G}_s\boldsymbol{P}\end{bmatrix}\begin{bmatrix}\boldsymbol{x}_1(k)\\ \boldsymbol{x}_2(k)\end{bmatrix}\\
&=-\boldsymbol{G}_{1eq}\boldsymbol{x}_1(k)-\boldsymbol{G}_{2eq}\boldsymbol{x}_2(k)=-\begin{bmatrix}\boldsymbol{G}_{1eq} & \boldsymbol{G}_{2eq}\end{bmatrix}\boldsymbol{x}(k)=-\boldsymbol{G}_{eq}\boldsymbol{x}(k)
\end{aligned}
\tag{3.39}
$$

来自原始状态空间变量的特征值反馈增益等于

$$
\boldsymbol{G}_{1eq}=\boldsymbol{G}_s+\left(\boldsymbol{G}_f-\varepsilon\boldsymbol{G}_s\boldsymbol{P}\right)\boldsymbol{L}=\boldsymbol{G}_s+\boldsymbol{G}_{2eq}\boldsymbol{L},\quad \boldsymbol{G}_{2eq}=\boldsymbol{G}_f-\varepsilon\boldsymbol{G}_s\boldsymbol{P} \tag{3.40}
$$

在假设 3.5 的前提下，当 ε 的值足够小时，式（3.28）存在唯一解. 在这种情况下，还可以按式（3.41）所示，对一组线性代数方程进行定点迭代，求解非线性代数方程式（3.28）.

$$
\left(\boldsymbol{A}_{22}-\boldsymbol{I}\right)\boldsymbol{L}^{(i+1)}=\boldsymbol{A}_{21}+\varepsilon\boldsymbol{L}^{(i)}\left(\boldsymbol{A}_{11}-\boldsymbol{A}_{12}\boldsymbol{L}^{(i)}\right),\quad \boldsymbol{L}^{(0)}=(\boldsymbol{A}_{22}-\boldsymbol{I})^{-1}\boldsymbol{A}_{21},\quad i=1,2,\cdots \tag{3.41}
$$

此算法按 ε 阶收敛率收敛，收敛率由 $O(\varepsilon)$ 表示，这意味着在 i 次迭代后，可实现 $O(\varepsilon^i)$ 的准确值，换言之，会在每次迭代中提高 $O(\varepsilon)$ 的准确性. 当 ε 的值较小时，还可以使用牛顿法求解弱非线性代数方程式（3.28）. 众所周知，牛顿法具有二次收敛率，假设初始猜测效果很好，在本例中，由于 $\boldsymbol{L}^{(0)}=\boldsymbol{L}+O(\varepsilon)$，因此这是成立的. 即使 ε 不足够小，也可以使用特征向量法求解式（3.28）. 从式（3.41）

得到 $\boldsymbol{L}$ 后，可以根据式（3.31）计算矩阵 $\boldsymbol{A}_s$，$\boldsymbol{A}_f$ 和 $\boldsymbol{B}_f$ 并在第 2 步中确定 $\boldsymbol{G}_f$，用于将快速子系统特征值设定在所需的位置中．然后，可以直接将 $\boldsymbol{P}$ 的代数方程式（3.35）作为一个线性西尔维斯特代数方程来进行求解（Chen，2012）．如果矩阵 $\boldsymbol{A}_f - \boldsymbol{B}_f\boldsymbol{G}_f$ 和 $\boldsymbol{I} + \varepsilon\boldsymbol{A}_s$ 没有共同的特征值，也就是说，如果 $\lambda(\boldsymbol{A}_f - \boldsymbol{B}_f\boldsymbol{G}_f) \neq \boldsymbol{I} + \varepsilon\lambda(\boldsymbol{A}_s)$（这可以通过适当选择快速和慢速子系统的闭环特征值来轻松满足），西尔维斯特代数方程则存在唯一解（Chen，2012）．此外，快速动态特征值远离单位圆并靠近原点，这样一来，对于具有慢速和快速模式的系统，西尔维斯特代数方程始终有一个唯一解．

示例：某蒸汽动力系统

在此示例中，我们将在两个阶段和两个时间尺度下进行特征值分配设计，方法是使用降阶动态模型和相应的降阶矩阵来单独计算慢速和快速子系统反馈增益．

假设有一个蒸汽动力系统的离散时间模型，我们可以将它作为具有慢速和快速模式的一个系统来研究．模型状态空间矩阵表示如下

$$
\begin{bmatrix} x_1(k+1) \\ x_2(k+1) \\ x_3(k+1) \\ x_4(k+1) \\ x_5(k+1) \end{bmatrix} = \begin{bmatrix} 0.9150 & 0.0510 & 0.0380 & 0.0150 & 0.0380 \\ -0.0300 & 0.8890 & -0.0005 & 0.0460 & 0.1110 \\ -0.0060 & 0.4680 & 0.2470 & 0.0140 & 0.0480 \\ -0.7150 & -0.0220 & -0.0211 & 0.2400 & -0.0240 \\ -0.1480 & -0.0030 & -0.0040 & 0.0900 & 0.0260 \end{bmatrix} \begin{bmatrix} x_1(k) \\ x_2(k) \\ x_3(k) \\ x_4(k) \\ x_5(k) \end{bmatrix}
$$

$$
+ \begin{bmatrix} 0.0098 \\ 0.1220 \\ 0.0360 \\ 0.5620 \\ 0.1150 \end{bmatrix} \boldsymbol{u}(k) = \boldsymbol{Ax}(k) + \boldsymbol{Bu}(k)
$$

此系统有两个慢速（n_1=2）和三个快速（n_2=3）状态变量．较小的奇异摄动参数等于 $\boldsymbol{\varepsilon}$=0.274．与式（3.27）中使用的奇异摄动系统表示法一致，相应的矩阵由下式给出：

$$
\boldsymbol{A}_{11} = \begin{bmatrix} -0.3220 & 0.1932 \\ -0.1136 & -0.4205 \end{bmatrix},\quad \boldsymbol{A}_{12} = \begin{bmatrix} 0.1439 & 0.0568 & 0.1439 \\ -0.0019 & 0.1742 & 0.4205 \end{bmatrix},\quad \boldsymbol{B}_{11} = \begin{bmatrix} 0.0371 \\ 0.4621 \end{bmatrix}
$$

$$A_{21}=\begin{bmatrix}-0.0060 & 0.4680\\ -0.7150 & -0.0220\\ -0.1480 & -0.0030\end{bmatrix},\quad A_{22}=\begin{bmatrix}0.2470 & 0.0140 & 0.0480\\ -0.0211 & 0.2400 & -0.0240\\ -0.0040 & 0.0900 & 0.0260\end{bmatrix},\quad B_{22}=\begin{bmatrix}0.0360\\ 0.5620\\ 0.1150\end{bmatrix}$$

$\boldsymbol{L}$ 的方程式（3.28）的解是通过使用定点算法式（3.41）得到的，在这种情况下，对相应的线性代数方程进行 23 次迭代，得到 $\boldsymbol{E}^{(i)}=O(10^{-14})$ 的精度，其中精度定义为

$$\boldsymbol{E}^{(i)}=\boldsymbol{L}^{(i)}\left(\boldsymbol{I}+\varepsilon\boldsymbol{A}_{11}\right)-\boldsymbol{A}_{22}\boldsymbol{L}^{(i)}-\varepsilon\boldsymbol{L}^{(i)}\boldsymbol{A}_{12}\boldsymbol{L}^{(i)}+\boldsymbol{A}_{21}\approx 0$$

注意，这与以下结果一致

$$\varepsilon^{23}=(0.274)^{23}=0.117\times 10^{-14}=O\left(10^{-14}\right)$$

得到 $\boldsymbol{L}\approx\boldsymbol{L}^{(23)}$ 后，使用式（3.31）计算了 $\boldsymbol{A}_s$，$\boldsymbol{A}_f$ 和 $\boldsymbol{B}_f$，将得到

$$\boldsymbol{L}=\begin{bmatrix}-0.0697 & -0.7171\\ 1.0778 & -0.0746\\ 0.2802 & -0.0269\end{bmatrix}\Rightarrow$$

$$\boldsymbol{A}_s=\begin{bmatrix}-0.4135 & -0.3045\\ -0.4194 & -0.3975\end{bmatrix},\quad \boldsymbol{A}_f=\begin{bmatrix}0.2447 & -0.0200 & -0.0342\\ 0.0199 & 0.2527 & 0.0087\\ 0.0067 & 0.0930 & 0.0337\end{bmatrix},\quad \boldsymbol{B}_f=\begin{bmatrix}-0.0522\\ 0.5633\\ 0.1145\end{bmatrix}$$

假设想要在 $\lambda_s^{desired}=\{-0.9,0.8\}$ 处放置闭环系统慢速特征值，在 $\lambda_f^{desired}=\{-0.1\pm j0.2,0.1\}$ 处放置闭环快速特征值．根据所提出的两级反馈设计，首先要找到位于 $\lambda\left(\boldsymbol{A}_f-\boldsymbol{B}_f\boldsymbol{G}_f\right)=\lambda_{fast}^{desired}$ 的快速子系统增益 $\boldsymbol{G}_f$（第 2 步），利用 MATLAB 函数“place”得到

$$\boldsymbol{G}_f=\begin{bmatrix}-5.7207 & 0.2688 & 1.5832\end{bmatrix}$$

在第 3 步中，我们直接使用 MATLAB 函数“lyap”来对西尔维斯特代数方程式（3.35）进行求解，这会得到

$$\boldsymbol{P}=\begin{bmatrix}-0.3824 & -0.0580 & -0.0652\\ -2.8153 & -0.0349 & 0.1905\end{bmatrix}$$

在第 4 步中，通过 $1+\varepsilon\lambda\left(\boldsymbol{A}_s-(\boldsymbol{B}_{11}-\boldsymbol{P}\boldsymbol{B}_f)\boldsymbol{G}_s\right)=\lambda_{slow}^{desired}$ 和相应的 MATLAB 函数“place”，找到慢速子系统反馈增益，将得到

$$\boldsymbol{G}_s=\begin{bmatrix}27.8751 & 17.7130\end{bmatrix}$$

这些慢速和快速增益 $\boldsymbol{G}_s$ 和 $\boldsymbol{G}_f$ 是通过使用降阶矩阵进行计算来得到的．应用于系统的实际全状态反馈增益是在第 5 步中得到的，如下所示

$$G_{eq}=\left[G_{1eq}\quad G_{2eq}\right]=\left[G_s+\left(G_f-\varepsilon G_s P\right)L\quad G_f-\varepsilon G_s P\right]$$
$$=\left[28.4144\quad 10.2606\quad 10.2589\quad 0.8587\quad 1.1723\right]$$

利用 MATLAB 工具，很容易注意到，此增益确实会产生所需的特征值集，其精度为 $O(10^{-14})$.

如果仅将零阶近似用于相应的反馈设计（对应 i=0），在研究离散时间奇异摄动系统的论文中几乎都采用了这一做法（Naidu and Calise，2001），将得到闭环特征值的不良近似，由下式给出

$$\lambda_{system}^{(0)}=\{-0.1676\pm j0.1780,0.0128,-0.6760,0.7984\}$$

在所提出的过程中只需通过额外的迭代即可提高精度，因此，可以很容易得到

$$\lambda_{system}^{(1)}=\{-0.0971\pm j0.2083,0.0925,-0.8974,0.7991\}$$

当 $i=6$ 时，会得到 $O(10^{-4})$的精度，即

$$\lambda_{system}^{(6)}=\{-0.100025\pm j0.199981,0.100002,-0.899967,0.800002\}$$

如前所示，在本例中，需要 i =23 次迭代才能实现 $O(10^{-14})$的准确性.

应强调的是，$\boldsymbol{P}$ 的方程式（3.35）正是使用 MATLAB 函数“lyap”进行求解的. 如果对该方程求的是近似解（例如使用类似于式（3.41）的相应定点迭代的方程式（3.28）），针对近似特征值所得到的结果将更糟. 例如，在近似过程中使用

$$P^{(0)}=-\left(A_{12}-B_{11}G_f\right)\left[I-\left(A_f-B_f G_f\right)\right]^{-1}=P+O(\varepsilon) \tag{3.42}$$

以及 $\boldsymbol{L}^{(0)}$ 查找特征值，将得到

$$\lambda_{system}^{(0,0)}=\{-0.1183\pm j0.1771,0.1272,0.8110,-1.0433\}$$

这不仅不能得到所需的特征值

$$\lambda_f^{desired}=\{-0.1\pm j0.2,0.1\}\quad 和\quad \lambda_s^{desired}=\{-0.9,0.8\}$$

同时，还将产生一个不稳定的离散时间闭环系统. 因此，$O(\varepsilon)$的精度可能会造成不准确和/或不可接受的结果. 幸运的是，两级反馈设计提供了一种方法，仅使用对应于慢速和快速子系统的降阶子矩阵进行计算，可以非常准确地得到所需的特征值.

对于某些系统而言，使用 MATLAB 函数“lyap”求解西尔维斯特代数方程，其精度可能有限. 在这种情况下，可以以迭代方式对奇异摄动系统的西尔维斯特代数方程式（3.35）进行求解，例如式（3.41）中给出的 $\boldsymbol{L}$ 方程，这可以得出非常高的准确值（假设奇异摄动参数 ε 足够小）.

反馈控制律分配了所需的慢速和快速闭环特征值. 在图 3.1～图 3.4 中，我们

绘制了蒸汽动力系统在反馈控制下的慢速和快速子系统阶跃和脉冲响应曲线. 该反馈控制律分配了所需的慢速和高速闭环特征值.

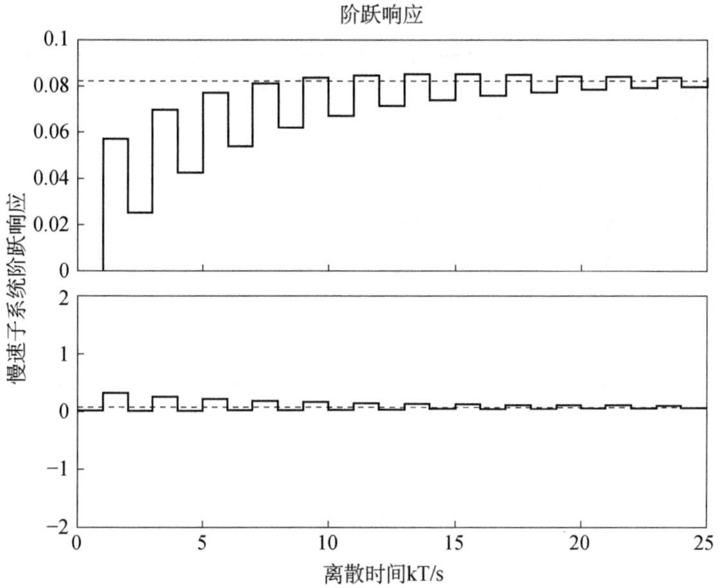

图 3.1　蒸汽动力系统慢速子系统的阶跃响应

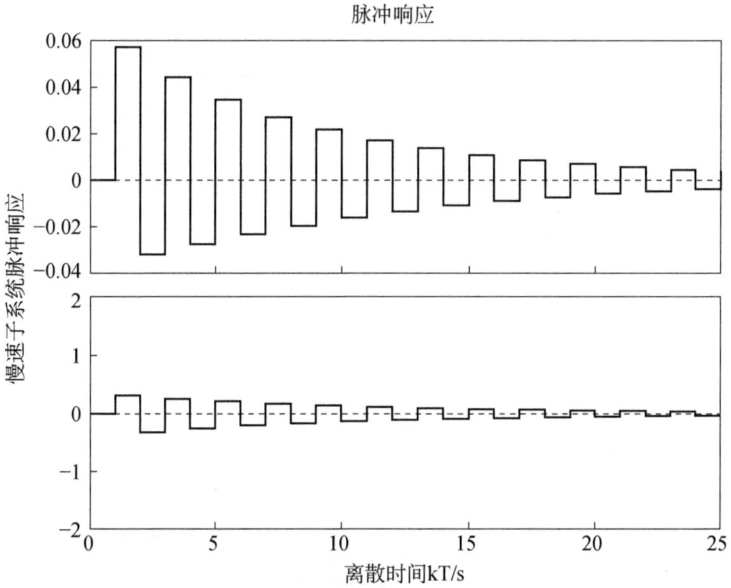

图 3.2　蒸汽动力系统慢速子系统的脉冲响应

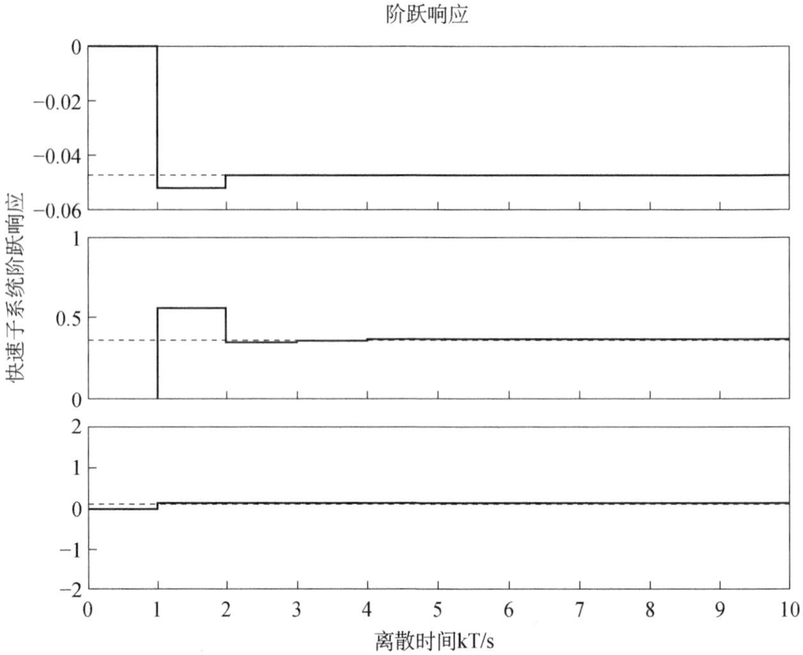

图 3.3 蒸汽动力系统快速子系统的阶跃响应

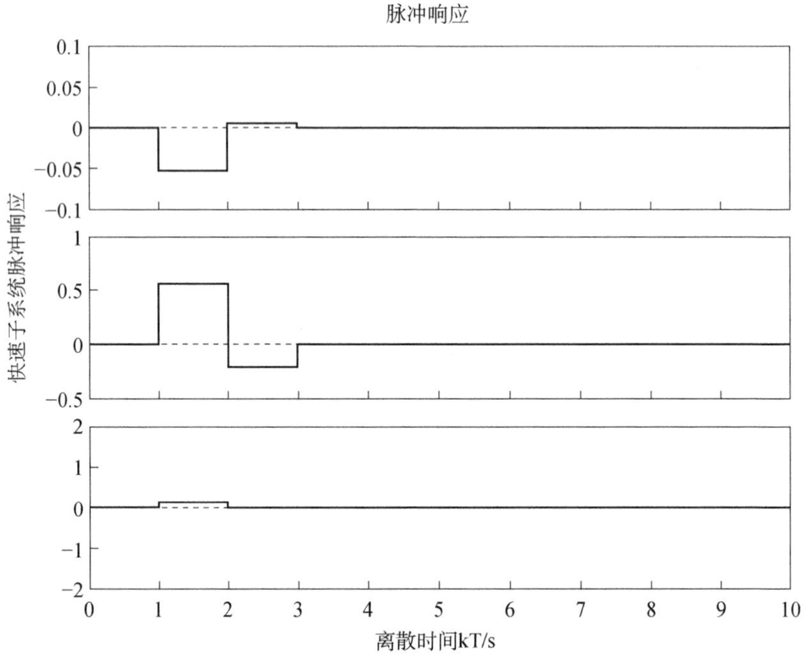

图 3.4 蒸汽动力系统快速子系统的脉冲响应

从这些图中可以看出，快速子系统阶跃和脉冲响应将在三到四个离散时间步长内达到它们的稳态值，而慢速子系统的相应响应则需要更长的时间（超过 25 个离散时间步长）才能达到它们的稳态值.

3.4　附　　注

在本章中，我们完整地推导了适用于离散时间奇异摄动线性时不变动态系统公式的两级反馈控制器算法的所有设计方程. 在第 5 章中，我们会将一般离散时间线性时不变动态系统的两级反馈控制器设计延伸到三级反馈控制器设计. 然而，目前无法实现将三级设计延伸到三**时间尺度奇异摄动离散时间系统**，因为三时间尺度奇异摄动系统至少有四种公式，目前尚不清楚哪种公式最适合所提及的三级反馈控制器设计. 因此，该问题仍然是未来研究将关注的一个充满乐趣且富有挑战性的领域. 我们将在第 5 章的第二部分中对这一问题以及它所带来的挑战和机会进行更详细的探讨.

3.1～3.3 节中呈现的内容以论文 Radisavljević-Gajić（2015a，2015b）为基础. 经美国机械工程师协会（ASME）的许可，我们获权在本研究专题论文中使用 Radisavljević-Gajić 的两篇期刊论文（2015a，2015b）内的材料. 这两篇期刊论文发表在 *Transactions of ASME Journal of Dynamic Systems Measurement and Control* 上.

第 4 章　连续时间三级反馈控制器设计

在本章中，我们会将第 2 章中两级连续时间反馈控制器设计的研究结果延伸到三级反馈控制器设计．这可促进对三个系统状态变量子集的控制，这三个子集表示所研究的一个系统的三个人工或自然子系统．所呈现的内容遵循了近期所发表的论文（Radisavljević-Gajić and Milanović，2016）以及（Radisavljević-Gajić et al.，2017）的内容．这一新的技术带来了简单性，仅需要降阶子系统级别代数方程的解即可设计合适的局部控制器．将局部反馈控制器合并起来以形成一个适用于所研究的系统的全局控制器．所提出的技术可促进在子系统级别设计独立的全状态反馈控制器．不同类型的局部控制器，例如，特征值分配、鲁棒、某种程度上的最优（$L_1, H_2, H_\infty, \cdots$）、观测器驱动以及卡尔曼滤波驱动的控制器等这些局部控制器可用于控制不同的子系统．此特性尚不适用于任何其他已知的线性反馈控制器设计技术．

在本章 4.3 节中，我们会将所得到的研究结果专门应用于能自然分解成慢速、快速和极快速子系统的三时间尺度线性控制系统（奇异摄动控制系统）．所提出的技术消除了原始三时间尺度奇异摄动线性系统的数值病态条件．我们通过八阶质子交换膜燃料电池模型展示了这一新提出的三级反馈控制器设计．

4.1　概　　述

本章要说明的技术，需要系统有明确的子系统．可以使用以下几种方法将系统分成若干个子系统：（1）根据子系统的物理性质（系统自然分解）分；（2）根据实现三级反馈设计必须满足的条件分；（3）根据求解相应设计方程必须满足的数学条件分；（4）根据控制需求分，即应通过最合适的局部控制器对系统的哪些部分进行独立控制；和/或（5）对状态空间变量进行分组，使子系统满足面向控制的假设，例如，可控性（可稳定性）和/或可观测性（可检测性）的条件，这些是设计局部最优控制器和滤波器所需的假设. 尽管在系统稳定性-可检测性条件不满足的情况下，有可能无法设计出线性二次型最优控制器，但在满足可稳定性-可检测性条件的情况下即可设计出局部子系统和局部线性二次型最优控制器.

三级反馈设计的动力因素如下：

（a）可以仅通过计算（或设计）子系统（降低）矩阵，得到相应反馈增益，为系统的不同部分（子系统）设计不同类型的控制器（最优、特征值分配、鲁棒以及可靠的控制器等）.

（b）控制局部子系统的反馈增益，通过单个公式整合成一个全状态反馈增益，从而为所研究的系统得到一个统一的反馈控制器.

（c）大幅减少计算量（特别是对于双时间尺度和三时间尺度系统而言），利用与子系统对应的降维矩阵完成计算.

（d）利用良态的低阶矩阵完成计算，可以消除高阶矩阵的数值病态条件，实现非常高的精度.

（e）可以将设计进行延伸，用于开发相应的三级观测器（Sinha，2007；Chen，2012）和滤波器，以及由观测器和滤波器驱动的控制器（该控制器还可以沿用到随机系统），包括对应的三时间尺度部分.

（f）每个局部子系统的设计都是独立的，因此，可以灵活地开发部分全状态反馈和部分输出反馈控制器，包括线性二次型最优控制器.

（g）使用三级和多级设计可以很容易地提高鲁棒性和可靠性，并且可以提高反馈控制环安全性，如今来看，这似乎是一项非常重要的功能，尤其是对于信息物理系统和计算机网络或通信网络而言.

应该将所提出的方法用于一项重要的应用. 我们会专门将它应用于具有慢速和快速模式的大型线性控制系统（多时间尺度反馈系统，奇异摄动控制系统）（Kokotovic et al.，1999；Naidu and Calise，2001；Gajic and Lim，2001；Dimitriev and Kurina，2006；Kuehn，2015），所提出的设计类型似乎非常适合用于这些系统．机械工程和航空航天领域中的许多系统都具有奇异摄动结构（Hsiao et al.，2001；Naidu and Calise，2001；Chen et al.，2002；Shapira and Ben-Asher，2004；Demetriou and Kazantzis，2005；Wang and Ghorbel，2006；Amjadifard et al.，2011；Kuehn，2015），原因是存在较小和较大的时间常数、较小的质量、较小的转动惯量以及较小的刚度系数，这会使系统特征值聚类成靠近虚轴（慢速特征值）和远离虚轴（快速特征值）以及大幅度远离虚轴（极快速特征值）的两个或若干不相交的组．线性系统特征值可能位于复平面中可得到三个时间尺度动态的其他位置．

4.2 连续时间反馈控制器的三级设计

第 2 章和第 3 章分别展示了在连续时间域和离散时间域中用于两级线性反馈控制器设计的有效方法．在本节中，我们会将第 2 章的连续时间研究结果沿用至三级反馈器控制设计；在下一节中，我们将展示如何将新得到的结果有效地用于三时间尺度线性控制系统（奇异摄动线性控制系统）的反馈控制．

假设有一个连续时间线性时不变系统，其分块形式如式（4.1）所示．

$$\frac{d\boldsymbol{x}(t)}{dt}=\begin{bmatrix}\dfrac{d\boldsymbol{x}_{\mathrm{I}}(t)}{dt}\\ \dfrac{d\boldsymbol{x}_{\mathrm{II}}(t)}{dt}\\ \dfrac{d\boldsymbol{x}_{\mathrm{III}}(t)}{dt}\end{bmatrix}=\begin{bmatrix}\boldsymbol{A}_{11} & \boldsymbol{A}_{12} & \boldsymbol{A}_{13}\\ \boldsymbol{A}_{21} & \boldsymbol{A}_{22} & \boldsymbol{A}_{23}\\ \boldsymbol{A}_{31} & \boldsymbol{A}_{32} & \boldsymbol{A}_{33}\end{bmatrix}\begin{bmatrix}\boldsymbol{x}_{\mathrm{I}}(t)\\ \boldsymbol{x}_{\mathrm{II}}(t)\\ \boldsymbol{x}_{\mathrm{III}}(t)\end{bmatrix}+\begin{bmatrix}\boldsymbol{B}_{11}\\ \boldsymbol{B}_{22}\\ \boldsymbol{B}_{33}\end{bmatrix}\boldsymbol{u}(t)=\boldsymbol{A}\boldsymbol{x}(t)+\boldsymbol{B}\boldsymbol{u}(t) \tag{4.1}$$

$$\boldsymbol{y}(t)=\begin{bmatrix}\boldsymbol{C}_{11} & \boldsymbol{C}_{22} & \boldsymbol{C}_{33}\end{bmatrix}\begin{bmatrix}\boldsymbol{x}_{\mathrm{I}}(t)\\ \boldsymbol{x}_{\mathrm{II}}(t)\\ \boldsymbol{x}_{\mathrm{III}}(t)\end{bmatrix}$$

其中 $\boldsymbol{x}(t)\in\mathbf{R}^{n}$，$\boldsymbol{x}_{\mathrm{I}}(t)\in\mathbf{R}^{n_1}$，$\boldsymbol{x}_{\mathrm{II}}(t)\in\mathbf{R}^{n_2}$ 和 $\boldsymbol{x}_{\mathrm{III}}(t)\in\mathbf{R}^{n_3}$（$n=n_1+n_2+n_3$）是状态变量，$\boldsymbol{u}(t)\in\mathbf{R}^{m}$ 是控制输入向量，$\boldsymbol{y}(t)\in\mathbf{R}^{p}$ 是系统测量向量，$\boldsymbol{A}_{ij}$，$\boldsymbol{B}_{ii}$ 和 $\boldsymbol{C}_{ii}$（i,j=1,2,3）是适当大小的常数矩阵．矩阵 $\boldsymbol{A}_{11}$，$\boldsymbol{A}_{22}$ 和 $\boldsymbol{A}_{33}$ 定义了大小为 n_1，n_2 和 n_3 的子系统，分别对应于状态变量 $\boldsymbol{x}_{\mathrm{I}}(t)$，$\boldsymbol{x}_{\mathrm{II}}(t)$ 和 $\boldsymbol{x}_{\mathrm{III}}(t)$．矩阵 $\boldsymbol{A}_{ij}$（i,j=1,2,3，$i\neq j$）

定义了子系统之间的耦合.

本节接下来的内容将说明三级反馈控制器的设计步骤. 在引入阶段，利用若干变换将系统映射到合适的坐标中，从而得到分块上三角的形式，这有利于三级反馈控制器的设计. 所呈现的内容大部分以 Radisavljević-Gajić 等（2017）的研究成果为基础.

首先，用式（4.2）对式（4.1）所定义的原始系统进行变量变换.

$$\boldsymbol{\eta}_3(t)=\boldsymbol{L}_1\boldsymbol{x}_{\mathrm{I}}(t)+\boldsymbol{L}_2\boldsymbol{x}_{\mathrm{II}}(t)+\boldsymbol{x}_{\mathrm{III}}(t) \tag{4.2}$$

由此得到 $\boldsymbol{\eta}_3(t)$ 的动态方程，如式（4.3）所示.

$$\begin{aligned}\frac{d\boldsymbol{\eta}_3(t)}{dt}&=(\boldsymbol{A}_{33}+\boldsymbol{L}_1\boldsymbol{A}_{13}+\boldsymbol{L}_2\boldsymbol{A}_{23})\boldsymbol{\eta}_3(t)+(\boldsymbol{B}_{33}+\boldsymbol{L}_1\boldsymbol{B}_{11}+\boldsymbol{L}_2\boldsymbol{B}_{22})\boldsymbol{u}(t)\\&\quad+f_{31}(\boldsymbol{L}_1,\boldsymbol{L}_2)\boldsymbol{x}_{\mathrm{I}}(t)+f_{32}(\boldsymbol{L}_1,\boldsymbol{L}_2)\boldsymbol{x}_{\mathrm{II}}(t)=\boldsymbol{A}_3\boldsymbol{\eta}_3(t)+\boldsymbol{B}_3\boldsymbol{u}(t)\\&\boldsymbol{A}_3=\boldsymbol{A}_{33}+\boldsymbol{L}_1\boldsymbol{A}_{13}+\boldsymbol{L}_2\boldsymbol{A}_{23},\quad \boldsymbol{B}_3=\boldsymbol{B}_{33}+\boldsymbol{L}_1\boldsymbol{B}_{11}+\boldsymbol{L}_2\boldsymbol{B}_{22}\end{aligned} \tag{4.3}$$

假设式（4.4）所示代数方程组有实解，即可消除式（4.3）中的耦合项

$$\begin{aligned}f_{31}(\boldsymbol{L}_1,\boldsymbol{L}_2)&=\boldsymbol{L}_1\boldsymbol{A}_{11}+\boldsymbol{L}_2\boldsymbol{A}_{21}+\boldsymbol{A}_{31}-(\boldsymbol{L}_1\boldsymbol{A}_{13}+\boldsymbol{L}_2\boldsymbol{A}_{23}+\boldsymbol{A}_{33})\boldsymbol{L}_1=0\\f_{32}(\boldsymbol{L}_1,\boldsymbol{L}_2)&=\boldsymbol{L}_1\boldsymbol{A}_{12}+\boldsymbol{L}_2\boldsymbol{A}_{22}+\boldsymbol{A}_{32}-(\boldsymbol{L}_1\boldsymbol{A}_{13}+\boldsymbol{L}_2\boldsymbol{A}_{23}+\boldsymbol{A}_{33})\boldsymbol{L}_2=0\end{aligned} \tag{4.4}$$

一般来说，对耦合的非线性代数方程式（4.4）进行求解并非一项简单的任务. 不过，对于三时间尺度线性系统而言，相应的代数方程的形式更简单，因此，可以将它们作为**线性代数方程组**，使用定点迭代很容易完成数值上的求解，下一节中将描述这一方法.

从式（4.1）中消除 $\boldsymbol{x}_{\mathrm{III}}(t)$， $\boldsymbol{x}_{\mathrm{I}}(t)$ 和 $\boldsymbol{x}_{\mathrm{II}}(t)$ 的微分方程将变成

$$\frac{d\boldsymbol{x}_{\mathrm{I}}(t)}{dt}=(\boldsymbol{A}_{11}-\boldsymbol{A}_{13}\boldsymbol{L}_1)\boldsymbol{x}_{\mathrm{I}}(t)+(\boldsymbol{A}_{12}-\boldsymbol{A}_{13}\boldsymbol{L}_2)\boldsymbol{x}_{\mathrm{II}}(t)+\boldsymbol{A}_{13}\boldsymbol{\eta}_3(t)+\boldsymbol{B}_{11}\boldsymbol{u}(t) \tag{4.5}$$

以及

$$\frac{d\boldsymbol{x}_{\mathrm{II}}(t)}{dt}=(\boldsymbol{A}_{21}-\boldsymbol{A}_{23}\boldsymbol{L}_1)\boldsymbol{x}_{\mathrm{I}}(t)+(\boldsymbol{A}_{22}-\boldsymbol{A}_{23}\boldsymbol{L}_2)\boldsymbol{x}_{\mathrm{II}}(t)+\boldsymbol{A}_{23}\boldsymbol{\eta}_3(t)+\boldsymbol{B}_{22}\boldsymbol{u}(t) \tag{4.6}$$

由于 $\boldsymbol{\eta}_3(t)$ 子系统的式（4.3）是独立的，因此，可以使用 $\boldsymbol{u}(t)=-\boldsymbol{G}_3\boldsymbol{\eta}_3(t)+\boldsymbol{v}(t)$ 为该子系统设计一个反馈控制器，其中 $\boldsymbol{v}(t)$ 表示一个输入信号，可用于控制前两个子系统. 我们在第 2 章的两级反馈控制器设计中使用了此策略. 不过，**在本章中，由于涉及的是更为复杂的三级设计，因此，首先要得到整体系统的分块上三角结构，之后再说明如何独立设计局部反馈控制器.**

现在，引入第二个变量变换，将第一个子系统的动态从第二个子系统中移除

$$\boldsymbol{\eta}_2(t)=\boldsymbol{L}_3\boldsymbol{x}_{\mathrm{I}}(t)+\boldsymbol{x}_{\mathrm{II}}(t) \tag{4.7}$$

此变量变换会得到

$$\begin{aligned}\frac{d\boldsymbol{\eta}_2(t)}{dt}&=\left[\boldsymbol{A}_{22}-\boldsymbol{A}_{23}\boldsymbol{L}_2+\boldsymbol{L}_3\left(\boldsymbol{A}_{12}-\boldsymbol{A}_{13}\boldsymbol{L}_2\right)\right]\boldsymbol{\eta}_2(t)\\&\quad+\left(\boldsymbol{A}_{23}+\boldsymbol{L}_3\boldsymbol{A}_{13}\right)\boldsymbol{\eta}_3(t)+f_{21}\left(\boldsymbol{L}_1,\boldsymbol{L}_2,\boldsymbol{L}_3\right)\boldsymbol{x}_{\mathrm{I}}(t)+\left(\boldsymbol{B}_{22}+\boldsymbol{L}_3\boldsymbol{B}_{11}\right)\boldsymbol{u}(t)\\&=\boldsymbol{A}_2\boldsymbol{\eta}_2(t)+\left(\boldsymbol{A}_{23}+\boldsymbol{L}_3\boldsymbol{A}_{13}\right)\boldsymbol{\eta}_3(t)+\boldsymbol{B}_2\boldsymbol{u}(t)\end{aligned} \tag{4.8}$$

$$\boldsymbol{A}_2=\boldsymbol{A}_{22}-\boldsymbol{A}_{23}\boldsymbol{L}_2+\boldsymbol{L}_3\left(\boldsymbol{A}_{12}-\boldsymbol{A}_{13}\boldsymbol{L}_2\right),\quad \boldsymbol{B}_2=\boldsymbol{B}_{22}+\boldsymbol{L}_3\boldsymbol{B}_{11}$$

其中，$\boldsymbol{L}_3$ 满足以下代数方程

$$\boldsymbol{L}_3\left(\boldsymbol{A}_{11}-\boldsymbol{A}_{13}\boldsymbol{L}_1\right)-\left(\boldsymbol{A}_{22}-\boldsymbol{A}_{23}\boldsymbol{L}_2\right)\boldsymbol{L}_3-\boldsymbol{L}_3\left(\boldsymbol{A}_{12}-\boldsymbol{A}_{13}\boldsymbol{L}_2\right)\boldsymbol{L}_3+\left(\boldsymbol{A}_{21}-\boldsymbol{A}_{23}\boldsymbol{L}_1\right)=0 \tag{4.9}$$

假设 $\boldsymbol{L}_1$ 和 $\boldsymbol{L}_2$ 是从之前的式(4.4)中得到的，那么，$\boldsymbol{L}_3$ 实际上满足之前 Medanic（1982）以及 Gao 和 Bai（2010）的研究中提到的非对称非平方的里卡蒂代数方程.

使用式（4.7）变换后，新坐标中的第一个子系统将变成

$$\begin{aligned}\frac{d\boldsymbol{x}_{\mathrm{I}}(t)}{dt}&=\left[\left(\boldsymbol{A}_{11}-\boldsymbol{A}_{13}\boldsymbol{L}_1\right)-\left(\boldsymbol{A}_{12}-\boldsymbol{A}_{13}\boldsymbol{L}_2\right)\boldsymbol{L}_3\right]\boldsymbol{x}_{\mathrm{I}}(t)\\&\quad+\left(\boldsymbol{A}_{12}-\boldsymbol{A}_{13}\boldsymbol{L}_2\right)\boldsymbol{\eta}_2(t)+\boldsymbol{A}_{13}\boldsymbol{\eta}_3(t)+\boldsymbol{B}_{11}\boldsymbol{u}(t)\\&=\boldsymbol{A}_1\boldsymbol{x}_{\mathrm{I}}(t)+\left(\boldsymbol{A}_{12}-\boldsymbol{A}_{13}\boldsymbol{L}_2\right)\boldsymbol{\eta}_2(t)+\boldsymbol{A}_{13}\boldsymbol{\eta}_3(t)+\boldsymbol{B}_{11}\boldsymbol{u}(t)\end{aligned} \tag{4.10a}$$

其中

$$\boldsymbol{A}_1=\left(\boldsymbol{A}_{11}-\boldsymbol{A}_{13}\boldsymbol{L}_1\right)-\left(\boldsymbol{A}_{12}-\boldsymbol{A}_{13}\boldsymbol{L}_2\right)\boldsymbol{L}_3 \tag{4.10b}$$

变换式（4.2）和式（4.7），将原始状态变量和新的状态变量关联起来，如式（4.11）所示.

$$\begin{aligned}\begin{bmatrix}\boldsymbol{x}_{\mathrm{I}}(t)\\\boldsymbol{\eta}_2(t)\\\boldsymbol{\eta}_3(t)\end{bmatrix}&=\boldsymbol{T}_1\begin{bmatrix}\boldsymbol{x}_{\mathrm{I}}(t)\\\boldsymbol{x}_{\mathrm{II}}(t)\\\boldsymbol{x}_{\mathrm{III}}(t)\end{bmatrix}=\begin{bmatrix}\boldsymbol{I}&0&0\\\boldsymbol{L}_3&\boldsymbol{I}&0\\\boldsymbol{L}_1&\boldsymbol{L}_2&\boldsymbol{I}\end{bmatrix}\begin{bmatrix}\boldsymbol{x}_{\mathrm{I}}(t)\\\boldsymbol{x}_{\mathrm{II}}(t)\\\boldsymbol{x}_{\mathrm{III}}(t)\end{bmatrix}\\\begin{bmatrix}\boldsymbol{x}_{\mathrm{I}}(t)\\\boldsymbol{x}_{\mathrm{II}}(t)\\\boldsymbol{x}_{\mathrm{III}}(t)\end{bmatrix}&=\boldsymbol{T}_1^{-1}\begin{bmatrix}\boldsymbol{x}_{\mathrm{I}}(t)\\\boldsymbol{\eta}_2(t)\\\boldsymbol{\eta}_3(t)\end{bmatrix}=\begin{bmatrix}\boldsymbol{I}&0&0\\-\boldsymbol{L}_3&\boldsymbol{I}&0\\-\boldsymbol{L}_1+\boldsymbol{L}_2\boldsymbol{L}_3&-\boldsymbol{L}_2&\boldsymbol{I}\end{bmatrix}\begin{bmatrix}\boldsymbol{x}_{\mathrm{I}}(t)\\\boldsymbol{\eta}_2(t)\\\boldsymbol{\eta}_3(t)\end{bmatrix}\end{aligned} \tag{4.11}$$

这一相似变换将原始系统式(4.1)映射成分块上三角的形式，由方程式(4.3)、式（4.8）和式（4.10）表示，其状态空间形式由式（4.12）给出

$$\begin{bmatrix}\dfrac{d\boldsymbol{x}_{\mathrm{I}}(t)}{dt}\\ \dfrac{d\boldsymbol{\eta}_2(t)}{dt}\\ \dfrac{d\boldsymbol{\eta}_3(t)}{dt}\end{bmatrix}=\begin{bmatrix}\boldsymbol{A}_1 & \boldsymbol{A}_{12}-\boldsymbol{A}_{13}\boldsymbol{L}_2 & \boldsymbol{A}_{13}\\ 0 & \boldsymbol{A}_2 & \boldsymbol{A}_{23}+\boldsymbol{L}_3\boldsymbol{A}_{13}\\ 0 & 0 & \boldsymbol{A}_3\end{bmatrix}\begin{bmatrix}\boldsymbol{x}_{\mathrm{I}}(t)\\ \boldsymbol{\eta}_2(t)\\ \boldsymbol{\eta}_3(t)\end{bmatrix}+\begin{bmatrix}\boldsymbol{B}_{11}\\ \boldsymbol{B}_2\\ \boldsymbol{B}_3\end{bmatrix}\boldsymbol{u}(t)$$

$$=\bar{\boldsymbol{A}}\begin{bmatrix}\boldsymbol{x}_{\mathrm{I}}(t)\\ \boldsymbol{\eta}_2(t)\\ \boldsymbol{\eta}_3(t)\end{bmatrix}+\bar{\boldsymbol{B}}\boldsymbol{u}(t) \tag{4.12}$$

$$\boldsymbol{A}_1=(\boldsymbol{A}_{11}-\boldsymbol{A}_{13}\boldsymbol{L}_1)-(\boldsymbol{A}_{12}-\boldsymbol{A}_{13}\boldsymbol{L}_2)\boldsymbol{L}_3$$

$$\boldsymbol{A}_2=\boldsymbol{A}_{22}-\boldsymbol{A}_{23}\boldsymbol{L}_2+\boldsymbol{L}_3(\boldsymbol{A}_{12}-\boldsymbol{A}_{13}\boldsymbol{L}_2),\quad \boldsymbol{B}_2=\boldsymbol{B}_{22}+\boldsymbol{L}_3\boldsymbol{B}_{11}$$

$$\boldsymbol{A}_3=\boldsymbol{A}_{33}+\boldsymbol{L}_1\boldsymbol{A}_{13}+\boldsymbol{L}_2\boldsymbol{A}_{23},\quad \boldsymbol{B}_3=\boldsymbol{B}_{33}+\boldsymbol{L}_1\boldsymbol{B}_{11}+\boldsymbol{L}_2\boldsymbol{B}_{22}$$

$$\boldsymbol{y}(t)=(\boldsymbol{C}_{11}-\boldsymbol{C}_{22}\boldsymbol{L}_3-\boldsymbol{C}_{33}\boldsymbol{L}_1)\boldsymbol{x}_{\mathrm{I}}(t)+(\boldsymbol{C}_{22}-\boldsymbol{C}_{33}\boldsymbol{L}_2)\boldsymbol{\eta}_2(t)+\boldsymbol{C}_{33}\boldsymbol{\eta}_3(t)$$

$$=\boldsymbol{C}_1\boldsymbol{x}_{\mathrm{I}}(t)+\boldsymbol{C}_2\boldsymbol{\eta}_2(t)+\boldsymbol{C}_{33}\boldsymbol{\eta}_3(t)=\bar{\boldsymbol{C}}\begin{bmatrix}\boldsymbol{x}_{\mathrm{I}}(t)\\ \boldsymbol{\eta}_2(t)\\ \boldsymbol{\eta}_3(t)\end{bmatrix}$$

$$\boldsymbol{C}_1=\boldsymbol{C}_{11}-\boldsymbol{C}_{22}\boldsymbol{L}_3-\boldsymbol{C}_{33}\boldsymbol{L}_1+\boldsymbol{C}_{33}\boldsymbol{L}_2\boldsymbol{L}_3,\quad \boldsymbol{C}_2=\boldsymbol{C}_{22}-\boldsymbol{C}_{33}\boldsymbol{L}_2$$

将原始系统变换为分块上三角的形式后，可以开始反馈控制器的设计过程了. 此处将给出设计所需的中间步骤，这些步骤是相互独立的. 如果打算设计线性二次型**最优**反馈控制器，变换后的系统需要满足可控和可观测条件或较弱变体的可稳定和可检测条件. 在接下来的注释中，将这些条件应用于原始系统式(4.1)，完成进一步的说明，同时还证明了这些条件对变换后的系统式（4.12）也是成立的.

注释 4.1 相似变换下的可稳定性–可检测性不变性 众所周知，原始坐标和新的坐标是通过相似变换式（4.11）相关联的. 因此，如果原始系统式（4.1）是可控且可观测的，则系统式（4.12）也是可控且可观测的. 相关示例请参见 Chen（2012）的文献. 对于可稳定性和可检测性条件，可以确立相同的不变性结果，也就是说，如果原始系统式（4.1）是可稳定且可检测的，则系统式（4.12）也是可稳定且可检测的. 由于在文献中几乎难以找到**可稳定性和可检测性不变性**结果，因此，此处利用 Popov-Belevitch-Hautus 特征向量可稳定性测试来对此进行简单的证明（Zhou and Doyle，1998）. 在下面的内容中，我们将证明在相似变换下可稳定性是不变的.

注意，通过使用相似变换，我们在新的坐标中可得到以下关系：$\bar{\boldsymbol{A}}=\boldsymbol{T}^{-1}\boldsymbol{A}\boldsymbol{T}$ 和 $\bar{\boldsymbol{B}}=\boldsymbol{T}^{-1}\boldsymbol{B}$. Popov-Belevitch-Hautus 测试结果表明，如果对于任何**不稳定的特征值** λ_i 和 $\boldsymbol{A}$ 相应的左特征向量，即 $\boldsymbol{w}_i^*\boldsymbol{A}=\lambda_i\boldsymbol{w}^i i^*$，如果 $\boldsymbol{w}_i^*\boldsymbol{B}\neq 0$ 是成立的，即没有正交于矩阵 $\boldsymbol{B}$ 的列的 $\boldsymbol{A}$ 的左特征向量，那么 $(\boldsymbol{A},\boldsymbol{B})$ 对是可稳定的. 由于 $\boldsymbol{A}=\boldsymbol{T}\bar{\boldsymbol{A}}\boldsymbol{T}^{-1}$ 且 $\boldsymbol{B}=\boldsymbol{T}\bar{\boldsymbol{B}}$，那么 $\boldsymbol{w}_i^*\boldsymbol{T}\bar{\boldsymbol{A}}\boldsymbol{T}^{-1}=\lambda_i\boldsymbol{w}^i i^*$ 或 $(\boldsymbol{T}\boldsymbol{w}_i)^*\bar{\boldsymbol{A}}=\lambda_i(\boldsymbol{T}\boldsymbol{w}_i)^{i*}$ 说明如果 $\boldsymbol{w}_i^*$ 是 $\boldsymbol{A}$ 的一个左特征向量，则 $(\boldsymbol{T}\boldsymbol{w}_i)^*$ 是 $\bar{\boldsymbol{A}}$ 的一个左特征向量. 利用这一事实，可以得出 $\boldsymbol{w}_i^*\boldsymbol{B}\neq 0$，这意味着 $\boldsymbol{w}_i^*\boldsymbol{T}\boldsymbol{T}^{-1}\boldsymbol{B}\neq 0$ 或 $(\boldsymbol{T}\boldsymbol{w}_i)^*\bar{\boldsymbol{B}}\neq 0$，这证明了 $(\bar{\boldsymbol{A}},\bar{\boldsymbol{B}})$ 对也是可稳定的.

同样，利用 Popov-Belevitch-Hautus 特征向量可检测性测试，可以确立 $(\boldsymbol{A},\boldsymbol{C})$ 对的可检测性等效于 $(\bar{\boldsymbol{A}},\bar{\boldsymbol{C}})$ 对的**可检测性**.

在得到式（4.12）中的分块上三角形式后，现在将按照 Radisavljević-Gajić 等（2017）的研究成果，开始三级反馈控制器的设计过程，其中，将每个子系统独立出来，并确定地仅独立控制各子系统的控制输入.

第一级

将反馈控制

$$\boldsymbol{u}(t)=-\boldsymbol{G}_3\boldsymbol{\eta}_3(t)+\boldsymbol{v}(t)$$

应用到 $\boldsymbol{\eta}$ 子系统，这会得到

$$\begin{bmatrix}\dfrac{d\boldsymbol{x}_1(t)}{dt}\\ \dfrac{d\boldsymbol{\eta}_2(t)}{dt}\\ \dfrac{d\boldsymbol{\eta}_3(t)}{dt}\end{bmatrix}=\begin{bmatrix}\boldsymbol{A}_1 & \boldsymbol{A}_{12}-\boldsymbol{A}_{13}\boldsymbol{L}_2 & \boldsymbol{A}_{13}-\boldsymbol{B}_{11}\boldsymbol{G}_3\\ 0 & \boldsymbol{A}_2 & \boldsymbol{A}_{23}+\boldsymbol{L}_3\boldsymbol{A}_{13}-\boldsymbol{B}_2\boldsymbol{G}_3\\ 0 & 0 & \boldsymbol{A}_3-\boldsymbol{B}_3\boldsymbol{G}_3\end{bmatrix}\begin{bmatrix}\boldsymbol{x}_1(t)\\ \boldsymbol{\eta}_2(t)\\ \boldsymbol{\eta}_3(t)\end{bmatrix}+\begin{bmatrix}\boldsymbol{B}_{11}\\ \boldsymbol{B}_2\\ \boldsymbol{B}_3\end{bmatrix}\boldsymbol{v}(t) \tag{4.13}$$

第二级

若要分隔第二个连续时间线性动态子系统，我们将应用状态空间变量变换，如下所示

$$\boldsymbol{\xi}_2(t)=\boldsymbol{\eta}_2(t)-\boldsymbol{P}_3\boldsymbol{\eta}_3(t) \tag{4.14}$$

这可得到

$$\begin{bmatrix} \dfrac{d\boldsymbol{x}_{\mathrm{I}}(t)}{dt} \\ \dfrac{d\boldsymbol{\xi}_2(t)}{dt} \\ \dfrac{d\boldsymbol{\eta}_3(t)}{dt} \end{bmatrix} = \begin{bmatrix} \boldsymbol{A}_1 & \boldsymbol{A}_{12}-\boldsymbol{A}_{13}\boldsymbol{L}_2 & \boldsymbol{A}_{13}-\boldsymbol{B}_{11}\boldsymbol{G}_3+(\boldsymbol{A}_{12}-\boldsymbol{A}_{13}\boldsymbol{L}_2)\boldsymbol{P}_3 \\ 0 & \boldsymbol{A}_2 & 0 \\ 0 & 0 & \boldsymbol{A}_3-\boldsymbol{B}_3\boldsymbol{G}_3 \end{bmatrix} \begin{bmatrix} \boldsymbol{x}_{\mathrm{I}}(t) \\ \boldsymbol{\xi}_2(t) \\ \boldsymbol{\eta}_3(t) \end{bmatrix} + \begin{bmatrix} \boldsymbol{B}_{11} \\ \boldsymbol{B}_2-\boldsymbol{P}_3\boldsymbol{B}_3 \\ \boldsymbol{B}_3 \end{bmatrix} \boldsymbol{v}(t) \tag{4.15}$$

其中 $\boldsymbol{P}_3$ 满足式（4.16）所示的代数方程

$$\boldsymbol{A}_2\boldsymbol{P}_3-\boldsymbol{P}_3(\boldsymbol{A}_3-\boldsymbol{B}_3\boldsymbol{G}_3)+\boldsymbol{A}_{23}+\boldsymbol{L}_3\boldsymbol{A}_{13}-\boldsymbol{B}_2\boldsymbol{G}_3=0 \tag{4.16}$$

注意，式（4.16）是西尔维斯特代数方程，在假设 4.1 的前提下，它存在唯一解（Chen，2012）.

假设 4.1　矩阵 $\boldsymbol{A}_2$ 和 $\boldsymbol{A}_3-\boldsymbol{B}_3\boldsymbol{G}_3$ 没有共同的特征值.

此假设可轻松满足，因为 $\boldsymbol{A}_3-\boldsymbol{B}_3\boldsymbol{G}_3$ 是第三个子系统的反馈矩阵，并且可以对线性代数方程式（4.16）进行求解.

在第二级中，将反馈控制应用到第二个子系统，如下所示：

$$\boldsymbol{v}(t)=-\boldsymbol{G}_2\boldsymbol{\xi}_2(t)+\boldsymbol{w}(t)$$

这会得出

$$\begin{bmatrix} \dfrac{d\boldsymbol{x}_{\mathrm{I}}(t)}{dt} \\ \dfrac{d\boldsymbol{\xi}_2(t)}{dt} \\ \dfrac{d\boldsymbol{\eta}_3(t)}{dt} \end{bmatrix} = \begin{bmatrix} \boldsymbol{A}_1 & \boldsymbol{A}_{12}-\boldsymbol{A}_{13}\boldsymbol{L}_2-\boldsymbol{B}_{11}\boldsymbol{G}_2 & \boldsymbol{A}_{13}-\boldsymbol{B}_{11}\boldsymbol{G}_3+(\boldsymbol{A}_{12}-\boldsymbol{A}_{13}\boldsymbol{L}_2)\boldsymbol{P}_3 \\ 0 & \boldsymbol{A}_2-(\boldsymbol{B}_2-\boldsymbol{P}_3\boldsymbol{B}_3)\boldsymbol{G}_2 & 0 \\ 0 & -\boldsymbol{B}_3\boldsymbol{G}_2 & \boldsymbol{A}_3-\boldsymbol{B}_3\boldsymbol{G}_3 \end{bmatrix} \begin{bmatrix} \boldsymbol{x}_{\mathrm{I}}(t) \\ \boldsymbol{\xi}_2(t) \\ \boldsymbol{\eta}_3(t) \end{bmatrix} + \begin{bmatrix} \boldsymbol{B}_{11} \\ \boldsymbol{B}_2-\boldsymbol{P}_3\boldsymbol{B}_3 \\ \boldsymbol{B}_3 \end{bmatrix} \boldsymbol{v}(t) \tag{4.17}$$

第三级

现在，需要第一个子系统独立出来，并移除它与第二个和第三个子系统的耦合. 在继续进行此任务之前，首先将引入简化表示法并通过式（4.18a）的形式呈现微分方程式（4.17）

$$\begin{bmatrix} \dfrac{d\boldsymbol{x}_{\mathrm{I}}(t)}{dt} \\ \dfrac{d\boldsymbol{\xi}_2(t)}{dt} \\ \dfrac{d\boldsymbol{\eta}_3(t)}{dt} \end{bmatrix} = \begin{bmatrix} \boldsymbol{\alpha}_{11} & \boldsymbol{\alpha}_{12} & \boldsymbol{\alpha}_{13} \\ 0 & \boldsymbol{\alpha}_{22} & 0 \\ 0 & \boldsymbol{\alpha}_{32} & \boldsymbol{\alpha}_{33} \end{bmatrix} \begin{bmatrix} \boldsymbol{x}_{\mathrm{I}}(t) \\ \boldsymbol{\xi}_2(t) \\ \boldsymbol{\eta}_3(t) \end{bmatrix} + \begin{bmatrix} \boldsymbol{\beta}_1 \\ \boldsymbol{\beta}_2 \\ \boldsymbol{\beta}_3 \end{bmatrix} \boldsymbol{w}(t) \tag{4.18a}$$

其中

$$\begin{aligned} &\boldsymbol{\alpha}_{11} = \boldsymbol{A}_1，\ \boldsymbol{\alpha}_{12} = \boldsymbol{A}_{12} - \boldsymbol{A}_{13}\boldsymbol{L}_2 - \boldsymbol{B}_{11}\boldsymbol{G}_2 \\ &\boldsymbol{\alpha}_{13} = \boldsymbol{A}_{13} - \boldsymbol{B}_{11}\boldsymbol{G}_3 + (\boldsymbol{A}_{12} - \boldsymbol{A}_{13}\boldsymbol{L}_2)\boldsymbol{P}_3，\ \boldsymbol{\alpha}_{22} = \boldsymbol{A}_2 - (\boldsymbol{B}_2 - \boldsymbol{P}_3\boldsymbol{B}_3)\boldsymbol{G}_2 \\ &\boldsymbol{\alpha}_{32} = -\boldsymbol{B}_3\boldsymbol{G}_2，\ \boldsymbol{\alpha}_{33} = \boldsymbol{A}_3 - \boldsymbol{B}_3\boldsymbol{G}_3 \end{aligned} \tag{4.18b}$$

若要将第一个子系统独立出来，需进行另一个状态变量变换，如式（4.19）所示

$$\boldsymbol{\xi}_1(t) = \boldsymbol{x}_{\mathrm{I}}(t) - \boldsymbol{P}_1\boldsymbol{\xi}_2(t) - \boldsymbol{P}_2\boldsymbol{\eta}_3(t) \tag{4.19}$$

此变量变换会将式（4.18a）修改为

$$\begin{bmatrix} \dfrac{d\boldsymbol{\xi}_1(t)}{dt} \\ \dfrac{d\boldsymbol{\xi}_2(t)}{dt} \\ \dfrac{d\boldsymbol{\eta}_3(t)}{dt} \end{bmatrix} = \begin{bmatrix} \boldsymbol{\alpha}_{11} & 0 & 0 \\ 0 & \boldsymbol{\alpha}_{22} & 0 \\ 0 & \boldsymbol{\alpha}_{32} & \boldsymbol{\alpha}_{33} \end{bmatrix} \begin{bmatrix} \boldsymbol{\xi}_1(t) \\ \boldsymbol{\xi}_2(t) \\ \boldsymbol{\eta}_3(t) \end{bmatrix} + \begin{bmatrix} \boldsymbol{\beta}_1 - \boldsymbol{P}_1\boldsymbol{\beta}_2 - \boldsymbol{P}_2\boldsymbol{\beta}_3 \\ \boldsymbol{\beta}_2 \\ \boldsymbol{\beta}_3 \end{bmatrix} \boldsymbol{w}(t) \tag{4.20}$$

其中 $\boldsymbol{P}_1$ 和 $\boldsymbol{P}_2$ 满足以下两组线性矩阵代数方程

$$\boldsymbol{\alpha}_{11}\boldsymbol{P}_1 - \boldsymbol{P}_1\boldsymbol{\alpha}_{22} - \boldsymbol{P}_2\boldsymbol{\alpha}_{32} + \boldsymbol{\alpha}_{12} = 0 \tag{4.21}$$

$$\boldsymbol{\alpha}_{11}\boldsymbol{P}_2 - \boldsymbol{P}_2\boldsymbol{\alpha}_{33} + \boldsymbol{\alpha}_{13} = 0 \tag{4.22}$$

可以将 $\boldsymbol{P}_2$ 的解作为西尔维斯特代数方程的解，直接由式（4.22）得到．在得到 $\boldsymbol{P}_2$ 的解后，式（4.21）会成为另一个西尔维斯特代数方程，可直接得到 $\boldsymbol{P}_1$．在假设 4.2 的前提下，这些西尔维斯特代数方程存在唯一解．

假设 4.2a （式（4.22）所需）矩阵 $\boldsymbol{\alpha}_{11}$ 和 $\boldsymbol{\alpha}_{33}$ 没有共同的特征值．

假设 4.2b （式（4.21）所需）矩阵 $\boldsymbol{\alpha}_{11}$ 和 $\boldsymbol{\alpha}_{22}$ 没有共同的特征值．

由于 $\boldsymbol{\alpha}_{22}$ 和 $\boldsymbol{\alpha}_{33}$ 是第二个和第三个子系统的反馈矩阵，因此，选择合适的反馈增益即可很容易满足这两个假设．

由于 $\boldsymbol{w}(t) = -\boldsymbol{G}_1\boldsymbol{\xi}_1(t)$，现在可以将局部反馈控制输入应用到第一个子系统

$$\begin{bmatrix} \dfrac{d\boldsymbol{\xi}_1(t)}{dt} \\ \dfrac{d\boldsymbol{\xi}_2(t)}{dt} \\ \dfrac{d\boldsymbol{\eta}_3(t)}{dt} \end{bmatrix} = \begin{bmatrix} \boldsymbol{\alpha}_{11} - (\boldsymbol{\beta}_1 - \boldsymbol{P}_1\boldsymbol{\beta}_2 - \boldsymbol{P}_2\boldsymbol{\beta}_3)\boldsymbol{G}_1 & 0 & 0 \\ -\boldsymbol{\beta}_2\boldsymbol{G}_1 & \boldsymbol{\alpha}_{22} & 0 \\ -\boldsymbol{\beta}_3\boldsymbol{G}_1 & \boldsymbol{\alpha}_{32} & \boldsymbol{\alpha}_{33} \end{bmatrix} \begin{bmatrix} \boldsymbol{\xi}_1(t) \\ \boldsymbol{\xi}_2(t) \\ \boldsymbol{\eta}_3(t) \end{bmatrix} \tag{4.23}$$

所得到的系统矩阵是分块下三角矩阵，因此，其闭环特征值是各个子系统的闭环特征值的并集.

现在，可以通过相似变换将新的状态变量和原始状态变量关联起来. 式(4.12)和式(4.23)中定义的状态坐标是通过状态变换式(4.14)和式(4.19)相关联的. 可以将这些关系放入一个紧凑的矩阵形式中，从而提供对原始状态变量的唯一变换，如下所示

$$\begin{aligned} \begin{bmatrix} \boldsymbol{\xi}_1(t) \\ \boldsymbol{\xi}_2(t) \\ \boldsymbol{\eta}_3(t) \end{bmatrix} &= \begin{bmatrix} \boldsymbol{I} & -\boldsymbol{P}_1 & -\boldsymbol{P}_2 \\ 0 & \boldsymbol{I} & 0 \\ 0 & 0 & \boldsymbol{I} \end{bmatrix} \begin{bmatrix} \boldsymbol{x}_{\mathrm{I}}(t) \\ \boldsymbol{\xi}_2(t) \\ \boldsymbol{\eta}_3(t) \end{bmatrix} = \boldsymbol{T}_3 \begin{bmatrix} \boldsymbol{x}_{\mathrm{I}}(t) \\ \boldsymbol{\xi}_2(t) \\ \boldsymbol{\eta}_3(t) \end{bmatrix} \\ &= \boldsymbol{T}_3 \begin{bmatrix} \boldsymbol{I} & 0 & 0 \\ 0 & \boldsymbol{I} & -\boldsymbol{P}_3 \\ 0 & 0 & \boldsymbol{I} \end{bmatrix} \begin{bmatrix} \boldsymbol{x}_{\mathrm{I}}(t) \\ \boldsymbol{\eta}_2(t) \\ \boldsymbol{\eta}_3(t) \end{bmatrix} = \boldsymbol{T}_3\boldsymbol{T}_2 \begin{bmatrix} \boldsymbol{x}_{\mathrm{I}}(t) \\ \boldsymbol{\eta}_2(t) \\ \boldsymbol{\eta}_3(t) \end{bmatrix} \\ &= \boldsymbol{T}_3\boldsymbol{T}_2 \begin{bmatrix} \boldsymbol{I} & 0 & 0 \\ \boldsymbol{L}_3 & \boldsymbol{I} & 0 \\ \boldsymbol{L}_1 & \boldsymbol{L}_2 & \boldsymbol{I} \end{bmatrix} \begin{bmatrix} \boldsymbol{x}_{\mathrm{I}}(t) \\ \boldsymbol{x}_{\mathrm{II}}(t) \\ \boldsymbol{x}_{\mathrm{III}}(t) \end{bmatrix} = \boldsymbol{T}_3\boldsymbol{T}_2\boldsymbol{T}_1 \begin{bmatrix} \boldsymbol{x}_{\mathrm{I}}(t) \\ \boldsymbol{x}_{\mathrm{II}}(t) \\ \boldsymbol{x}_{\mathrm{III}}(t) \end{bmatrix} = \boldsymbol{T} \begin{bmatrix} \boldsymbol{x}_{\mathrm{I}}(t) \\ \boldsymbol{x}_{\mathrm{II}}(t) \\ \boldsymbol{x}_{\mathrm{III}}(t) \end{bmatrix} \\ &= \begin{bmatrix} \boldsymbol{I} - \boldsymbol{P}_1\boldsymbol{L}_3 - \boldsymbol{P}_2\boldsymbol{L}_1 + \boldsymbol{P}_1\boldsymbol{P}_3\boldsymbol{L}_1 & -\boldsymbol{P}_1 - \boldsymbol{P}_2\boldsymbol{L}_2 + \boldsymbol{P}_1\boldsymbol{P}_3\boldsymbol{L}_2 & \boldsymbol{P}_1\boldsymbol{P}_3 - \boldsymbol{P}_2 \\ \boldsymbol{L}_3 - \boldsymbol{P}_3\boldsymbol{L}_1 & \boldsymbol{I} - \boldsymbol{P}_3\boldsymbol{L}_2 & -\boldsymbol{P}_3 \\ \boldsymbol{L}_1 & \boldsymbol{L}_2 & \boldsymbol{I} \end{bmatrix} \begin{bmatrix} \boldsymbol{x}_{\mathrm{I}}(t) \\ \boldsymbol{x}_{\mathrm{II}}(t) \\ \boldsymbol{x}_{\mathrm{III}}(t) \end{bmatrix} \end{aligned} \tag{4.24}$$

应用到变换后的坐标中的系统的反馈控制信号由下式给出

$$\begin{aligned} \boldsymbol{u}(\boldsymbol{\xi}_1(t), \boldsymbol{\xi}_2(t), \boldsymbol{\eta}_3(t)) &= -\boldsymbol{G}_1\boldsymbol{\xi}_1(t) - \boldsymbol{G}_2\boldsymbol{\xi}_2(t) - \mathrm{G}_3\boldsymbol{\eta}_3(t) \\ &= -[\boldsymbol{G}_1 \quad \boldsymbol{G}_2 \quad \boldsymbol{G}_3] \begin{bmatrix} \boldsymbol{\xi}_1(t) \\ \boldsymbol{\xi}_2(t) \\ \boldsymbol{\eta}_3(t) \end{bmatrix} = -[\boldsymbol{G}_1 \quad \boldsymbol{G}_2 \quad \boldsymbol{G}_3]\boldsymbol{T} \begin{bmatrix} \boldsymbol{x}_{\mathrm{I}}(t) \\ \boldsymbol{x}_{\mathrm{II}}(t) \\ \boldsymbol{x}_{\mathrm{III}}(t) \end{bmatrix} \end{aligned} \tag{4.25}$$

利用状态变换式（4.24），可以得到原始坐标中的反馈控制信号

$$u\left(x_{\mathrm{I}}(t), x_{\mathrm{II}}(t), x_{\mathrm{III}}(t)\right)=-G_{1eq}x_{\mathrm{I}}(t)-G_{2eq}x_{\mathrm{II}}(t)-G_{3eq}x_{\mathrm{III}}(t) \tag{4.26}$$

其中，等效的反馈增益由下式给出

$$\begin{aligned} G_{1eq}&=G_1\left(I-P_1L_3-P_2L_1+P_1P_3L_1\right)+G_2\left(L_3-P_3L_1\right)+G_3L_1\\ G_{2eq}&=G_1\left(P_1P_3L_2-P_1-P_2L_2\right)+G_2\left(I-P_3L_2\right)+G_3L_2\\ G_{3eq}&=G_1\left(P_1P_3-P_2\right)-G_2P_3+G_3 \end{aligned} \tag{4.27}$$

针对能自然分解成慢速、快速和极快速子系统的三时间尺度系统，可以简化三级控制器的设计．也就是说，相应的设计方程的形式更简单，并且由于存在两个较小的参数（用于确定时间尺度），因此可以很容易对 $\boldsymbol{L}$ 和 $\boldsymbol{P}$ 方程进行求解．

4.3　三级三时间尺度线性控制系统

线性多时间尺度控制系统极其适合我们所提到的三级反馈设计．对于此类系统，一般来说，如果尝试直接为整个（全阶）系统设计一个线性反馈控制器，则将出现数值病态条件．如概述部分所述，奇异摄动控制系统已广泛应用于所有的工程与科学领域．在本节中，将把 4.2 节所提出的设计专门应用于奇异摄动线性系统，而进一步简化设计，仅需要得到**线性代数方程**的解即可．此外，通过相应控制器的数字实现，可以在慢速（采样周期较大）、快速（采样周期较小）和极快速（采样周期非常小）控制器中使用不同的采样周期．否则，如果不采用三级设计，整个系统数字控制器将需要一个非常小的采样周期（采样率非常大）．

许多真实物理系统具有不同性质组件，其中存在若干个多时间尺度．例如，先进重水反应堆（Shimjith et al.，2011a，2011b；Munje et al.，2014，2015a，2015b）有三个时间尺度．燃料电池的动态会在至少三个时间尺度，甚至可能会在四个时间尺度下演变（Pukrushpan et al.，2004a；Zenith and Skogestad，2009）．Zenith 和 Skogestad（2009）的研究表明，一个质子交换膜燃料电池（PEMFC）系统有工作在三个不同时间常数的三个不同时间尺度下的三个子系统：以秒为单位工作的电化学子系统、以分钟为单位工作的化学部件（能量平衡且质量平衡）以及以毫秒为单位工作的电气部件．根据 Wedig（2014）的研究，道路车辆具有多时间尺度动态情况．在电力电子领域中，许多设备是在三个时间尺度下工作的（Umbria et al.，2014）．可以在直升机的应用中找到三个时间尺度下工作的情况（Esteban et al.，2013）.

假设有一个三时间尺度线性时不变的动态控制系统，如式（4.28）所示.

$$\begin{bmatrix} \dfrac{d\boldsymbol{x}_{\mathrm{I}}(t)}{dt} \\ \varepsilon_1 \dfrac{d\boldsymbol{x}_{\mathrm{II}}(t)}{dt} \\ \varepsilon_2 \dfrac{d\boldsymbol{x}_{\mathrm{III}}(t)}{dt} \end{bmatrix} = \begin{bmatrix} \boldsymbol{A}_{11} & \boldsymbol{A}_{12} & \boldsymbol{A}_{13} \\ \boldsymbol{A}_{21} & \boldsymbol{A}_{22} & \boldsymbol{A}_{23} \\ \boldsymbol{A}_{31} & \boldsymbol{A}_{32} & \boldsymbol{A}_{33} \end{bmatrix} \begin{bmatrix} \boldsymbol{x}_{\mathrm{I}}(t) \\ \boldsymbol{x}_{\mathrm{II}}(t) \\ \boldsymbol{x}_{\mathrm{III}}(t) \end{bmatrix} + \begin{bmatrix} \boldsymbol{B}_{11} \\ \boldsymbol{B}_{22} \\ \boldsymbol{B}_{33} \end{bmatrix} \boldsymbol{u}(t)$$

$$\boldsymbol{y}(t) = \begin{bmatrix} \boldsymbol{C}_{11} & \boldsymbol{C}_{22} & \boldsymbol{C}_{33} \end{bmatrix} \begin{bmatrix} \boldsymbol{x}_{\mathrm{I}}(t) \\ \boldsymbol{x}_{\mathrm{II}}(t) \\ \boldsymbol{x}_{\mathrm{III}}(t) \end{bmatrix} \tag{4.28}$$

其中 $\varepsilon_1 \gg \varepsilon_2 > 0$ 是较小的正奇异摄动参数，$\boldsymbol{x}_{\mathrm{I}}(t) \in \mathbf{R}^{n_1}$ 是慢速状态变量，$\boldsymbol{x}_{\mathrm{II}}(t) \in \mathbf{R}^{n_2}$ 是快速状态变量，$\boldsymbol{x}_{\mathrm{III}}(t) \in \mathbf{R}^{n_3}$（$n = n_1 + n_2 + n_3$）是极快速状态变量，$\boldsymbol{u}(t) \in \mathbf{R}^m$ 是控制输入向量，$\boldsymbol{y}(t) \in \mathbf{R}^p$ 是系统测量向量，$\boldsymbol{A}_{ij}$，$\boldsymbol{B}_{ii}$ 和 $\boldsymbol{C}_{ii}$（$i,j=1,2,3$）是适当大小的常数矩阵. 矩阵 $\boldsymbol{A}_{11}$，$\boldsymbol{A}_{22}$ 和 $\boldsymbol{A}_{33}$ 定义了大小为 n_1，n_2 和 n_3 的慢速、快速和极快速子系统，分别对应于状态变量 $\boldsymbol{x}_{\mathrm{I}}(t)$，$\boldsymbol{x}_{\mathrm{II}}(t)$ 和 $\boldsymbol{x}_{\mathrm{III}}(t)$. 在三时间尺度线性控制系统理论中，一个标准的假设是矩阵 $\boldsymbol{A}_{22}$ 和 $\boldsymbol{A}_{33}$ 是可逆的（Kokotovic et al.，1999；Naidu and Calise，2001），因此，在本章的其余部分会采用假设 4.3.

假设 4.3　矩阵 $\boldsymbol{A}_{22}$ 和 $\boldsymbol{A}_{33}$ 是可逆的.

针对线性奇异摄动控制系统（此系统的状态空间形式是在式（4.28）中定义的），对 4.2 节中相应的步骤进行修改和简化，可以得到三时间尺度系统的三级设计步骤.

首先，使用式（4.29）对式（4.28）中定义的原始系统进行变量变换

$$\boldsymbol{\eta}_3(t) = \boldsymbol{L}_1 \boldsymbol{x}_{\mathrm{I}}(t) + \boldsymbol{L}_2 \boldsymbol{x}_{\mathrm{II}}(t) + \boldsymbol{x}_{\mathrm{III}}(t) \tag{4.29}$$

这可得到 $\boldsymbol{\eta}_3(t)$ 的动态方程，如式（4.30）所示.

$$\begin{aligned} \varepsilon_2 \frac{d\boldsymbol{\eta}_3(t)}{dt} &= \left(\boldsymbol{A}_{33} + \varepsilon_2 \boldsymbol{L}_1 \boldsymbol{A}_{13} + \frac{\varepsilon_2}{\varepsilon_1} \boldsymbol{L}_2 \boldsymbol{A}_{23} \right) \boldsymbol{\eta}_3(t) + \left(\boldsymbol{B}_{33} + \varepsilon_2 \boldsymbol{L}_1 \boldsymbol{B}_{11} + \frac{\varepsilon_2}{\varepsilon_1} \boldsymbol{L}_2 \boldsymbol{B}_{22} \right) \boldsymbol{u}(t) \\ &\quad + f_{31}(\boldsymbol{L}_1, \boldsymbol{L}_2, \varepsilon_1, \varepsilon_2) \boldsymbol{x}_{\mathrm{I}}(t) + f_{32}(\boldsymbol{L}_1, \boldsymbol{L}_2, \varepsilon_1, \varepsilon_2) \boldsymbol{x}_{\mathrm{II}}(t) \\ &= \boldsymbol{A}_3 \boldsymbol{\eta}_3(t) + \boldsymbol{B}_3 \boldsymbol{u}(t) \end{aligned} \tag{4.30}$$

$$\boldsymbol{A}_3 = \boldsymbol{A}_{33} + \varepsilon_2 \boldsymbol{L}_1 \boldsymbol{A}_{13} + \frac{\varepsilon_2}{\varepsilon_1} \boldsymbol{L}_2 \boldsymbol{A}_{23}, \quad \boldsymbol{B}_3 = \boldsymbol{B}_{33} + \varepsilon_2 \boldsymbol{L}_1 \boldsymbol{B}_{11} + \frac{\varepsilon_2}{\varepsilon_1} \boldsymbol{L}_2 \boldsymbol{B}_{22}$$

$\boldsymbol{L}_1$ 和 $\boldsymbol{L}_2$ 矩阵的相应代数方程如式（4.31）所示.

$$\begin{aligned} f_{31}\left(\boldsymbol{L}_1, \boldsymbol{L}_2, \varepsilon_1, \varepsilon_2\right) &= \boldsymbol{A}_{31} + \varepsilon_2 \boldsymbol{L}_1 \boldsymbol{A}_{11} + \frac{\varepsilon_2}{\varepsilon_1} \boldsymbol{L}_2 \boldsymbol{A}_{21} - \left(\boldsymbol{A}_{33} + \varepsilon_2 \boldsymbol{L}_1 \boldsymbol{A}_{13} + \frac{\varepsilon_2}{\varepsilon_1} \boldsymbol{L}_2 \boldsymbol{A}_{23}\right) \boldsymbol{L}_1 = 0 \\ f_{32}\left(\boldsymbol{L}_1, \boldsymbol{L}_2, \varepsilon_1, \varepsilon_2\right) &= \boldsymbol{A}_{32} + \varepsilon_2 \boldsymbol{L}_1 \boldsymbol{A}_{12} + \frac{\varepsilon_2}{\varepsilon_1} \boldsymbol{L}_2 \boldsymbol{A}_{22} - \left(\boldsymbol{A}_{33} + \varepsilon_2 \boldsymbol{L}_1 \boldsymbol{A}_{13} + \frac{\varepsilon_2}{\varepsilon_1} \boldsymbol{L}_2 \boldsymbol{A}_{23}\right) \boldsymbol{L}_2 = 0 \end{aligned} \tag{4.31}$$

由于 $\varepsilon_1 \gg \varepsilon_2 > 0$ 是较小的正参数，因此，可以有效地使用定点迭代来对上面的代数方程组进行求解. 也就是说，设式（4.31）中的 $\varepsilon_2 = 0$，可以得到一阶近似，在假设 4.3 的前提下，可得到

$$\begin{aligned} \boldsymbol{A}_{31} - \boldsymbol{A}_{33} \boldsymbol{L}_1^{(0)} = 0 \Rightarrow \boldsymbol{L}_1^{(0)} = \boldsymbol{A}_{33}^{-1} \boldsymbol{A}_{31} \\ \boldsymbol{A}_{32} - \boldsymbol{A}_{33} \boldsymbol{L}_1^{(0)} = 0 \Rightarrow \boldsymbol{L}_2^{(0)} = \boldsymbol{A}_{33}^{-1} \boldsymbol{A}_{32} \end{aligned} \tag{4.32}$$

这些近似解是接近精确解的 $O\left(\dfrac{\varepsilon_2}{\varepsilon_1}\right)$，大写 O 的定义如下（Graham et al.，1989）.

定义 4.1 量值 $O(\varepsilon)$，$O\left(\varepsilon^i\right)$ 和 $O(1)$ 分别定义为

$$O(\varepsilon) < c\varepsilon, \quad O\left(\varepsilon^i\right) < c_i \varepsilon^i, \quad O(1) < k$$

其中 c，c_i 和 k 是有界常数，i 是整数. 在矩阵层面上，这一定义应按如下解释：如果一个矩阵的最大矩阵元素的幅值为 $O(\varepsilon^i)$，那么此矩阵为 $O(\varepsilon^i)$.

通过使用大写的 O 表示法，可以得到

$$\begin{aligned} \left\|\boldsymbol{L}_1 - \boldsymbol{L}_1^{(0)}\right\| = O\left(\frac{\varepsilon_2}{\varepsilon_1}\right) \\ \left\|\boldsymbol{L}_2 - \boldsymbol{L}_2^{(0)}\right\| = O\left(\frac{\varepsilon_2}{\varepsilon_1}\right) \end{aligned} \tag{4.33}$$

从式（4.31）可以看出，交叉耦合项和非线性项会乘以 ε_2 或 $\varepsilon_2/\varepsilon_1$，这样一来，可以由式（4.32）得到的初始条件，以**线性代数方程**的角度使用式（4.34）所示的定点算法求解式（4.31）：

$$
\begin{aligned}
\boldsymbol{L}_1^{(i+1)} &= \boldsymbol{A}_{33}^{-1}\left[\boldsymbol{A}_{31}+\varepsilon_2\boldsymbol{L}_1^{(i)}\boldsymbol{A}_{11}+\frac{\varepsilon_2}{\varepsilon_1}\boldsymbol{L}_2^{(i)}\boldsymbol{A}_{21}-\left(\varepsilon_2\boldsymbol{L}_1^{(i)}\boldsymbol{A}_{13}+\frac{\varepsilon_2}{\varepsilon_1}\boldsymbol{L}_2^{(i)}\boldsymbol{A}_{23}\right)\boldsymbol{L}_1^{(i)}\right] \\
\boldsymbol{L}_2^{(i+1)} &= \boldsymbol{A}_{33}^{-1}\left[\boldsymbol{A}_{32}+\varepsilon_2\boldsymbol{L}_1^{(i)}\boldsymbol{A}_{12}+\frac{\varepsilon_2}{\varepsilon_1}\boldsymbol{L}_2^{(i)}\boldsymbol{A}_{22}-\left(\varepsilon_2\boldsymbol{L}_1^{(i)}\boldsymbol{A}_{13}+\frac{\varepsilon_2}{\varepsilon_1}\boldsymbol{L}_2^{(i)}\boldsymbol{A}_{23}\right)\boldsymbol{L}_2^{(i)}\right]
\end{aligned}
\tag{4.34}
$$

通过进行迭代，可以轻松地证明此算法在每次迭代中会提高$O\left(\dfrac{\varepsilon_2}{\varepsilon_1}\right)$的准确性，因此，在$i$次迭代后，将得到如式（4.35）所示的精度计算式.

$$
\begin{aligned}
\left\|\boldsymbol{L}_1-\boldsymbol{L}_1^{(i)}\right\| &= O\left(\left(\frac{\varepsilon_2}{\varepsilon_1}\right)^i\right) \\
\left\|\boldsymbol{L}_2-\boldsymbol{L}_2^{(i)}\right\| &= O\left(\left(\frac{\varepsilon_2}{\varepsilon_1}\right)^i\right)
\end{aligned}
\tag{4.35}
$$

从式（4.28）中消除$\boldsymbol{x}_{\mathrm{III}}(t)$，$\boldsymbol{x}_{\mathrm{I}}(t)$和$\boldsymbol{x}_{\mathrm{II}}(t)$的微分方程会变成

$$
\frac{d\boldsymbol{x}_{\mathrm{I}}(t)}{dt}=(\boldsymbol{A}_{11}-\boldsymbol{A}_{13}\boldsymbol{L}_1)\boldsymbol{x}_{\mathrm{I}}(t)+(\boldsymbol{A}_{12}-\boldsymbol{A}_{13}\boldsymbol{L}_2)\boldsymbol{x}_{\mathrm{II}}(t)+\boldsymbol{A}_{13}\boldsymbol{\eta}_3(t)+\boldsymbol{B}_{11}\boldsymbol{u}(t) \tag{4.36}
$$

以及

$$
\varepsilon_1\frac{d\boldsymbol{x}_{\mathrm{II}}(t)}{dt}=(\boldsymbol{A}_{21}-\boldsymbol{A}_{23}\boldsymbol{L}_1)\boldsymbol{x}_{\mathrm{I}}(t)+(\boldsymbol{A}_{22}-\boldsymbol{A}_{23}\boldsymbol{L}_2)\boldsymbol{x}_{\mathrm{II}}(t)+\boldsymbol{A}_{23}\boldsymbol{\eta}_3(t)+\boldsymbol{B}_{22}\boldsymbol{u}(t) \tag{4.37}
$$

现在，引入第二个变量变换，将第一个子系统的动态从第二个子系统中移除

$$
\boldsymbol{\eta}_2(t)=\boldsymbol{L}_3\boldsymbol{x}_{\mathrm{I}}(t)+\boldsymbol{x}_{\mathrm{II}}(t) \tag{4.38}
$$

此变量变换会得到

$$
\begin{aligned}
\varepsilon_1\frac{d\boldsymbol{\eta}_2(t)}{dt} &= \left[\boldsymbol{A}_{22}-\boldsymbol{A}_{23}\boldsymbol{L}_2+\varepsilon_1\boldsymbol{L}_3(\boldsymbol{A}_{12}-\boldsymbol{A}_{13}\boldsymbol{L}_2)\right]\boldsymbol{\eta}_2(t) \\
&\quad+(\boldsymbol{A}_{23}+\varepsilon_1\boldsymbol{L}_3\boldsymbol{A}_{13})\boldsymbol{\eta}_3(t)+f_{21}(\boldsymbol{L}_1,\boldsymbol{L}_2,\boldsymbol{L}_3)\boldsymbol{x}_{\mathrm{I}}(t) \\
&\quad+(\boldsymbol{B}_{22}+\varepsilon_1\boldsymbol{L}_3\boldsymbol{B}_{11})\boldsymbol{u}(t)=\boldsymbol{A}_2\boldsymbol{\eta}_2(t)+(\boldsymbol{A}_{23}+\varepsilon_1\boldsymbol{L}_3\boldsymbol{A}_{13})\boldsymbol{\eta}_3(t)+\boldsymbol{B}_2\boldsymbol{u}(t) \\
\boldsymbol{A}_2 &= \boldsymbol{A}_{22}-\boldsymbol{A}_{23}\boldsymbol{L}_2+\varepsilon_1\boldsymbol{L}_3(\boldsymbol{A}_{12}-\boldsymbol{A}_{13}\boldsymbol{L}_2),\quad \boldsymbol{B}_2=\boldsymbol{B}_{22}+\varepsilon_1\boldsymbol{L}_3\boldsymbol{B}_{11}
\end{aligned}
\tag{4.39}
$$

其中，$\boldsymbol{L}_3$满足式（4.40）所示的代数方程.

$$
(\boldsymbol{A}_{21}-\boldsymbol{A}_{23}\boldsymbol{L}_1)-(\boldsymbol{A}_{22}-\boldsymbol{A}_{23}\boldsymbol{L}_2)\boldsymbol{L}_3-\varepsilon_1\boldsymbol{L}_3(\boldsymbol{A}_{12}-\boldsymbol{A}_{13}\boldsymbol{L}_2)\boldsymbol{L}_3+\varepsilon_1\boldsymbol{L}_3(\boldsymbol{A}_{11}-\boldsymbol{A}_{13}\boldsymbol{L}_1)=0 \tag{4.40}
$$

在此非线性方程中，二次项乘以ε_2，因此，定点算法还可以有效地用于求解式（4.40）. 设$\varepsilon_1=0$，由式（4.40）得到零阶近似，进一步可得到

$$\left(\boldsymbol{A}_{22}-\boldsymbol{A}_{23}\boldsymbol{L}_2\right)\boldsymbol{L}_3^{(0)}=\left(\boldsymbol{A}_{21}-\boldsymbol{A}_{23}\boldsymbol{L}_1\right)\Rightarrow\boldsymbol{L}_3^{(0)}=\left(\boldsymbol{A}_{22}-\boldsymbol{A}_{23}\boldsymbol{L}_2\right)^{-1}\left(\boldsymbol{A}_{21}-\boldsymbol{A}_{23}\boldsymbol{L}_1\right)\quad(4.41)$$

式（4.41）成立的前提是假设 4.4 成立：

假设 4.4 矩阵 $\boldsymbol{A}_{22}-\boldsymbol{A}_{23}\boldsymbol{L}_2$ 是可逆的.

如果不满足此假设，则可以通过式（4.42）所示的西尔维斯特代数方程得到初始条件

$$\left(\boldsymbol{A}_{22}-\boldsymbol{A}_{23}\boldsymbol{L}_2\right)\boldsymbol{L}_3^{(0)}-\varepsilon_1\boldsymbol{L}_3^{(0)}\left(\boldsymbol{A}_{11}-\boldsymbol{A}_{13}\boldsymbol{L}_1\right)=\left(\boldsymbol{A}_{21}-\boldsymbol{A}_{23}\boldsymbol{L}_1\right)\quad(4.42)$$

由于 $\lambda(\boldsymbol{A}_{22}-\boldsymbol{A}_{23}\boldsymbol{L}_2)=O(1)$ 且 $\lambda\{\varepsilon_1(\boldsymbol{A}_{11}-\boldsymbol{A}_{13}\boldsymbol{L}_1)\}=O(\varepsilon_1)$，因此，式（4.42）中的系数矩阵没有共同的特征值，式（4.42）存在唯一解（Chen，2012）.

如果满足假设 4.4，可以按式（4.43）所示，使用定点迭代法，对式（4.40）所示方程进行迭代求解

$$\begin{aligned}\left(\boldsymbol{A}_{22}-\boldsymbol{A}_{23}\boldsymbol{L}_2\right)\boldsymbol{L}_3^{(i+1)}&=\left(\boldsymbol{A}_{21}-\boldsymbol{A}_{23}\boldsymbol{L}_1\right)-\varepsilon_1\boldsymbol{L}_3^{(i)}\left(\boldsymbol{A}_{12}-\boldsymbol{A}_{13}\boldsymbol{L}_2\right)\boldsymbol{L}_3^{(i)}\\&\quad+\varepsilon_1\boldsymbol{L}_3^{(i)}\left(\boldsymbol{A}_{11}-\boldsymbol{A}_{13}\boldsymbol{L}_1\right)\end{aligned}\quad(4.43)$$

如果不满足假设 4.3，可以使用式（4.44）所示的迭代算法，将代数方程式（4.40）当作西尔维斯特代数方程，进行迭代求解：

$$\begin{aligned}&\left(\boldsymbol{A}_{22}-\boldsymbol{A}_{23}\boldsymbol{L}_2\right)\boldsymbol{L}_3^{(i+1)}-\varepsilon_1\boldsymbol{L}_3^{(i+1)}\left(\boldsymbol{A}_{11}-\boldsymbol{A}_{13}\boldsymbol{L}_1\right)\\&=\left(\boldsymbol{A}_{21}-\boldsymbol{A}_{23}\boldsymbol{L}_1\right)-\varepsilon_1\boldsymbol{L}_3^{(i)}\left(\boldsymbol{A}_{12}-\boldsymbol{A}_{13}\boldsymbol{L}_2\right)\boldsymbol{L}_3^{(i)}\end{aligned}\quad(4.44)$$

在这种情况下，已为式（4.43）选择了一个初始条件 $\boldsymbol{L}_3^{(0)}$，例如，找到式（4.42）中定义的相应代数方程的最小二乘解. 注意，对于所提出的设计方法，不需要 $\boldsymbol{L}$ 方程拥有唯一解. 不难看出，这两种算法会按 $O(\varepsilon_1)$ 的收敛率的收敛，因此，在 i 次迭代后，会得到 $O(\varepsilon_1^i)$ 的精度，即

$$\left\|\boldsymbol{L}_3-\boldsymbol{L}_3^{(i)}\right\|=O\left(\varepsilon_1^i\right)\quad(4.45)$$

完成式（4.31）所示的变换，式（4.41）会在新坐标中得到第一个子系统，如式（4.46）所示.

$$\begin{aligned}\frac{d\boldsymbol{x}_{\mathrm{I}}(t)}{dt}&=\left[\left(\boldsymbol{A}_{11}-\boldsymbol{A}_{13}\boldsymbol{L}_1\right)-\left(\boldsymbol{A}_{12}-\boldsymbol{A}_{13}\boldsymbol{L}_2\right)\boldsymbol{L}_3\right]\boldsymbol{x}_{\mathrm{I}}(t)+\left(\boldsymbol{A}_{12}-\boldsymbol{A}_{13}L_2\right)\boldsymbol{\eta}_2(t)\\&\quad+\boldsymbol{A}_{13}\boldsymbol{\eta}_3(t)+\boldsymbol{B}_{11}\boldsymbol{u}(t)=\boldsymbol{A}_1\boldsymbol{x}_{\mathrm{I}}(t)+\left(\boldsymbol{A}_{12}-\boldsymbol{A}_{13}\boldsymbol{L}_2\right)\boldsymbol{\eta}_2(t)+\boldsymbol{A}_{13}\boldsymbol{\eta}_3(t)+\boldsymbol{B}_{11}\boldsymbol{u}(t)\\\boldsymbol{A}_1&=\left(\boldsymbol{A}_{11}-\boldsymbol{A}_{13}\boldsymbol{L}_1\right)-\left(\boldsymbol{A}_{12}-\boldsymbol{A}_{13}\boldsymbol{L}_2\right)\boldsymbol{L}_3\end{aligned}\quad(4.46)$$

在进行所提出的变换步骤后，三时间尺度奇异摄动线性控制系统式（4.28）会成为分块上三角的形式，由微分方程式（4.30），（4.39）和（4.46）表示，其状

态空间形式由式（4.47）给出.

$$\begin{bmatrix} \dfrac{d\boldsymbol{x}_{\mathrm{I}}(t)}{dt} \\ \varepsilon_1 \dfrac{d\boldsymbol{\eta}_2(t)}{dt} \\ \varepsilon_2 \dfrac{d\boldsymbol{\eta}_3(t)}{dt} \end{bmatrix} = \begin{bmatrix} \boldsymbol{A}_1 & \boldsymbol{A}_{12} - \boldsymbol{A}_{13}\boldsymbol{L}_2 & \boldsymbol{A}_{13} \\ 0 & \boldsymbol{A}_2 & \boldsymbol{A}_{23} + \varepsilon_1 \boldsymbol{L}_3 \boldsymbol{A}_{13} \\ 0 & 0 & \boldsymbol{A}_3 \end{bmatrix} \begin{bmatrix} \boldsymbol{x}_{\mathrm{I}}(t) \\ \boldsymbol{\eta}_2(t) \\ \boldsymbol{\eta}_3(t) \end{bmatrix} + \begin{bmatrix} \boldsymbol{B}_{11} \\ \boldsymbol{B}_2 \\ \boldsymbol{B}_3 \end{bmatrix} \boldsymbol{u}(t) \tag{4.47}$$

下面说明了反馈控制器设计的各个阶段.

第一级

将反馈控制

$$\boldsymbol{u}(t) = -\boldsymbol{G}_3 \boldsymbol{\eta}_3(t) + \boldsymbol{v}(t)$$

应用到$\boldsymbol{\eta}_3$子系统，将得到与式（4.13）呈对偶的形式结果，即

$$\begin{bmatrix} \dfrac{d\boldsymbol{x}_{\mathrm{I}}(t)}{dt} \\ \varepsilon_1 \dfrac{d\boldsymbol{\eta}_2(t)}{dt} \\ \varepsilon_2 \dfrac{d\boldsymbol{\eta}_3(t)}{dt} \end{bmatrix} = \begin{bmatrix} \boldsymbol{A}_1 & \boldsymbol{A}_{12} - \boldsymbol{A}_{13}\boldsymbol{L}_2 & \boldsymbol{A}_{13} - \boldsymbol{B}_{11}\boldsymbol{G}_3 \\ 0 & \boldsymbol{A}_2 & \boldsymbol{A}_{23} + \varepsilon_1 \boldsymbol{L}_3 \boldsymbol{A}_{13} - \boldsymbol{B}_2 \boldsymbol{G}_3 \\ 0 & 0 & \boldsymbol{A}_3 - \boldsymbol{B}_3 \boldsymbol{G}_3 \end{bmatrix} \begin{bmatrix} \boldsymbol{x}_1(t) \\ \boldsymbol{\eta}_2(t) \\ \boldsymbol{\eta}_3(t) \end{bmatrix} + \begin{bmatrix} \boldsymbol{B}_{11} \\ \boldsymbol{B}_2 \\ \boldsymbol{B}_3 \end{bmatrix} \boldsymbol{v}(t) \tag{4.48}$$

具有以下矩阵

$$\begin{aligned} &\boldsymbol{A}_1 = (\boldsymbol{A}_{11} - \boldsymbol{A}_{13}\boldsymbol{L}_1) - (\boldsymbol{A}_{12} - \boldsymbol{A}_{13}\boldsymbol{L}_2)\boldsymbol{L}_3 \\ &\boldsymbol{A}_2 = \boldsymbol{A}_{22} - \boldsymbol{A}_{23}\boldsymbol{L}_2 + \varepsilon_1 \boldsymbol{L}_3 (\boldsymbol{A}_{12} - \boldsymbol{A}_{13}\boldsymbol{L}_2), \quad \boldsymbol{B}_2 = \boldsymbol{B}_{22} + \varepsilon_1 \boldsymbol{L}_3 \boldsymbol{B}_{11} \\ &\boldsymbol{A}_3 = \boldsymbol{A}_{33} + \varepsilon_2 \boldsymbol{L}_1 \boldsymbol{A}_{13} + \frac{\varepsilon_2}{\varepsilon_1} \boldsymbol{L}_2 \boldsymbol{A}_{23}, \quad \boldsymbol{B}_3 = \boldsymbol{B}_{33} + \varepsilon_2 \boldsymbol{L}_1 \boldsymbol{B}_{11} + \frac{\varepsilon_2}{\varepsilon_1} \boldsymbol{L}_2 \boldsymbol{B}_{22} \end{aligned} \tag{4.49}$$

第二级

若要将第二个子系统独立出来，则采用式（4.50）进行变量变换.

$$\boldsymbol{\xi}_2(t) = \boldsymbol{\eta}_2(t) - \boldsymbol{P}_3 \boldsymbol{\eta}_3(t) \tag{4.50}$$

得到

$$\begin{bmatrix} \dfrac{d\boldsymbol{x}_{\mathrm{I}}(t)}{dt} \\ \varepsilon_1 \dfrac{d\boldsymbol{\xi}_2(t)}{dt} \\ \varepsilon_2 \dfrac{d\boldsymbol{\eta}_3(t)}{dt} \end{bmatrix} = \begin{bmatrix} \boldsymbol{A}_1 & \boldsymbol{A}_{12} - \boldsymbol{A}_{13}\boldsymbol{L}_2 & \boldsymbol{A}_{13} - \boldsymbol{B}_{11}\boldsymbol{G}_3 + (\boldsymbol{A}_{12} - \boldsymbol{A}_{13}\boldsymbol{L}_2)\boldsymbol{P}_3 \\ 0 & \boldsymbol{A}_2 & 0 \\ 0 & 0 & \boldsymbol{A}_3 - \boldsymbol{B}_3\boldsymbol{G}_3 \end{bmatrix} \begin{bmatrix} \boldsymbol{x}_{\mathrm{I}}(t) \\ \boldsymbol{\xi}_2(t) \\ \boldsymbol{\eta}_3(t) \end{bmatrix} + \begin{bmatrix} \boldsymbol{B}_{11} \\ \boldsymbol{B}_2 - \dfrac{\varepsilon_1}{\varepsilon_2}\boldsymbol{P}_3\boldsymbol{B}_3 \\ \boldsymbol{B}_3 \end{bmatrix} \boldsymbol{v}(t) \tag{4.51}$$

其中，$\boldsymbol{P}_3$满足式（4.52）所示的代数方程.

$$\left(\frac{\varepsilon_2}{\varepsilon_1}\right)\boldsymbol{A}_2\boldsymbol{P}_3 - \boldsymbol{P}_3(\boldsymbol{A}_3 - \boldsymbol{B}_3\boldsymbol{G}_3) + \left(\frac{\varepsilon_2}{\varepsilon_1}\right)(\boldsymbol{A}_{23} + \varepsilon_1\boldsymbol{L}_3\boldsymbol{A}_{13} - \boldsymbol{B}_2\boldsymbol{G}_3) = 0 \tag{4.52}$$

由于极快速反馈矩阵$(\boldsymbol{A}_3 - \boldsymbol{B}_3\boldsymbol{G}_3)$的渐近稳定性，$\boldsymbol{P}_3$的解是唯一的并且具有以下特征

$$\boldsymbol{P}_3 = O\left(\frac{\varepsilon_2}{\varepsilon_1}\right), \quad \boldsymbol{P}_3^{(0)} = 0 \tag{4.53}$$

如式（4.54）所示的定点算法，用于对式（4.52）进行求解，以达到所需的精度.

$$\boldsymbol{P}_3^{(i+1)}(\boldsymbol{A}_3 - \boldsymbol{B}_3\boldsymbol{G}_3) = \left(\frac{\varepsilon_2}{\varepsilon_1}\right)\left(\boldsymbol{A}_2\boldsymbol{P}_3^{(i)} + \boldsymbol{A}_{23} + \varepsilon_1\boldsymbol{L}_3\boldsymbol{A}_{13} - \boldsymbol{B}_2\boldsymbol{G}_3\right) \tag{4.54}$$

其中，初始条件是由式（4.53）定义的. 不难看出，这两种算法会按$O(\varepsilon_1)$的收敛率收敛，因此，在i次迭代后，得到$O(\varepsilon_1^i)$的精度，即

$$\left\|\boldsymbol{P}_3 - \boldsymbol{P}_3^{(i)}\right\| = O\left(\frac{\varepsilon_2}{\varepsilon_1}\right) \tag{4.55}$$

在第二级中，对第二个子系统进行反馈控制，如下所示：

$$\boldsymbol{v}(t) = -\boldsymbol{G}_2\boldsymbol{\xi}_2(t) + \boldsymbol{w}(t)$$

得出

$$\begin{bmatrix} \dfrac{d\boldsymbol{x}_{\mathrm{I}}(t)}{dt} \\ \dfrac{\varepsilon_1 d\boldsymbol{\xi}_2(t)}{dt} \\ \dfrac{\varepsilon_2 d\boldsymbol{\eta}_3(t)}{dt} \end{bmatrix} = \begin{bmatrix} \boldsymbol{A}_1 & \boldsymbol{A}_{12} - \boldsymbol{A}_{13}\boldsymbol{L}_2 - \boldsymbol{B}_{11}\boldsymbol{G}_2 & \boldsymbol{A}_{13} - \boldsymbol{B}_{11}\boldsymbol{G}_3 + (\boldsymbol{A}_{12} - \boldsymbol{A}_{13}\boldsymbol{L}_2)\boldsymbol{P}_3 \\ 0 & \boldsymbol{A}_2 - \left(\boldsymbol{B}_2 - \dfrac{\varepsilon_1}{\varepsilon_2}\boldsymbol{P}_3\boldsymbol{B}_3\right)\boldsymbol{G}_2 & 0 \\ 0 & -\boldsymbol{B}_3\boldsymbol{G}_2 & \boldsymbol{A}_3 - \boldsymbol{B}_3\boldsymbol{G}_3 \end{bmatrix}$$

$$\times\begin{bmatrix} \boldsymbol{x}_1(t) \\ \boldsymbol{\xi}_2(t) \\ \boldsymbol{\eta}_3(t) \end{bmatrix} + \begin{bmatrix} \boldsymbol{B}_{11} \\ \boldsymbol{B}_2 - \dfrac{\varepsilon_1}{\varepsilon_2}\boldsymbol{P}_3\boldsymbol{B}_3 \\ \boldsymbol{B}_3 \end{bmatrix} \boldsymbol{w}(t) \tag{4.56}$$

第三级

现在，需要将第一个子系统独立出来，并移除它与子系统 2 和子系统 3 的耦合项．首先，引入简化表示法，并采用式（4.57）的形式呈现式（4.56）.

$$\begin{bmatrix} \dfrac{d\boldsymbol{x}_1(t)}{dt} \\ \varepsilon_1 \dfrac{d\boldsymbol{\xi}_2(t)}{dt} \\ \varepsilon_2 \dfrac{d\boldsymbol{\eta}_3(t)}{dt} \end{bmatrix} = \begin{bmatrix} \boldsymbol{\alpha}_{11} & \boldsymbol{\alpha}_{12} & \boldsymbol{\alpha}_{13} \\ 0 & \boldsymbol{\alpha}_{22} & 0 \\ 0 & \boldsymbol{\alpha}_{32} & \boldsymbol{\alpha}_{33} \end{bmatrix} \begin{bmatrix} \boldsymbol{x}_1(t) \\ \boldsymbol{\xi}_2(t) \\ \boldsymbol{\eta}_3(t) \end{bmatrix} + \begin{bmatrix} \boldsymbol{\beta}_1 \\ \boldsymbol{\beta}_2 \\ \boldsymbol{\beta}_3 \end{bmatrix} \boldsymbol{w}(t) \tag{4.57}$$

其中，对新引入的矩阵进行了明确的定义．若要实现此目标，将使用另一个状态变量进行变换，如式（4.58）所示.

$$\boldsymbol{\xi}_1(t) = \boldsymbol{x}_1(t) - \boldsymbol{P}_1\boldsymbol{\xi}_2(t) - \boldsymbol{P}_2\boldsymbol{\eta}_3(t) \tag{4.58}$$

此变量变换会将式（4.57）修改为

$$\begin{bmatrix} \dfrac{d\boldsymbol{\xi}_1(t)}{dt} \\ \varepsilon_1 \dfrac{d\boldsymbol{\xi}_2(t)}{dt} \\ \varepsilon_2 \dfrac{d\boldsymbol{\eta}_3(t)}{dt} \end{bmatrix} = \begin{bmatrix} \boldsymbol{\alpha}_{11} & 0 & 0 \\ 0 & \boldsymbol{\alpha}_{22} & 0 \\ 0 & \boldsymbol{\alpha}_{32} & \boldsymbol{\alpha}_{33} \end{bmatrix} \begin{bmatrix} \boldsymbol{\xi}_1(t) \\ \boldsymbol{\xi}_2(t) \\ \boldsymbol{\eta}_3(t) \end{bmatrix} + \begin{bmatrix} \boldsymbol{\beta}_1 - \dfrac{1}{\varepsilon_1}\boldsymbol{P}_1\boldsymbol{\beta}_2 - \dfrac{1}{\varepsilon_2}\boldsymbol{P}_2\boldsymbol{\beta}_2 \\ \boldsymbol{\beta}_2 \\ \boldsymbol{\beta}_3 \end{bmatrix} \boldsymbol{w}(t) \tag{4.59}$$

其中，$\boldsymbol{P}_1$ 和 $\boldsymbol{P}_2$ 满足式（4.60）和式（4.61）所示的线性代数方程.

$$\frac{\varepsilon_2}{\varepsilon_1}\boldsymbol{P}_1\boldsymbol{\alpha}_{22} - \varepsilon_2\boldsymbol{\alpha}_{11}\boldsymbol{P}_1 + \boldsymbol{P}_2\boldsymbol{\alpha}_{32} - \varepsilon_2\boldsymbol{\alpha}_{12} = 0 \tag{4.60}$$

$$\varepsilon_2\boldsymbol{\alpha}_{11}\boldsymbol{P}_2 - \boldsymbol{P}_2\boldsymbol{\alpha}_{33} + \varepsilon_2\boldsymbol{\alpha}_{13} = 0 \tag{4.61}$$

注意，从这些方程中，可以得到 $\boldsymbol{P}_2 = O(\varepsilon_2)$ 且 $\boldsymbol{P}_1 = O(\varepsilon_1)$．因此，式（4.59）的第一个子系统输入矩阵为 $O(1)$.

可以直接将 $\boldsymbol{P}_2$ 的解作为西尔维斯特代数方程的解，根据式（4.61）进行求解或者利用式（4.62）所示的定点迭代进行求解.

$$\boldsymbol{P}_2^{(i+1)} = \varepsilon_2\left(\boldsymbol{\alpha}_{11}\boldsymbol{P}_2^{(i)} + \boldsymbol{\alpha}_{13}\right)\boldsymbol{\alpha}_{33}^{-1}, \quad \boldsymbol{P}_2^{(0)} = 0, \quad i = 1,2,\cdots,N \tag{4.62}$$

在 N 次迭代后，通过式（4.62）得到 $\boldsymbol{P}_2$ 的解，还可以采用迭代的方式求解式（4.60）所示的方程，迭代方程如式（4.63）所示.

$$\boldsymbol{P}_1^{(i+1)} = \left[\varepsilon_1\left(\boldsymbol{\alpha}_{12} + \boldsymbol{\alpha}_{11}\boldsymbol{P}_1^{(i)}\right) - \frac{\varepsilon_1}{\varepsilon_2}\boldsymbol{P}_2^{(N)}\boldsymbol{\alpha}_{32}\right]\boldsymbol{\alpha}_{22}^{-1}, \quad \boldsymbol{P}_1^{(0)} = \frac{\varepsilon_1}{\varepsilon_2}\boldsymbol{P}_2^{(N)}\boldsymbol{\alpha}_{32}\boldsymbol{\alpha}_{22}^{-1}, \quad i = 1,2,\cdots \tag{4.63}$$

或者直接将它当作西尔维斯特代数方程来进行求解.

由于 $\boldsymbol{w}(t) = -\boldsymbol{G}_1\boldsymbol{\xi}_1(t)$，可以将局部反馈控制输入用于第一个子系统，得到

$$\begin{bmatrix} \dfrac{d\boldsymbol{\xi}_1(t)}{dt} \\ \varepsilon_1\dfrac{d\boldsymbol{\xi}_2(t)}{dt} \\ \varepsilon_2\dfrac{d\boldsymbol{\eta}_3(t)}{dt} \end{bmatrix} = \begin{bmatrix} \boldsymbol{\alpha}_{11} - \left(\boldsymbol{\beta}_1 - \dfrac{1}{\varepsilon_1}\boldsymbol{P}_1\boldsymbol{\beta}_2 - \dfrac{1}{\varepsilon_2}\boldsymbol{P}_2\boldsymbol{\beta}_3\right)\boldsymbol{G}_1 & 0 & 0 \\ -\boldsymbol{\beta}_2\boldsymbol{G}_1 & \boldsymbol{\alpha}_{22} & 0 \\ -\boldsymbol{\beta}_3\boldsymbol{G}_1 & \boldsymbol{\alpha}_{32} & \boldsymbol{\alpha}_{33} \end{bmatrix}\begin{bmatrix} \boldsymbol{\xi}_1(t) \\ \boldsymbol{\xi}_2(t) \\ \boldsymbol{\eta}_3(t) \end{bmatrix} \tag{4.64}$$

需要强调的一点是，由于 $\boldsymbol{P}_2 = O(\varepsilon_2)$ 且 $\boldsymbol{P}_1 = O(\varepsilon_1)$，因此式（4.59）中的第一个子系统输入矩阵为 $O(1)$，并且在采用反馈控制后，慢速子系统仍然保持为慢速状态.

所得到的系统矩阵为分块下三角矩阵，因此，它的闭环特征值是子系统的闭环特征值的并集. 当然，不一定必须要根据特征值分配过程才能为不同的子系统设计不同类型的控制器. 下一节中，将以质子交换膜燃料电池这样一个真实的物理系统为例，具体说明这一点.

4.4 针对质子交换膜燃料电池的应用

在本节中，我们将使用一个真实的物理系统来演示所提出的三级设计算法的所有步骤. 用于质子交换膜燃料电池的线性化三时间尺度模型的数值取自 Pukrushpan 等（2004a，2004b）. 在 Pukrushpan 等（2004a，2004b）提到的模型中，在阳极侧，氢气是通过供应歧管从储罐中提供的，在阴极侧，空气是通过使用压缩机抽入的. 相应的状态空间矩阵由下式给出

$$A=\begin{bmatrix} -6.30908 & 0 & -10.9544 & 0 & 83.74458 & 0 & 0 & 24.05866 \\ 0 & -161.083 & 0 & 0 & 51.52923 & 0 & -18.0261 & 0 \\ -18.7858 & 0 & -46.3136 & 0 & 275.6592 & 0 & 0 & 158.3741 \\ 0 & 0 & 0 & -17.3506 & 193.9373 & 0 & 0 & 0 \\ 1.299576 & 0 & 2.969317 & 0.3977 & -38.7024 & 0.105748 & 0 & 0 \\ 16.64244 & 0 & 38.02522 & 5.066579 & -479.384 & 0 & 0 & 0 \\ 0 & -450.386 & 0 & 0 & 142.2084 & 0 & -80.9472 & 0 \\ 2.02257 & 0 & 4.621237 & 0 & 0 & 0 & 0 & -51.2108 \end{bmatrix}$$

$$B=\begin{bmatrix}0 & 0 & 0 & 3.946683 & 0 & 0 & 0 & 0\end{bmatrix}^{\mathrm{T}}$$

状态空间变量表示以下量值：

$$\begin{aligned} x(t) &= \begin{bmatrix} x_1(t) & x_2(t) & x_3(t) & x_4(t) & x_5(t) & x_6(t) & x_7(t) & x_8(t) \end{bmatrix}^{\mathrm{T}} \\ &= \begin{bmatrix} m_{O_2}(t) & m_{H_2}(t) & m_{N_2}(t) & \omega_{cp}(t) & p_{sm}(t) & m_{sm}(t) & m_{H_2O_A}(t) & p_{rm}(t) \end{bmatrix} \end{aligned}$$

其中，m_{O_2}，m_{H_2}，m_{N_2} 和 $m_{H_2O_A}$ 分别是氧气质量、氢气质量、氮气质量和阳极侧水蒸气质量；ω_{cp} 是压缩机（在阴极侧吹入空气（氧气））的角速度；p_{sm} 是进气歧管气压，m_{sm} 是进气歧管中的气体质量；p_{rm} 是回流歧管气压.

找到质子交换膜燃料电池系统矩阵 $\boldsymbol{A}$ 的特征值. 可以看出，特征值分布广泛并且它们可以聚类成三组：最靠近虚轴的三个慢速特征值、稍微远离虚轴的三个快速特征值，以及远离虚轴的两个极快速特征值，即

$$\lambda_1=-1.4038,\ \ \lambda_2=-1.6473,\ \ \lambda_3=-2.9151$$
$$\lambda_4=-18.2582,\ \ \lambda_5=-22.4040,\ \ \lambda_6=-46.1768$$
$$\lambda_7=-89.4853,\ \ \lambda_8=-219.6262$$

较小的奇异摄动参数由相应聚类中特征值幅值的比或相应特征值实部的比确定，也就是说，对于所提到的质子交换膜燃料电池，由式（4.65）给出.

$$\begin{aligned} \varepsilon_1 &= \frac{|\lambda_{slow\_\max}|}{|\lambda_{fast\_\min}|}=\frac{2.9151}{18.2582}=0.1597 \\ \varepsilon_2 &= \frac{|\lambda_{slow\_\max}|}{|\lambda_{veryfast\_\min}|}=\frac{2.9151}{89.4853}=0.0326 \end{aligned} \tag{4.65}$$

本节中定义的质子交换膜燃料电池数学模型采用了**隐式**奇异摄动形式，也就是说，系统矩阵 $\boldsymbol{A}$ 的形式为 $\boldsymbol{A}=\boldsymbol{A}(\varepsilon_1,\varepsilon_2)$. 若要得到与式（4.28）一致的**显式**奇异形式，需要交换状态空间变量顺序，从而使对应于快速和极快速变量的矩阵 $\boldsymbol{A}_{22}$

和 $\boldsymbol{A}_{33}$ 为非奇异的．一般来说，这并非一项简单的任务，特别是对于高阶系统而言．在多次尝试后，我们发现，由式（4.66）给出的置换矩阵的积所得到的相似矩阵 $\boldsymbol{V}$，可用于交换状态变量．

$$\boldsymbol{V}=\boldsymbol{I}_{16}\boldsymbol{I}_{25}\boldsymbol{I}_{24}\boldsymbol{I}_{27}\boldsymbol{I}_{15}\boldsymbol{I}_{36} \tag{4.66}$$

由此得到式（4.28）中定义的所需的奇异摄动形式．置换矩阵 $\boldsymbol{I}_{ij}$ 是通过互换行 i 和 j 从单位矩阵中得到的（Golub and Van Loan，2012）．矩阵 $\boldsymbol{A}_{sp}=\boldsymbol{VAV}^{\mathrm{T}}$ 会产生所提到的质子交换膜燃料电池数学模型的显式奇异结构，如下所示

$$\boldsymbol{A}_{sp}=\boldsymbol{VAV}^{\mathrm{T}}=\begin{bmatrix}\boldsymbol{A}_{11sp} & \boldsymbol{A}_{12sp} & \boldsymbol{A}_{13sp}\\ \boldsymbol{A}_{21sp} & \boldsymbol{A}_{22sp} & \boldsymbol{A}_{23sp}\\ \boldsymbol{A}_{31sp} & \boldsymbol{A}_{32sp} & \boldsymbol{A}_{33sp}\end{bmatrix}$$

$$=\begin{bmatrix}-46.3136 & -18.7858 & 0 & 0 & 0 & 275.6592 & 0 & 158.3741\\ -10.9544 & -6.3091 & 0 & 0 & 0 & 83.7446 & 0 & 24.0587\\ 38.0252 & 16.6424 & 0 & 0 & 5.0666 & -479.3840 & 0 & 0\\ 0 & 0 & 0 & -80.9472 & 0 & 142.2084 & -450.3860 & 0\\ 0 & 0 & 0 & 0 & -17.3506 & 193.9373 & 0 & 0\\ 2.9693 & 1.2996 & 0.1057 & 0 & 0.3977 & -38.7024 & 0 & 0\\ 0 & 0 & 0 & -18.0261 & 0 & 51.5292 & -161.083 & 0\\ 4.6212 & 2.0226 & 0 & 0 & 0 & 0 & 0 & -51.2108\end{bmatrix}$$

式（4.28）中的矩阵由式（4.67）给出．

$$\begin{aligned}&\boldsymbol{A}_{11}=\boldsymbol{A}_{11sp},\quad \boldsymbol{A}_{12}=\boldsymbol{A}_{12sp},\quad \boldsymbol{A}_{13}=\boldsymbol{A}_{13sp}\\ &\boldsymbol{A}_{21}=\varepsilon_1\boldsymbol{A}_{21sp},\quad \boldsymbol{A}_{22}=\varepsilon_1\boldsymbol{A}_{22sp},\quad \boldsymbol{A}_{23}=\varepsilon_1\boldsymbol{A}_{23sp}\\ &\boldsymbol{A}_{31}=\varepsilon_2\boldsymbol{A}_{31sp},\quad \boldsymbol{A}_{32}=\varepsilon_2\boldsymbol{A}_{32sp},\quad \boldsymbol{A}_{33}=\varepsilon_2\boldsymbol{A}_{33sp}\end{aligned} \tag{4.67}$$

在式（4.66）和式（4.67）中，针对原始奇异摄动线性控制系统所做的工作，等效于将式（4.28）中原始状态空间变量的顺序排列为

$$\begin{bmatrix}x_3(t) & x_1(t) & x_6(t) & x_8(t) & x_4(t) & x_5(t) & x_2(t) & x_7(t)\end{bmatrix} \tag{4.68}$$

在此状态空间变量排序的前提下，假设 4.3 是满足的，慢速子系统包含所有慢速特征值，快速和极快速子系统分别包含所有快速和极快速特征值．在此状态变量排序的前提下，我们可以得出这样的结论，即 $x_3(t)$，$x_1(t)$ 和 $x_6(t)$（供应歧管中的氮气质量、氧气质量和气体质量）是慢速状态变量，$x_8(t)$，$x_4(t)$ 和 $x_5(t)$（回流歧管中的气压、压缩机角速度和进气歧管气压）是快速状态变量，而 $x_2(t)$ 和 $x_7(t)$（阳极侧的氢气质量和水蒸气质量）是极快速状态变量．

注释 4.2　观察两个最重要的质子交换膜燃料电池变量，可以发现有趣的一点：氧气压力（与 $x_1(t)$ 成比例）位于表示慢速变量的子系统中，氢气压力（与 $x_2(t)$ 成比例）位于表示极快速变量的子系统中．尽管应从物理角度来分析，但是，从数学层面可以验证另一个有趣的观察结果，方法是通过在所提到的奇异摄动系统中使用平衡变换（Zhou and Doyle，1998）并找到每个状态空间变量的动态主导度量．也就是说，平衡变换表明此系统中占据主导地位的变量（具有最高能量的变量）为 $x_1(t)$ 和 $x_2(t)$．有趣的是，实际上处于主导地位的是 $x_2(t)$，尽管它是极快速状态变量（通常极快速状态变量为低能量信号，因此为非主导信号）．

质子交换膜燃料电池的显式奇异摄动形式的输入矩阵为

$$\boldsymbol{B}_{sp}=\begin{bmatrix}\boldsymbol{B}_{11sp}\\ \boldsymbol{B}_{22sp}\\ \boldsymbol{B}_{33sp}\end{bmatrix}=\boldsymbol{VB}=\begin{bmatrix}0 & 0 & 0 & 0 & 3.9467 & 0 & 0 & 0\end{bmatrix}^{\mathrm{T}} \tag{4.69}$$

式（4.28）中定义的相应分块输入矩阵由式（4.70）给出．

$$\boldsymbol{B}_{11}=\boldsymbol{B}_{11sp},\quad \boldsymbol{B}_{22}=\varepsilon_1\boldsymbol{B}_{22sp},\quad \boldsymbol{B}_{33}=\varepsilon_2\boldsymbol{B}_{33sp} \tag{4.70}$$

很容易看到，由矩阵 $\boldsymbol{A}_{sp}$ 和 $\boldsymbol{B}_{sp}$ 表示的奇异摄动系统（4.28）（在本节中针对质子交换膜燃料电池所提出的）是可控的（Chen，2012；Radisavljević，2011），因此，式（4.47）中由 $(\boldsymbol{A}_1,\boldsymbol{B}_{11})$，$(\boldsymbol{A}_2,\boldsymbol{B}_2)$ 和 $(\boldsymbol{A}_3,\boldsymbol{B}_3)$ 对所定义的相应的子系统也是可控的．在可控性条件下，可以设计一个控制器，将所需的子系统特征值（此处也指系统特征值，因为在相似变换下特征值是不变的（Chen，2012））单独分配为

$$\lambda(\boldsymbol{A}_1-\boldsymbol{B}_{11}\boldsymbol{G}_1)=\lambda_{\mathrm{I}}^{desired},\quad \lambda(\boldsymbol{A}_2-\boldsymbol{B}_2\boldsymbol{G}_2)=\lambda_{\mathrm{II}}^{desired},\quad \lambda(\boldsymbol{A}_3-\boldsymbol{B}_3\boldsymbol{G}_3)=\lambda_{\mathrm{III}}^{desired} \tag{4.71}$$

使得

$$\lambda(\boldsymbol{A}-\boldsymbol{BG})=\lambda_{system}^{desired}=\left\{\lambda_{\mathrm{I}}^{desired},\lambda_{\mathrm{II}}^{desired},\lambda_{\mathrm{III}}^{desired}\right\} \tag{4.72}$$

这一过程还可用于通过反馈来部分分配特征值．例如，如果需要更改第二个子系统中的特征值，则只需要设定 $\boldsymbol{G}_1=0$，$\boldsymbol{G}_3=0$ 并选择 $\boldsymbol{G}_2$ 来为第二个子系统提供所需的特征值．此外，如果子系统 $(\boldsymbol{A}_1,\boldsymbol{B}_{11})$，$(\boldsymbol{A}_2,\boldsymbol{B}_2)$ 和 $(\boldsymbol{A}_3,\boldsymbol{B}_3)$ 仅是可稳定的，则可以设计控制器仅使不稳定的子系统稳定，从而使原始系统稳定．进一步讲，可以为不同的子系统设计不同类型的控制器．例如，可以为第一个子系统设计特征值分配控制器，为第二个和第三个子系统设计线性二次型最优控制器．

我们呈现了一些案例的仿真结果．

案例 1　所有三个子系统的特征值分配．

将所需的闭环特征值选作

$$\lambda_1^{desired}=-2,\quad \lambda_{2,3}^{desired}=-3\pm j2$$
$$\lambda_4^{desired}=-19,\quad \lambda_5^{desired}=-28,\quad \lambda_6^{desired}=-31$$
$$\lambda_7^{desired}=-100,\quad \lambda_8^{desired}=-150$$

对 $\boldsymbol{L}$ 和 $\boldsymbol{P}$ 方程进行求解，精度为 $O(10^{-12})$. 针对局部降阶子系统，当其具有数值上定义完善的计算问题时，使用特征值分配技术，得到以下局部反馈增益；由于系统矩阵具有奇异摄动结构，式（4.28）的全局全阶特征值分配问题在数值上的定义是不完善的. 按照三级设计过程，增益为

$$\boldsymbol{G}_3=10^4\times\begin{bmatrix}-2.0762 & -0.0013\end{bmatrix},\quad \boldsymbol{G}_2=\begin{bmatrix}-149.4266 & -3.0934 & 505.1029\end{bmatrix}$$
$$\boldsymbol{G}_1=\begin{bmatrix}160.3963 & 43.5540 & -115.2514\end{bmatrix}$$

设定所需的反馈特征值，精度为 $O(10^{-12})$. 利用式（4.27），得到原始坐标中相应的特征值反馈增益：

$$\boldsymbol{G}_{3eq}=10^4\times\begin{bmatrix}-2.1343 & -0.0173\end{bmatrix},\quad \boldsymbol{G}_{2eq}=10^4\times\begin{bmatrix}-0.2911 & -0.0017 & 1.0046\end{bmatrix}$$
$$\boldsymbol{G}_{1eq}=\begin{bmatrix}-115.9525 & -74.8204 & -121.8927\end{bmatrix}$$

案例 2 优化慢速子系统并且不需要控制快速和极快速子系统.

在此案例中，快速和极快速子系统增益设为零，即

$$\boldsymbol{G}_3=\begin{bmatrix}0 & 0\end{bmatrix},\quad \boldsymbol{G}_2=\begin{bmatrix}0 & 0 & 0\end{bmatrix}$$

慢速子系统增益是由式（4.59）给出的独立的慢速子系统的线性二次型优化得到的，其中，二次型性能标准的定义如式（4.73）所示.

$$J_s=\frac{1}{2}\int_0^{\infty}\left(\boldsymbol{\xi}_1^{\mathrm{T}}(t)\boldsymbol{Q}_s\boldsymbol{\xi}_1(t)+\boldsymbol{w}^{\mathrm{T}}(t)R_s\boldsymbol{w}(t)\right)dt\boldsymbol{\xi},\quad \boldsymbol{Q}_s=\boldsymbol{I}_3,\quad R_s=1 \tag{4.73}$$

为简单起见，我们假设将此性能标准中的加权矩阵取作单位矩阵. 相应的最优慢速子系统性能值由 $J_s^{opt}=1.1593$ 给出. 所得到的慢速子系统的局部最优反馈增益为

$$\boldsymbol{G}_1^{opt}=\begin{bmatrix}-0.0040 & 0.0094 & 0.1327\end{bmatrix}$$

对此案例中的 $\boldsymbol{L}$ 和 $\boldsymbol{P}$ 方程进行求解，精度为 $O(10^{-14})$ ，并且由式（4.27）得到的原始坐标中的等效反馈增益为

$$\boldsymbol{G}_{3eq}=\begin{bmatrix}0 & 0.2102\end{bmatrix},\quad \boldsymbol{G}_{2eq}=\begin{bmatrix}0 & 0.0178 & -1.0745\end{bmatrix}$$
$$\boldsymbol{G}_{1eq}=\begin{bmatrix}0.0584 & 0.0362 & 0.1349\end{bmatrix}$$

这些增益将保留快速和极快速特征值，并将产生以下反馈系统特征值（由于

慢速最优控制器的影响，慢速特征值会变化)：

$$\lambda_1=-1.3936,\ \lambda_2=-1.6552,\ \lambda_3=-2.9880$$
$$\lambda_4=-18.2582,\ \lambda_5=-22.4040,\ \lambda_6=-46.1768$$
$$\lambda_7=-89.4853,\ \lambda_8=-219.6262$$

案例 3　所有三个子系统是通过使用局部线性二次型最优控制器来优化的.

除了优化慢速子系统和相应的慢速性能标准（如式（4.73）所示）外，快速和极快速反馈控制器是通过优化相应的性能标准来得到的. 第 1 步（参见式（4.47））中的极快速子系统是使用式（4.74）所示的性能标准进行优化的.

$$J_{vf}=\frac{1}{2}\int_0^{\infty}\left(\boldsymbol{\eta}_3^{\mathrm{T}}(t)\boldsymbol{Q}_{vf}\boldsymbol{\eta}_3(t)+\boldsymbol{u}^{\mathrm{T}}(t)R_{vf}\boldsymbol{u}(t)\right)dt\boldsymbol{\xi},\quad \boldsymbol{Q}_{vf}=\boldsymbol{I}_2,\quad R_{vf}=1 \qquad (4.74)$$

第 2 步（参见式（4.51））中的快速子系统是使用式（4.75）所示的性能标准进行优化的.

$$J_f=\frac{1}{2}\int_0^{\infty}\left(\boldsymbol{\xi}_2^{\mathrm{T}}(t)\boldsymbol{Q}_f\boldsymbol{\xi}_2(t)+\boldsymbol{v}^{\mathrm{T}}(t)R_f\boldsymbol{v}(t)\right)dt,\quad \boldsymbol{Q}_f=\boldsymbol{I}_3,\quad R_f=1 \qquad (4.75)$$

对 $\boldsymbol{L}$ 和 $\boldsymbol{P}$ 方程进行求解，精度为 $O(10^{-14})$. 相应的局部最优增益为

$$\boldsymbol{G}_3^{opt}=10^{-2}\times\begin{bmatrix}0.0063 & -0.1683\end{bmatrix},\quad \boldsymbol{G}_2^{opt}=\begin{bmatrix}0.0003 & 0.1068 & 0.1416\end{bmatrix}$$
$$\boldsymbol{G}_1^{opt}=\begin{bmatrix}-0.0040 & 0.0092 & 0.1292\end{bmatrix}$$

与式（4.27）等效的反馈增益为

$$\boldsymbol{G}_{3eq}=\begin{bmatrix}-0.0007 & -0.1549\end{bmatrix},\quad \boldsymbol{G}_{2eq}=\begin{bmatrix}0.0002 & 0.1265 & -1.4104\end{bmatrix}$$
$$\boldsymbol{G}_{1eq}=\begin{bmatrix}-0.0243 & 0.0038 & 0.1330\end{bmatrix}$$

相应的局部最优性能值为

$$J_{vf}^{opt}=0.0079,\quad J_f^{opt}=0.1319,\quad J_s^{opt}=1.1600$$

4.5　附　　注

本章中所呈现的材料内容以 Radisavljević-Gajić 等（2017）的论文为基础，这篇论文发表在 *Transactions of ASME Journal of Dynamic Systems Measurement and Control* 上. 经美国机械工程师协会（ASME）的许可，我们获得了相应的授权，可以在本研究专著中使用 Radisavljević-Gajić 等（2017）的期刊论文内的材料.

第 5 章　离散时间三级反馈控制器设计

在本章中，我们会将第 3 章中两级反馈离散时间控制器设计的研究结果延伸到离散时间线性时不变系统的三级反馈控制器设计．实际上，对于一般的离散时间线性时不变系统而言，三级反馈控制器设计的推导与针对连续时间线性时不变系统所进行的推导类似，使用差分方程替代微分方程，可以得到相同的三个非线性代数方程和三个线性西尔维斯特代数方程集．求解这些方程就可以实现所提出的三级反馈控制器设计．因此，如果假设得到了相应的线性和非线性代数方程的解，那么，第 4 章中针对连续时间线性系统的三级反馈控制器设计，其优点对于本章中所提到的离散时间线性时不变系统是成立的．

在本章的第二部分中，我们将讨论如何将为一般线性离散时间时不变系统所得到的三级反馈控制器设计结果专门应用于三时间尺度离散时间线性时不变控制系统（奇异摄动离散时间线性控制系统）(Kokotovic et al.，1999；Naidu and Calise，2001；Gajic and Lim，2001；Dimitriev and Kurina，2006；Kuehn，2015)．这些系统具有慢速、快速和极快速状态空间变量．众所周知，机械工程和航空航天领域中的许多系统都具有奇异摄动结构（Hsiao et al.，2001；Naidu and Calise，2001；Chen et al.，2002；Shapira and Ben-Asher，2004；Demetriou and Kazantzis，2005；Wang and Ghorbel，2006；Amjadifard et al.，2011；Kuehn，2015)，原因是存在较小和较大的时间常数、较小的质量、较小的转动惯量以及较小的刚度系数，这会使系统特征值聚类成两个或若干个不相交的组．较慢速的特征值聚类更靠近单位圆，较快速的特征值聚类更靠近原点．

5.1 离散时间线性反馈控制器的三级设计

假设有一个由三个子系统组成的离散时间线性时不变动态系统，由式（5.1）所示的差分方程表示.

$$\begin{bmatrix} \boldsymbol{x}_{\mathrm{I}}(k+1) \\ \boldsymbol{x}_{\mathrm{II}}(k+1) \\ \boldsymbol{x}_{\mathrm{III}}(k+1) \end{bmatrix} = \begin{bmatrix} \boldsymbol{A}_{11} & \boldsymbol{A}_{12} & \boldsymbol{A}_{13} \\ \boldsymbol{A}_{21} & \boldsymbol{A}_{22} & \boldsymbol{A}_{23} \\ \boldsymbol{A}_{31} & \boldsymbol{A}_{32} & \boldsymbol{A}_{33} \end{bmatrix} \begin{bmatrix} \boldsymbol{x}_{\mathrm{I}}(k) \\ \boldsymbol{x}_{\mathrm{II}}(k) \\ \boldsymbol{x}_{\mathrm{III}}(k) \end{bmatrix} + \begin{bmatrix} \boldsymbol{B}_{11} \\ \boldsymbol{B}_{22} \\ \boldsymbol{B}_{33} \end{bmatrix} \boldsymbol{u}(k) = \boldsymbol{A}\boldsymbol{x}(k) + \boldsymbol{B}\boldsymbol{u}(k)$$

$$\boldsymbol{y}(k) = \begin{bmatrix} \boldsymbol{C}_{11} & \boldsymbol{C}_{22} & \boldsymbol{C}_{33} \end{bmatrix} \begin{bmatrix} \boldsymbol{x}_{\mathrm{I}}(k) \\ \boldsymbol{x}_{\mathrm{II}}(k) \\ \boldsymbol{x}_{\mathrm{III}}(k) \end{bmatrix} \tag{5.1}$$

其中 $k=0,1,2,\cdots$ 表示离散时间；$\boldsymbol{x}(k)\in\mathbf{R}^{n}$，$\boldsymbol{x}_{\mathrm{I}}(k)\in\mathbf{R}^{n_1}$，$\boldsymbol{x}_{\mathrm{II}}(k)\in\mathbf{R}^{n_2}$ 和 $\boldsymbol{x}_{\mathrm{III}}(k)\in\mathbf{R}^{n_3}$（$n=n_1+n_2+n_3$）是离散时间状态空间变量；$\boldsymbol{u}(k)\in\mathbf{R}^{m}$ 是离散时间系统控制输入向量；$\boldsymbol{y}(k)\in\mathbf{R}^{p}$ 是离散时间系统测量向量；$\boldsymbol{A}_{ij}$，$\boldsymbol{B}_{ii}$ 和 $\boldsymbol{C}_{ii}$（$i,j=1,2,3$）是适当大小的常数矩阵. 矩阵 $\boldsymbol{A}_{11}$，$\boldsymbol{A}_{22}$ 和 $\boldsymbol{A}_{33}$ 定义了大小为 n_1，n_2 和 n_3 的线性子系统，分别对应于离散时间状态空间变量 $\boldsymbol{x}_{\mathrm{I}}(k)$，$\boldsymbol{x}_{\mathrm{II}}(k)$ 和 $\boldsymbol{x}_{\mathrm{III}}(k)$. 矩阵 $\boldsymbol{A}_{ij}$（$i,j=1,2,3$，$i\neq j$）定义了子系统之间的耦合.

离散时间线性系统的三级反馈控制器设计的步骤，与第 3 章中连续时间线性系统相应的设计步骤类似. 出于完整性目的，并考虑到离散时间线性系统的具体特性，本节将完整地呈现这些步骤. 许多真实的物理系统中都存在三个时间尺度. 例如，先进重水反应堆（Shimjith et al.，2011a，2011b；Munje et al.，2014，2016）有三个时间尺度，最近有三篇论文使用了离散时间尺度方法就说明了这一点.

首先，通过若干变换，将离散时间线性系统映射到合适的坐标中. 用式（5.2）对式（5.1）中定义的原始离散时间系统进行变量变换.

$$\boldsymbol{\eta}_3(k) = \boldsymbol{L}_1\boldsymbol{x}_{\mathrm{I}}(k) + \boldsymbol{L}_2\boldsymbol{x}_{\mathrm{II}}(k) + \boldsymbol{x}_{\mathrm{III}}(k) \tag{5.2}$$

得到 $\boldsymbol{\eta}_3(k)$ 的线性差分方程，如式（5.3）所示.

$$\begin{aligned} \boldsymbol{\eta}_3(k+1) &= (\boldsymbol{A}_{33} + \boldsymbol{L}_1\boldsymbol{A}_{13} + \boldsymbol{L}_2\boldsymbol{A}_{23})\boldsymbol{\eta}_3(k) + (\boldsymbol{B}_{33} + \boldsymbol{L}_1\boldsymbol{B}_{11} + \boldsymbol{L}_2\boldsymbol{B}_{22})\boldsymbol{u}(k) \\ &\quad + f_{31}(\boldsymbol{L}_1,\boldsymbol{L}_2)\boldsymbol{x}_{\mathrm{I}}(k) + f_{32}(\boldsymbol{L}_1,\boldsymbol{L}_2)\boldsymbol{x}_{\mathrm{II}}(k) = \boldsymbol{A}_3\boldsymbol{\eta}_3(k) + \boldsymbol{B}_3\boldsymbol{u}(k) \end{aligned} \tag{5.3}$$

$$A_3 = A_{33} + L_1A_{13} + L_2A_{23}, \quad B_3 = B_{33} + L_1B_{11} + L_2B_{22}$$

假设式（5.4）所示的代数方程组有实解，即可消除式（5.3）中的耦合项：

$$\begin{aligned} f_{31}(L_1, L_2) &= L_1A_{11} + L_2A_{21} + A_{31} - (L_1A_{13} + L_2A_{23} + A_{33})L_1 = 0 \\ f_{32}(L_1, L_2) &= L_1A_{12} + L_2A_{22} + A_{32} - (L_1A_{13} + L_2A_{23} + A_{33})L_2 = 0 \end{aligned} \tag{5.4}$$

一般来说，对耦合的非线性代数方程式（5.4）进行求解并非一项简单的任务. 对于三时间尺度离散时间线性系统而言，相应的代数方程的形式应更加简单，如此一来，可以将它们当作线性代数方程组，使用定点迭代求数值解.

从式（5.1）中消除状态变量 $x_{\mathrm{III}}(k)$， $x_{\mathrm{I}}(k)$ 和 $x_{\mathrm{II}}(k)$ 的差分方程会变成

$$x_{\mathrm{I}}(k+1) = (A_{11} - A_{13}L_1)x_{\mathrm{I}}(k) + (A_{12} - A_{13}L_2)x_{\mathrm{II}}(k) + A_{13}\eta_3(k) + B_{11}u(k) \tag{5.5}$$

以及

$$x_{\mathrm{II}}(k+1) = (A_{21} - A_{23}L_1)x_{\mathrm{I}}(k) + (A_{22} - A_{23}L_2)x_{\mathrm{II}}(k) + A_{23}\eta_3(k) + B_{22}u(k) \tag{5.6}$$

$\eta_3(t)$ 子系统式（5.3）是独立的，因此，可以使用 $u(t) = -G_3\eta_3(t) + v(t)$ 为它设计一个反馈控制器，其中 $v(t)$ 表示输入信号，可用于控制前两个子系统. 在第 3 章的两级反馈控制器设计中，使用了此策略. 不过，在本章中，涉及的是更为复杂的三级设计，因此，我们要首先得到整体系统的分块上三角结构，然后再说明如何独立设计局部反馈控制器.

现在，引入第二个变量变换，将第一个子系统的动态从第二个子系统中移除.

$$\eta_2(k) = L_3x_{\mathrm{I}}(k) + x_{\mathrm{II}}(k) \tag{5.7}$$

此变量变换会得到

$$\begin{aligned} \eta_2(k+1) &= \left[A_{22} - A_{23}L_2 + L_3(A_{12} - A_{13}L_2)\right]\eta_2(k) \\ &\quad + (A_{23} + L_3A_{13})\eta_3(k) + f_{21}(L_1, L_2, L_3)x_{\mathrm{I}}(k) + (B_{22} + L_3B_{11})u(k) \\ &= A_2\eta_2(k) + (A_{23} + L_3A_{13})\eta_3(k) + B_2u(k) \end{aligned} \tag{5.8}$$

$$A_2 = A_{22} - A_{23}L_2 + L_3(A_{12} - A_{13}L_2), \quad B_2 = B_{22} + L_3B_{11}$$

其中，L_3 满足式（5.9）所示的代数方程.

$$L_3(A_{11} - A_{13}L_1) - (A_{22} - A_{23}L_2)L_3 - L_3(A_{12} - A_{13}L_2)L_3 + (A_{21} - A_{23}L_1) = 0 \tag{5.9}$$

假设 L_1 和 L_2 是之前从式（5.4）中得到的，那么，矩阵 L_3 实际上满足之前 Medanic（1982）以及 Gao 和 Bai（2010）等的研究中提到的非对称非平方的里卡蒂代数方程. 在将变换用于式（5.7）后，新坐标中的第一个子系统的差分方程将变成

$$
\begin{aligned}
\boldsymbol{x}_{\mathrm{I}}(k+1) &= \left[(\boldsymbol{A}_{11}-\boldsymbol{A}_{13}\boldsymbol{L}_1)-(\boldsymbol{A}_{12}-\boldsymbol{A}_{13}\boldsymbol{L}_2)\boldsymbol{L}_3\right]\boldsymbol{x}_{\mathrm{I}}(k) \\
&\quad +(\boldsymbol{A}_{12}-\boldsymbol{A}_{13}\boldsymbol{L}_2)\boldsymbol{\eta}_2(k)+\boldsymbol{A}_{13}\boldsymbol{\eta}_3(k)+\boldsymbol{B}_{11}\boldsymbol{u}(k) \\
&= \boldsymbol{A}_1\boldsymbol{x}_{\mathrm{I}}(k)+(\boldsymbol{A}_{12}-\boldsymbol{A}_{13}\boldsymbol{L}_2)\boldsymbol{\eta}_2(k)+\boldsymbol{A}_{13}\boldsymbol{\eta}_3(k)+\boldsymbol{B}_{11}\boldsymbol{u}(k) \qquad (5.10)\\
\boldsymbol{A}_1 &= (\boldsymbol{A}_{11}-\boldsymbol{A}_{13}\boldsymbol{L}_1)-(\boldsymbol{A}_{12}-\boldsymbol{A}_{13}\boldsymbol{L}_2)\boldsymbol{L}_3
\end{aligned}
$$

变换式（5.2）和式（5.7）将原始状态空间变量和新的状态空间变量关联了起来，如式（5.11a）所示

$$
\begin{bmatrix}\boldsymbol{x}_{\mathrm{I}}(k)\\ \boldsymbol{\eta}_2(k)\\ \boldsymbol{\eta}_3(k)\end{bmatrix}=\boldsymbol{T}_1\begin{bmatrix}\boldsymbol{x}_{\mathrm{I}}(k)\\ \boldsymbol{x}_{\mathrm{II}}(k)\\ \boldsymbol{x}_{\mathrm{III}}(k)\end{bmatrix}=\begin{bmatrix}\boldsymbol{I} & 0 & 0\\ \boldsymbol{L}_3 & \boldsymbol{I} & 0\\ \boldsymbol{L}_1 & \boldsymbol{L}_2 & \boldsymbol{I}\end{bmatrix}\begin{bmatrix}\boldsymbol{x}_{\mathrm{I}}(k)\\ \boldsymbol{x}_{\mathrm{II}}(k)\\ \boldsymbol{x}_{\mathrm{III}}(k)\end{bmatrix} \qquad (5.11\text{a})
$$

其中，逆变换由式（5.11b）给出

$$
\begin{bmatrix}\boldsymbol{x}_{\mathrm{I}}(k)\\ \boldsymbol{x}_{\mathrm{II}}(k)\\ \boldsymbol{x}_{\mathrm{III}}(k)\end{bmatrix}=\boldsymbol{T}_1^{-1}\begin{bmatrix}\boldsymbol{x}_{\mathrm{I}}(k)\\ \boldsymbol{\eta}_2(k)\\ \boldsymbol{\eta}_3(k)\end{bmatrix}=\begin{bmatrix}\boldsymbol{I} & 0 & 0\\ -\boldsymbol{L}_3 & \boldsymbol{I} & 0\\ -\boldsymbol{L}_1+\boldsymbol{L}_2\boldsymbol{L}_3 & -\boldsymbol{L}_2 & \boldsymbol{I}\end{bmatrix}\begin{bmatrix}\boldsymbol{x}_{\mathrm{I}}(k)\\ \boldsymbol{\eta}_2(k)\\ \boldsymbol{\eta}_3(k)\end{bmatrix} \qquad (5.11\text{b})
$$

这一相似变换将原始系统（5.1）映射成分块上三角的形式，由差分方程式（5.3），（5.8）和（5.10）表示，其状态空间形式由式（5.12）给出

$$
\begin{bmatrix}\boldsymbol{x}_{\mathrm{I}}(k+1)\\ \boldsymbol{\eta}_2(k+1)\\ \boldsymbol{\eta}_3(k+1)\end{bmatrix}=\begin{bmatrix}\boldsymbol{A}_1 & \boldsymbol{A}_{12}-\boldsymbol{A}_{13}\boldsymbol{L}_2 & \boldsymbol{A}_{13}\\ 0 & \boldsymbol{A}_2 & \boldsymbol{A}_{23}+\boldsymbol{L}_3\boldsymbol{A}_{13}\\ 0 & 0 & \boldsymbol{A}_3\end{bmatrix}\begin{bmatrix}\boldsymbol{x}_{\mathrm{I}}(k)\\ \boldsymbol{\eta}_2(k)\\ \boldsymbol{\eta}_3(k)\end{bmatrix}+\begin{bmatrix}\boldsymbol{B}_{11}\\ \boldsymbol{B}_2\\ \boldsymbol{B}_3\end{bmatrix}\boldsymbol{u}(k)=\bar{\boldsymbol{A}}\begin{bmatrix}\boldsymbol{x}_{\mathrm{I}}(k)\\ \boldsymbol{\eta}_2(k)\\ \boldsymbol{\eta}_3(k)\end{bmatrix}+\bar{\boldsymbol{B}}\boldsymbol{u}(k)
$$

$$
\begin{aligned}
&\boldsymbol{A}_1=(\boldsymbol{A}_{11}-\boldsymbol{A}_{13}\boldsymbol{L}_1)-(\boldsymbol{A}_{12}-\boldsymbol{A}_{13}\boldsymbol{L}_2)\boldsymbol{L}_3\\
&\boldsymbol{A}_2=\boldsymbol{A}_{22}-\boldsymbol{A}_{23}\boldsymbol{L}_2+\boldsymbol{L}_3(\boldsymbol{A}_{12}-\boldsymbol{A}_{13}\boldsymbol{L}_2),\quad \boldsymbol{B}_2=\boldsymbol{B}_{22}+\boldsymbol{L}_3\boldsymbol{B}_{11} \qquad (5.12)\\
&\boldsymbol{A}_3=\boldsymbol{A}_{33}+\boldsymbol{L}_1\boldsymbol{A}_{13}+\boldsymbol{L}_2\boldsymbol{A}_{23},\quad \boldsymbol{B}_3=\boldsymbol{B}_{33}+\boldsymbol{L}_1\boldsymbol{B}_{11}+\boldsymbol{L}_2\boldsymbol{B}_{22}
\end{aligned}
$$

$$
\begin{aligned}
\boldsymbol{y}(k)&=(\boldsymbol{C}_{11}-\boldsymbol{C}_{22}\boldsymbol{L}_3-\boldsymbol{C}_{33}\boldsymbol{L}_1)\boldsymbol{x}_{\mathrm{I}}(k)+(\boldsymbol{C}_{22}-\boldsymbol{C}_{33}\boldsymbol{L}_2)\boldsymbol{\eta}_2(k)+\boldsymbol{C}_{33}\boldsymbol{\eta}_3(k)\\
&=\boldsymbol{C}_1\boldsymbol{x}_{\mathrm{I}}(k)+\boldsymbol{C}_2\boldsymbol{\eta}_2(k)+\boldsymbol{C}_{33}\boldsymbol{\eta}_3(k)=\bar{\boldsymbol{C}}\begin{bmatrix}\boldsymbol{x}_{\mathrm{I}}(k)\\ \boldsymbol{\eta}_2(k)\\ \boldsymbol{\eta}_3(k)\end{bmatrix}
\end{aligned}
$$

$$
\boldsymbol{C}_1=\boldsymbol{C}_{11}-\boldsymbol{C}_{22}\boldsymbol{L}_3-\boldsymbol{C}_{33}\boldsymbol{L}_1+\boldsymbol{C}_{33}\boldsymbol{L}_2\boldsymbol{L}_3,\quad \boldsymbol{C}_2=\boldsymbol{C}_{22}-\boldsymbol{C}_{33}\boldsymbol{L}_2
$$

将原始离散时间线性系统变换为分块上三角的形式后，就可以进行离散时间线性反馈控制器的设计了．本节将给出完成这些独立设计所需的中间步骤．如果打算设计线性二次型**最优**反馈控制器，变换后的系统必须是可控-可观测的或至少必须是可稳定-可检测的．因此，需要使用以下假设．

假设 5.1 所提到的离散时间线性系统式（5.1）是可控（可稳定）且可观测（可检测）的.

在接下来的注释中，将对原始系统式（5.1）应用这些条件，用于解释这一问题，并说明对变换后的系统式（5.12）也是成立的.

注释 5.1 众所周知，由于原始坐标和新的坐标是通过相似变换式（5.11）关联的，如果原始系统式（5.1）是可控且可观测的，那么，变换后的系统式（5.12）也是可控且可观测的，即在相似变换下，可控性和可观测性秩检测是不变的，相关示例，请参见 Chen（2012）和 Sinha（2007）的研究. 针对可稳定性和可检测性条件的注释 4.1，确立了相同的不变性结果，也就是说，注释 4.1 表明，如果原始系统（5.1）是可稳定且可检测的，那么，变换后的系统式（5.12）也是可稳定且可检测的. 注释 4.1 中确立的可稳定性-可检测性不变性结果是使用 Popov-Belevitch-Hautus 特征向量可稳定性测试得到的（Zhou and Doyle，1998）.

现在，我们开始进行三级离散时间反馈控制器的设计过程，其中，将每个离散时间子系统独立出来，并确定独立于其他子系统和唯一控制独立子系统的控制输入.

第一级

将反馈控制

$$\boldsymbol{u}(k)=-\boldsymbol{G}_3\boldsymbol{\eta}_3(k)+\boldsymbol{v}(k)$$

用于 $\boldsymbol{\eta}$ 子系统，将得到由差分方程（5.13）描述的新的线性动态系统

$$\begin{bmatrix}\boldsymbol{x}_{\mathrm{I}}(k+1)\\ \boldsymbol{\eta}_2(k+1)\\ \boldsymbol{\eta}_3(k+1)\end{bmatrix}=\begin{bmatrix}\boldsymbol{A}_1 & \boldsymbol{A}_{12}-\boldsymbol{A}_{13}\boldsymbol{L}_2 & \boldsymbol{A}_{13}-\boldsymbol{B}_{11}\boldsymbol{G}_3\\ 0 & \boldsymbol{A}_2 & \boldsymbol{A}_{23}+\boldsymbol{L}_3\boldsymbol{A}_{13}-\boldsymbol{B}_2\boldsymbol{G}_3\\ 0 & 0 & \boldsymbol{A}_3-\boldsymbol{B}_3\boldsymbol{G}_3\end{bmatrix}\begin{bmatrix}\boldsymbol{x}_{\mathrm{I}}(k)\\ \boldsymbol{\eta}_2(k)\\ \boldsymbol{\eta}_3(k)\end{bmatrix}+\begin{bmatrix}\boldsymbol{B}_{11}\\ \boldsymbol{B}_2\\ \boldsymbol{B}_3\end{bmatrix}\boldsymbol{v}(k) \quad (5.13)$$

第二级

若要将第二个离散时间子系统独立出来，则采用式（5.14）进行变量变换

$$\boldsymbol{\xi}_2(k)=\boldsymbol{\eta}_2(k)-\boldsymbol{P}_3\boldsymbol{\eta}_3(k) \quad (5.14)$$

这会得到以下线性差分方程

$$\begin{bmatrix}\boldsymbol{x}_{\mathrm{I}}(k+1)\\ \boldsymbol{\xi}_2(k+1)\\ \boldsymbol{\eta}_3(k+1)\end{bmatrix}=\begin{bmatrix}\boldsymbol{A}_1 & \boldsymbol{A}_{12}-\boldsymbol{A}_{13}\boldsymbol{L}_2 & \boldsymbol{A}_{13}-\boldsymbol{B}_{11}\boldsymbol{G}_3+(\boldsymbol{A}_{12}-\boldsymbol{A}_{13}\boldsymbol{L}_2)\boldsymbol{P}_3\\ 0 & \boldsymbol{A}_2 & 0\\ 0 & 0 & \boldsymbol{A}_3-\boldsymbol{B}_3\boldsymbol{G}_3\end{bmatrix}\begin{bmatrix}\boldsymbol{x}_{\mathrm{I}}(k)\\ \boldsymbol{\xi}_2(k)\\ \boldsymbol{\eta}_3(k)\end{bmatrix}$$

$$+\begin{bmatrix} \boldsymbol{B}_{11} \\ \boldsymbol{B}_2 - \boldsymbol{P}_3\boldsymbol{B}_3 \\ \boldsymbol{B}_3 \end{bmatrix} \boldsymbol{v}(k) \tag{5.15}$$

其中，$\boldsymbol{P}_3$满足式（5.16）所示的代数方程

$$\boldsymbol{A}_2\boldsymbol{P}_3 - \boldsymbol{P}_3(\boldsymbol{A}_3 - \boldsymbol{B}_3\boldsymbol{G}_3) + \boldsymbol{A}_{23} + \boldsymbol{L}_3\boldsymbol{A}_{13} - \boldsymbol{B}_2\boldsymbol{G}_3 = 0 \tag{5.16}$$

线性矩阵代数方程式（5.16）是西尔维斯特代数方程．在矩阵$\boldsymbol{A}_2$和$\boldsymbol{A}_3 - \boldsymbol{B}_3\boldsymbol{G}_3$没有共同特征值的条件下，此方程肯定存在唯一解（Chen，2012）．因此，需要用到假设5.2.

假设 5.2　矩阵$\boldsymbol{A}_2$和$\boldsymbol{A}_3 - \boldsymbol{B}_3\boldsymbol{G}_3$没有共同的特征值.

$\boldsymbol{A}_3 - \boldsymbol{B}_3\boldsymbol{G}_3$是第三个离散时间子系统的反馈矩阵，因此，此假设很容易满足，并且线性代数方程式（5.16）有唯一解.

在第二级中，将反馈控制用于第二个离散时间子系统，如下所示

$$\boldsymbol{v}(k) = -\boldsymbol{G}_2\boldsymbol{\xi}_2(k) + \boldsymbol{w}(k)$$

得到式（5.17）所示的线性差分方程.

$$\begin{bmatrix} \boldsymbol{x}_{\mathrm{I}}(k+1) \\ \boldsymbol{\xi}_2(k+1) \\ \boldsymbol{\eta}_3(k+1) \end{bmatrix} = \begin{bmatrix} \boldsymbol{A}_1 & \boldsymbol{A}_{12} - \boldsymbol{A}_{13}\boldsymbol{L}_2 - \boldsymbol{B}_{11}\boldsymbol{G}_2 & \boldsymbol{A}_{13} - \boldsymbol{B}_{11}\boldsymbol{G}_3 + (\boldsymbol{A}_{12} - \boldsymbol{A}_{13}\boldsymbol{L}_2)\boldsymbol{P}_3 \\ 0 & \boldsymbol{A}_2 - (\boldsymbol{B}_2 - \boldsymbol{P}_3\boldsymbol{B}_3)\boldsymbol{G}_2 & 0 \\ 0 & -\boldsymbol{B}_3\boldsymbol{G}_2 & \boldsymbol{A}_3 - \boldsymbol{B}_3\boldsymbol{G}_3 \end{bmatrix} \begin{bmatrix} \boldsymbol{x}_{\mathrm{I}}(k) \\ \boldsymbol{\xi}_2(k) \\ \boldsymbol{\eta}_3(k) \end{bmatrix}$$

$$+\begin{bmatrix} \boldsymbol{B}_{11} \\ \boldsymbol{B}_2 - \boldsymbol{P}_3\boldsymbol{B}_3 \\ \boldsymbol{B}_3 \end{bmatrix} \boldsymbol{w}(k) \tag{5.17}$$

第三级

现在，需要将第一个离散时间子系统独立出来，并移除其与离散时间子系统2和离散时间子系统3的耦合．在继续进行此任务之前，首先引入简化表示法并通过式（5.18）的形式表示式（5.17）.

$$\begin{bmatrix} \boldsymbol{x}_{\mathrm{I}}(k+1) \\ \boldsymbol{\xi}_2(k+1) \\ \boldsymbol{\eta}_3(k+1) \end{bmatrix} = \begin{bmatrix} \boldsymbol{\alpha}_{11} & \boldsymbol{\alpha}_{12} & \boldsymbol{\alpha}_{13} \\ 0 & \boldsymbol{\alpha}_{22} & 0 \\ 0 & \boldsymbol{\alpha}_{32} & \boldsymbol{\alpha}_{33} \end{bmatrix} \begin{bmatrix} \boldsymbol{x}_{\mathrm{I}}(k) \\ \boldsymbol{\xi}_2(k) \\ \boldsymbol{\eta}_3(k) \end{bmatrix} + \begin{bmatrix} \boldsymbol{\beta}_1 \\ \boldsymbol{\beta}_2 \\ \boldsymbol{\beta}_3 \end{bmatrix} \boldsymbol{w}(k) \tag{5.18}$$

其中，对新引入的矩阵进行了明确的定义．若要将第一个离散时间子系统独立出来，将用到另一个状态变量变换，其定义如式（5.19）所示.

$$\boldsymbol{\xi}_1(k) = \boldsymbol{x}_{\mathrm{I}}(k) - \boldsymbol{P}_1\boldsymbol{\xi}_2(k) - \boldsymbol{P}_2\boldsymbol{\eta}_3(k) \tag{5.19}$$

此变量变换会将式（5.18）修改为

$$\begin{bmatrix}\boldsymbol{\xi}_1(k+1)\\ \boldsymbol{\xi}_2(k+1)\\ \boldsymbol{\eta}_3(k+1)\end{bmatrix}=\begin{bmatrix}\boldsymbol{\alpha}_{11} & 0 & 0\\ 0 & \boldsymbol{\alpha}_{22} & 0\\ 0 & \boldsymbol{\alpha}_{32} & \boldsymbol{\alpha}_{33}\end{bmatrix}\begin{bmatrix}\boldsymbol{\xi}_1(k)\\ \boldsymbol{\xi}_2(k)\\ \boldsymbol{\eta}_3(k)\end{bmatrix}+\begin{bmatrix}\boldsymbol{\beta}_1-\boldsymbol{P}_1\boldsymbol{\beta}_2-\boldsymbol{P}_2\boldsymbol{\beta}_3\\ \boldsymbol{\beta}_2\\ \boldsymbol{\beta}_3\end{bmatrix}\boldsymbol{w}(k) \tag{5.20}$$

其中，$\boldsymbol{P}_1$ 和 $\boldsymbol{P}_2$ 满足式（5.21）和式（5.22）所示的两个线性矩阵代数方程组.

$$\boldsymbol{\alpha}_{11}\boldsymbol{P}_1-\boldsymbol{P}_1\boldsymbol{\alpha}_{22}-\boldsymbol{P}_2\boldsymbol{\alpha}_{32}+\boldsymbol{\alpha}_{12}=0 \tag{5.21}$$

$$\boldsymbol{\alpha}_{11}\boldsymbol{P}_2-\boldsymbol{P}_2\boldsymbol{\alpha}_{33}+\boldsymbol{\alpha}_{13}=0 \tag{5.22}$$

可以将 $\boldsymbol{P}_2$ 当作西尔维斯特代数方程的解，直接由式（5.22）得到. 在得到 $\boldsymbol{P}_2$ 后，可以将方程式（5.21）当作另一个西尔维斯特代数方程进行求解，直接得到 $\boldsymbol{P}_1$. 在假设 5.3a 和假设 5.3b 的前提下，这些西尔维斯特代数方程存在唯一解.

假设 5.3a （式（5.22）所需）矩阵 $\boldsymbol{\alpha}_{11}$ 和 $\boldsymbol{\alpha}_{33}$ 没有共同的特征值.

假设 5.3b （式（5.21）所需）矩阵 $\boldsymbol{\alpha}_{11}$ 和 $\boldsymbol{\alpha}_{22}$ 没有共同的特征值.

由于 $\boldsymbol{\alpha}_{22}$ 和 $\boldsymbol{\alpha}_{33}$ 分别是第二个和第三个离散时间子系统的反馈矩阵，因此，很容易满足这两个假设.

现在，局部反馈控制输入所具有的部分状态反馈仅来自第一个子系统，可以将该输入用于第一个子系统，如下所示：

$$\boldsymbol{w}(k)=-\boldsymbol{G}_1\boldsymbol{\xi}_1(k)$$

这可得到以下闭环线性离散时间系统：

$$\begin{bmatrix}\boldsymbol{\xi}_1(k+1)\\ \boldsymbol{\xi}_2(k+1)\\ \boldsymbol{\eta}_3(k+1)\end{bmatrix}=\begin{bmatrix}\boldsymbol{\alpha}_{11}-(\boldsymbol{\beta}_1-\boldsymbol{P}_1\boldsymbol{\beta}_2-\boldsymbol{P}_2\boldsymbol{\beta}_3)\boldsymbol{G}_1 & 0 & 0\\ -\boldsymbol{\beta}_2\boldsymbol{G}_1 & \boldsymbol{\alpha}_{22} & 0\\ -\boldsymbol{\beta}_3\boldsymbol{G}_1 & \boldsymbol{\alpha}_{32} & \boldsymbol{\alpha}_{33}\end{bmatrix}\begin{bmatrix}\boldsymbol{\xi}_1(k)\\ \boldsymbol{\xi}_2(k)\\ \boldsymbol{\eta}_3(k)\end{bmatrix} \tag{5.23}$$

所得到的系统矩阵是分块下三角矩阵，因此，其闭环特征值是各个子系统（对角分块）的闭环特征值的并集.

现在，通过相似变换将新的状态变量和原始状态变量关联起来. 式（5.12）和式（5.23）中定义的状态坐标是通过状态变换式（5.14）和式（5.19）关联的. 可以将这些关系放入一个紧凑的矩阵形式中，从而实现对原始状态变量的一个变换，如式（5.24）所示.

$$\begin{bmatrix}\boldsymbol{\xi}_1(k)\\ \boldsymbol{\xi}_2(k)\\ \boldsymbol{\eta}_3(k)\end{bmatrix}=\begin{bmatrix}\boldsymbol{I} & -\boldsymbol{P}_1 & -\boldsymbol{P}_2\\ 0 & \boldsymbol{I} & 0\\ 0 & 0 & \boldsymbol{I}\end{bmatrix}\begin{bmatrix}\boldsymbol{x}_{\mathrm{I}}(k)\\ \boldsymbol{\xi}_2(k)\\ \boldsymbol{\eta}_3(k)\end{bmatrix}=\boldsymbol{T}_3\begin{bmatrix}\boldsymbol{x}_{\mathrm{I}}(k)\\ \boldsymbol{\xi}_2(k)\\ \boldsymbol{\eta}_3(k)\end{bmatrix}=\boldsymbol{T}_3\begin{bmatrix}\boldsymbol{I} & 0 & 0\\ 0 & \boldsymbol{I} & -\boldsymbol{P}_3\\ 0 & 0 & \boldsymbol{I}\end{bmatrix}\begin{bmatrix}\boldsymbol{x}_{\mathrm{I}}(k)\\ \boldsymbol{\eta}_2(k)\\ \boldsymbol{\eta}_3(k)\end{bmatrix}$$
$$=\boldsymbol{T}_3\boldsymbol{T}_2\begin{bmatrix}\boldsymbol{x}_{\mathrm{I}}(k)\\ \boldsymbol{\eta}_2(k)\\ \boldsymbol{\eta}_3(k)\end{bmatrix}=\boldsymbol{T}_3\boldsymbol{T}_2\begin{bmatrix}\boldsymbol{I} & 0 & 0\\ \boldsymbol{L}_3 & \boldsymbol{I} & 0\\ \boldsymbol{L}_1 & \boldsymbol{L}_2 & \boldsymbol{I}\end{bmatrix}\begin{bmatrix}\boldsymbol{x}_{\mathrm{I}}(k)\\ \boldsymbol{x}_{\mathrm{II}}(k)\\ \boldsymbol{x}_{\mathrm{III}}(k)\end{bmatrix}=\boldsymbol{T}_3\boldsymbol{T}_2\boldsymbol{T}_1\begin{bmatrix}\boldsymbol{x}_{\mathrm{I}}(k)\\ \boldsymbol{x}_{\mathrm{II}}(k)\\ \boldsymbol{x}_{\mathrm{III}}(k)\end{bmatrix}=\boldsymbol{T}\begin{bmatrix}\boldsymbol{x}_{\mathrm{I}}(k)\\ \boldsymbol{x}_{\mathrm{II}}(k)\\ \boldsymbol{x}_{\mathrm{III}}(k)\end{bmatrix}$$
$$=\begin{bmatrix}\boldsymbol{I}-\boldsymbol{P}_1\boldsymbol{L}_3-\boldsymbol{P}_2\boldsymbol{L}_1+\boldsymbol{P}_1\boldsymbol{P}_3\boldsymbol{L}_1 & -\boldsymbol{P}_1-\boldsymbol{P}_2\boldsymbol{L}_2+\boldsymbol{P}_1\boldsymbol{P}_3\boldsymbol{L}_2 & \boldsymbol{P}_1\boldsymbol{P}_3-\boldsymbol{P}_2\\ \boldsymbol{L}_3-\boldsymbol{P}_3\boldsymbol{L}_1 & \boldsymbol{I}-\boldsymbol{P}_3\boldsymbol{L}_2 & -\boldsymbol{P}_3\\ \boldsymbol{L}_1 & \boldsymbol{L}_2 & \boldsymbol{I}\end{bmatrix}\begin{bmatrix}\boldsymbol{x}_{\mathrm{I}}(k)\\ \boldsymbol{x}_{\mathrm{II}}(k)\\ \boldsymbol{x}_{\mathrm{III}}(k)\end{bmatrix}\tag{5.24}$$

应用到变换后的坐标中的系统的离散时间反馈控制信号由式（5.25）给出.

$$\begin{aligned}\boldsymbol{u}(\boldsymbol{\xi}_1(k),\boldsymbol{\xi}_2(k),\boldsymbol{\eta}_3(k))&=-\boldsymbol{G}_1\boldsymbol{\xi}_1(k)-\boldsymbol{G}_2\boldsymbol{\xi}_2(k)-\boldsymbol{G}_3\boldsymbol{\eta}_3(k)\\&=-\begin{bmatrix}\boldsymbol{G}_1 & \boldsymbol{G}_2 & \boldsymbol{G}_3\end{bmatrix}\begin{bmatrix}\boldsymbol{\xi}_1(k)\\ \boldsymbol{\xi}_2(k)\\ \boldsymbol{\eta}_3(k)\end{bmatrix}\\&=-\begin{bmatrix}\boldsymbol{G}_1 & \boldsymbol{G}_2 & \boldsymbol{G}_3\end{bmatrix}\boldsymbol{T}\begin{bmatrix}\boldsymbol{x}_{\mathrm{I}}(k)\\ \boldsymbol{x}_{\mathrm{II}}(k)\\ \boldsymbol{x}_{\mathrm{III}}(k)\end{bmatrix}\end{aligned}\tag{5.25}$$

利用状态变换式（5.24），可以得到原始坐标中的离散时间反馈控制信号

$$\boldsymbol{u}(\boldsymbol{x}_{\mathrm{I}}(k),\boldsymbol{x}_{\mathrm{II}}(k),\boldsymbol{x}_{\mathrm{III}}(k))=-\boldsymbol{G}_{1eq}\boldsymbol{x}_{\mathrm{I}}(k)-\boldsymbol{G}_{2eq}\boldsymbol{x}_{\mathrm{II}}(k)-\boldsymbol{G}_{3eq}\boldsymbol{x}_{\mathrm{III}}(k)\tag{5.26}$$

其中，等效的反馈增益由式（5.27）给出

$$\begin{aligned}\boldsymbol{G}_{1eq}&=\boldsymbol{G}_1(\boldsymbol{I}-\boldsymbol{P}_1\boldsymbol{L}_3-\boldsymbol{P}_2\boldsymbol{L}_1+\boldsymbol{P}_1\boldsymbol{P}_3\boldsymbol{L}_1)+\boldsymbol{G}_2(\boldsymbol{L}_3-\boldsymbol{P}_3\boldsymbol{L}_1)+\boldsymbol{G}_3\boldsymbol{L}_1\\\boldsymbol{G}_{2eq}&=\boldsymbol{G}_1(\boldsymbol{P}_1\boldsymbol{P}_3\boldsymbol{L}_2-\boldsymbol{P}_1-\boldsymbol{P}_2\boldsymbol{L}_2)+\boldsymbol{G}_2(\boldsymbol{I}-\boldsymbol{P}_3\boldsymbol{L}_2)+\boldsymbol{G}_3\boldsymbol{L}_2\\\boldsymbol{G}_{3eq}&=\boldsymbol{G}_1(\boldsymbol{P}_1\boldsymbol{P}_3-\boldsymbol{P}_2)-\boldsymbol{G}_2\boldsymbol{P}_3+\boldsymbol{G}_3\end{aligned}\tag{5.27}$$

针对能自然分解成慢速、快速和极快速子系统的三时间尺度线性系统，可以简化三级离散时间控制器的设计．也就是说，相应的设计方程的形式更简单，并且由于存在两个较小的参数（用于确定时间尺度），因此，很容易对 $\boldsymbol{L}$ 和 $\boldsymbol{P}$ 的方程进行求解.

5.2 三级三时间尺度离散线性控制系统

我们所提到的三级反馈控制器设计极其适用于具有慢速和快速模式的离散时间线性控制系统．对于此类系统而言，一般来说，如果我们尝试直接使用整个（全阶）系统设计一个线性反馈控制器，则将出现数值病态条件．可以通过将 5.1 节中所提到的设计专门应用于在三个时间尺度下工作的奇异摄动线性离散时间系统来实现设计简化．

在具有不同性质组件的真实物理系统中存在若干个多时间尺度．例如，先进重水反应堆（Shimjith et al.，2011a，2011b；Munje et al.，2014，2016）有三个时间尺度．燃料电池的动态会在至少三个时间尺度，甚至可能会在四个时间尺度下演变（Pukrushpan et al.，2004a；Zenith and Skogestad，2009）．Zenith 和 Skogestad（2009）的研究表明，一个质子交换膜燃料电池（PEMFC）系统有三个子系统，对应于三个不同时间常数的三个不同时间尺度下的工作：以秒为时间单位工作的电化学子系统、以分钟为时间单位工作的质子交换膜燃料电池系统的化学部件（能量平衡和质量平衡）以及以毫秒为时间单位工作的质子交换膜燃料电池系统的电气部件．根据 Wedig（2014）的研究，道路车辆具有多时间尺度的动态．在电力电子领域中，许多设备是在三个时间尺度下工作的（Umbria et al.，2014）．可以在直升机应用中找到三个时间尺度的情况（Esteban et al.，2013）．

尽管在 20 世纪 80 年代已经制定并完全认识了双时间尺度离散时间系统，但是关于三时间尺度线性离散时间系统，如何得到最方便可用的方程的问题到目前还尚未解决．Mahmoud（1986）对三时间尺度离散时间线性系统可稳定性问题进行了研究，沿用了 Litkouhi 和 Khalil（1984，1985）的双时间尺度快时间尺度公式，并且推导出了此类控制系统表达式，如式（5.28）所示．

$$\begin{bmatrix} \boldsymbol{x}_{\mathrm{I}}(k+1) \\ \boldsymbol{x}_{\mathrm{II}}(k+1) \\ \boldsymbol{x}_{\mathrm{III}}(k+1) \end{bmatrix} = \begin{bmatrix} \boldsymbol{I}+\varepsilon_1\boldsymbol{A}_{11} & \varepsilon_1\boldsymbol{A}_{12} & \varepsilon_1\boldsymbol{A}_{13} \\ \dfrac{\varepsilon_1}{\varepsilon_2}\boldsymbol{A}_{21} & \dfrac{\varepsilon_1}{\varepsilon_2}\boldsymbol{A}_{22} & \dfrac{\varepsilon_1}{\varepsilon_2}\boldsymbol{A}_{23} \\ \dfrac{\varepsilon_1}{\varepsilon_3}\boldsymbol{A}_{31} & \dfrac{\varepsilon_1}{\varepsilon_3}\boldsymbol{A}_{32} & \dfrac{\varepsilon_1}{\varepsilon_3}\boldsymbol{A}_{33} \end{bmatrix} \begin{bmatrix} \boldsymbol{x}_{\mathrm{I}}(k) \\ \boldsymbol{x}_{\mathrm{II}}(k) \\ \boldsymbol{x}_{\mathrm{III}}(k) \end{bmatrix}$$

$$+\begin{bmatrix} \varepsilon_1 \boldsymbol{B}_{11} \\ \dfrac{\varepsilon_1}{\varepsilon_2}\boldsymbol{B}_{22} \\ \dfrac{\varepsilon_1}{\varepsilon_3}\boldsymbol{B}_{33} \end{bmatrix} \boldsymbol{u}(k) \tag{5.28}$$

$\boldsymbol{x}_{\mathrm{I}}(k)\in \mathbf{R}^{n_1}$ 是慢速状态变量，$\boldsymbol{x}_{\mathrm{II}}(k)\in \mathbf{R}^{n_2}$ 是快速状态变量，$\boldsymbol{x}_{\mathrm{III}}(k)\in \mathbf{R}^{n_3}$（$n=n_1+n_2+n_3$）是极快速状态变量，$\boldsymbol{u}(k)\in \mathbf{R}^{m}$ 是控制输入向量，$\boldsymbol{A}_{ij}$ 和 $\boldsymbol{B}_{ii}$（i, j=1,2,3）是适当大小的常数矩阵．矩阵 $\boldsymbol{A}_{11}$，$\boldsymbol{A}_{22}$ 和 $\boldsymbol{A}_{33}$ 定义了大小为 n_1，n_2 和 n_3 的慢速、快速和极快速子系统，分别对应于状态变量 $\boldsymbol{x}_{\mathrm{I}}(k)$，$\boldsymbol{x}_{\mathrm{II}}(k)$ 和 $\boldsymbol{x}_{\mathrm{III}}(k)$．根据 Mahmoud（1986）的研究，较小的奇异摄动参数满足 $\varepsilon_1=\sqrt{\varepsilon_2^2+\varepsilon_3^2}$．对于 ε_1，还可以选择取作 $\varepsilon_1=\sqrt{\varepsilon_2\varepsilon_3}$（Kokotovic et al.，1999）．

将 Litkouhi 和 Khalil（1984，1985）的快时间尺度公式沿用至离散三时间尺度，如式（5.29）所示．与 Mahmoud（1986）的研究相比，这似乎与他们最初的双时间尺度公式更为契合：

$$\begin{bmatrix} \boldsymbol{x}_{\mathrm{I}}(k+1) \\ \boldsymbol{x}_{\mathrm{II}}(k+1) \\ \boldsymbol{x}_{\mathrm{III}}(k+1) \end{bmatrix} = \begin{bmatrix} \boldsymbol{I}+\varepsilon_1\boldsymbol{A}_{11} & \varepsilon_1\boldsymbol{A}_{12} & \varepsilon_1\boldsymbol{A}_{13} \\ \varepsilon_2\boldsymbol{A}_{21} & \boldsymbol{I}+\varepsilon_2\boldsymbol{A}_{22} & \varepsilon_2\boldsymbol{A}_{23} \\ \boldsymbol{A}_{31} & \boldsymbol{A}_{32} & \boldsymbol{A}_{33} \end{bmatrix} \begin{bmatrix} \boldsymbol{x}_{\mathrm{I}}(k) \\ \boldsymbol{x}_{\mathrm{II}}(k) \\ \boldsymbol{x}_{\mathrm{III}}(k) \end{bmatrix} + \begin{bmatrix} \varepsilon_1\boldsymbol{B}_{11} \\ \varepsilon_2\boldsymbol{B}_{22} \\ \boldsymbol{B}_{33} \end{bmatrix} \boldsymbol{u}(k) \tag{5.29}$$

需要指出有趣的一点是，对三时间尺度奇异摄动离散时间线性系统的研究（Zerizer，2016）提出了式（5.30）所示的系统公式：

$$\begin{bmatrix} \boldsymbol{x}_{\mathrm{I}}(k+1) \\ \boldsymbol{x}_{\mathrm{II}}(k+1) \\ \varepsilon_1\boldsymbol{x}_{\mathrm{III}}(k+1) \end{bmatrix} = \begin{bmatrix} \boldsymbol{A}_{11} & \varepsilon_1\boldsymbol{A}_{12} & \boldsymbol{A}_{13} \\ \boldsymbol{A}_{21} & \varepsilon_1\boldsymbol{A}_{22} & \boldsymbol{A}_{23} \\ \boldsymbol{A}_{31} & \varepsilon_1\boldsymbol{A}_{32} & \boldsymbol{A}_{33} \end{bmatrix} \begin{bmatrix} \boldsymbol{x}_{\mathrm{I}}(k) \\ \boldsymbol{x}_{\mathrm{II}}(k) \\ \boldsymbol{x}_{\mathrm{III}}(k) \end{bmatrix} \tag{5.30}$$

由于 Zerizer（2016）的研究未考虑到控制问题，因此，在其研究文献中未定义输入矩阵 $\boldsymbol{B}$．有趣的一点是，可以观察到三时间尺度线性离散系统方程式（5.30）仅有一个奇异摄动参数．

在形式上，对 Rao 和 Naidu（1981）以及 Naidu 和 Calise（2001）的双时间慢时间尺度公式进行拓展，可以得到三时间尺度线性离散时间控制问题的方程，如式（5.31）所示．

$$\begin{bmatrix} x_{\mathrm{I}}(k+1) \\ x_{\mathrm{II}}(k+1) \\ x_{\mathrm{III}}(k+1) \end{bmatrix} = \begin{bmatrix} A_{11} & \varepsilon_1 A_{12} & \varepsilon_2 A_{13} \\ A_{21} & \varepsilon_1 A_{22} & \varepsilon_2 A_{23} \\ A_{31} & \varepsilon_1 A_{32} & \varepsilon_2 A_{33} \end{bmatrix} \begin{bmatrix} x_{\mathrm{I}}(k) \\ x_{\mathrm{II}}(k) \\ x_{\mathrm{III}}(k) \end{bmatrix} + \begin{bmatrix} B_{11} \\ B_{22} \\ B_{33} \end{bmatrix} u(k) \tag{5.31}$$

可以在 Munje 等（2015a，2015b）的研究成果中找到离散时间三时间尺度线性系统的另一个问题的方程，其中，一般会假设此类系统的特征值聚类在单位圆内三个不相交的圈中．在 Phillipps（1980a，1980b）和 Naidu（1988）的经典研究成果中可以找到这一公式的元素．在这些研究成果中，未引入较小的奇异摄动参数，因此，对于简化 5.2 节中推导的三级反馈控制器设计的代数方程而言，此问题公式将不起作用．仅在确定了奇异摄动参数并清楚地确定了它们幅值顺序的情况下，才可以简化这些代数方程．

5.3 研究展望

首先，有必要证明所提出的离散时间线性系统的四个三时间尺度公式中的哪个公式最适用于实际的离散时间系统，从而实现使用有意义的面向控制的假设和条件在子系统级别完整地执行设计和系统分析．对于这样得到的公式，应该研究数值技术，求解式（5.4），（5.9）中定义的非线性代数方程，以及式（5.16），（5.21）和（5.22）中定义的线性西尔维斯特代数方程．同时，希望能开发相应的定点迭代算法（或牛顿法），按线性代数方程进行求解．为此，存在较小的奇异摄动参数将起到重要的作用．

第 6 章　连续时间四级反馈控制器设计

在本章中，我们会将第 4 章中连续时间三级反馈控制器设计的研究结果延伸到四级反馈控制器设计. 这可促进对四个系统状态变量子集的独立控制，这四个子集表示所研究的系统的四个人工或自然子系统. 仅需要获得降阶子系统级别的代数方程的解，这一新的衍生技术就可以只使用相应的子系统状态反馈（部分反馈）来设计合适的局部反馈控制器. 将局部控制器合并起来，就形成了适用于系统的全局控制器. 所提出的技术可以促进在子系统级别设计独立的全状态反馈控制器. 不同类型的局部控制器，例如，特征值分配、鲁棒、某种程度上的最优以及基于观测器的控制器等，可用于控制不同的子系统. 此特性尚不适用于任何其他已知的线性反馈控制器设计技术.

在本章 6.3 节中，我们将说明如何将所得到的结果专门应用于能自然分解成极慢速、慢速、快速和极快速子系统的系统. 这些系统是四时间尺度线性控制系统（奇异摄动控制系统）. 此外，所提出的技术消除了原始四时间尺度奇异摄动线性系统的数值病态条件.

6.1　概　　述

本章要说明的技术要求清楚地确认系统的子系统. 可以使用以下几种方法将系统分块成四个子系统：

（1）根据子系统的物理性质（系统自然分解）分；

（2）根据分块系统实现四级反馈设计必须满足的条件分；

（3）根据求解相应的设计方程而必须满足的数学条件分；

（4）根据控制需求分（最合适的局部控制器应独立控制系统的哪些部分）；

（5）对状态空间变量进行分组，使子系统满足面向控制的假设．例如，设计满足可控（可稳定）和/或可观测（可检测性）条件的局部最优控制器和滤波器所需的假设．尽管在系统可稳定-可检测条件不满足的情况下，有可能无法设计出系统最优控制器，但针对局部子系统满足可稳定性-可检测性条件，可设计出局部最优控制器．

四级反馈设计的动力因素如下：

（a）仅使用子系统（降阶）矩阵计算（设计）所得到的相应反馈增益，为系统的不同部分（子系统）设计不同类型的控制器（最优、特征值分配、鲁棒以及可靠的控制器等）．

（b）控制局部子系统的反馈增益，将单个公式整合为一个全状态反馈增益，得到统一的系统反馈控制器．

（c）计算量大幅减少，因为计算是通过使用与子系统对应的降维矩阵来完成的．

（d）可以实现非常高的准确性，因为可以消除高阶矩阵的数值病态条件，并且计算是通过使用良态的低阶矩阵来完成的．

（e）可以对设计进行拓展，用于开发相应的四级观测器（Sinha，2007；Chen，2012）和滤波器，以及观测器驱动和滤波器驱动的线性二次型最优控制器（它还可以延伸到线性随机系统），包括它们的四时间尺度的对应部分．

（f）设计对于每个局部子系统而言都是独立的，从而实现灵活地开发部分全状态反馈和部分输出反馈控制器，包括线性二次型最优控制器．

（g）使用多级设计很容易提高鲁棒性和可靠性，并且可以提高反馈控制环的安全性，如今来看，这似乎是一项非常重要的功能，尤其是对于信息物理系统和计算机/通信网络而言．

研究者专门将 6.2 节中开发的技术应用于具有慢速和快速模式的大型线性控制系统（多时间尺度反馈系统，奇异摄动控制系统；Kokotovic et al.，1999；Naidu and Calise，2001；Dimitriev and Kurina，2006；Kuehn，2015），所提出的设计类型似乎非常适用于这些系统．这成为所提出的方法的一项重要应用．机械工程和航空航天领域中的许多系统都具有此结构（Hsiao et al.，2001；Naidu and Calise，

2001；Chen et al.，2002；Shapira and Ben-Asher，2004；Demetriou and Kazantzis，2005；Wang and Ghorbel，2006；Amjadifard et al.，2011；Kuehn，2015)，原因是存在较小和较大的时间常数、较小的质量、较小的转动惯量以及较小的刚度系数，这会使系统特征值聚类成若干个不相交的组，特别是会聚类成四个组，从而产生一个四时间尺度线性动态系统.

6.2　连续时间反馈控制器的四级设计

第 2 章和第 4 章中提出并展示了适用于两级和三级连续时间线性反馈控制器设计的有效方法．在本节中，我们会将第 4 章的连续时间研究结果延伸到四级反馈控制器设计．在本章接下来的内容中，我们将展示如何将新得到的结果有效地用于四时间尺度线性控制系统（奇异摄动线性控制系统）的四级反馈控制.

假设有一个连续时间线性时不变系统，其分块形式如式（6.1）所示.

$$\frac{d\boldsymbol{x}(t)}{dt}=\begin{bmatrix}\dfrac{d\boldsymbol{x}_{\mathrm{I}}(t)}{dt}\\ \dfrac{d\boldsymbol{x}_{\mathrm{II}}(t)}{dt}\\ \dfrac{d\boldsymbol{x}_{\mathrm{III}}(t)}{dt}\\ \dfrac{d\boldsymbol{x}_{\mathrm{IV}}(t)}{dt}\end{bmatrix}=\begin{bmatrix}\boldsymbol{A}_{11} & \boldsymbol{A}_{12} & \boldsymbol{A}_{13} & \boldsymbol{A}_{14}\\ \boldsymbol{A}_{21} & \boldsymbol{A}_{22} & \boldsymbol{A}_{23} & \boldsymbol{A}_{24}\\ \boldsymbol{A}_{31} & \boldsymbol{A}_{32} & \boldsymbol{A}_{33} & \boldsymbol{A}_{34}\\ \boldsymbol{A}_{41} & \boldsymbol{A}_{42} & \boldsymbol{A}_{43} & \boldsymbol{A}_{44}\end{bmatrix}\begin{bmatrix}\boldsymbol{x}_{\mathrm{I}}(t)\\ \boldsymbol{x}_{\mathrm{II}}(t)\\ \boldsymbol{x}_{\mathrm{III}}(t)\\ \boldsymbol{x}_{\mathrm{IV}}(t)\end{bmatrix}+\begin{bmatrix}\boldsymbol{B}_{11}\\ \boldsymbol{B}_{22}\\ \boldsymbol{B}_{33}\\ \boldsymbol{B}_{44}\end{bmatrix}\boldsymbol{u}(t)=\boldsymbol{A}\boldsymbol{x}(t)+\boldsymbol{B}\boldsymbol{u}(t)$$

$$\boldsymbol{y}(t)=\begin{bmatrix}\boldsymbol{C}_{11} & \boldsymbol{C}_{22} & \boldsymbol{C}_{33} & \boldsymbol{C}_{44}\end{bmatrix}\begin{bmatrix}\boldsymbol{x}_{\mathrm{I}}(t)\\ \boldsymbol{x}_{\mathrm{II}}(t)\\ \boldsymbol{x}_{\mathrm{III}}(t)\\ \boldsymbol{x}_{\mathrm{IV}}(t)\end{bmatrix}=\boldsymbol{C}\boldsymbol{x}(t) \tag{6.1}$$

其中 $\boldsymbol{x}(t)\in\mathbf{R}^{n}$，$\boldsymbol{x}_{\mathrm{I}}(t)\in\mathbf{R}^{n_1}$，$\boldsymbol{x}_{\mathrm{II}}(t)\in\mathbf{R}^{n_2}$，$\boldsymbol{x}_{\mathrm{III}}(t)\in\mathbf{R}^{n_3}$ 和 $\boldsymbol{x}_{\mathrm{IV}}(t)\in\mathbf{R}^{n_4}$（$n=n_1+n_2+n_3+n_4$）是系统状态空间变量，$\boldsymbol{u}(t)\in\mathbf{R}^{m}$ 是系统控制输入向量，$\boldsymbol{y}(t)\in\mathbf{R}^{p}$ 是系统测量向量，$\boldsymbol{A}_{ij}$，$\boldsymbol{B}_{ii}$ 和 $\boldsymbol{C}_{ii}$（$i,j=1,2,3,4$）是适当大小的常数矩阵．矩阵 $\boldsymbol{A}_{11}$，$\boldsymbol{A}_{22}$，$\boldsymbol{A}_{33}$ 和 $\boldsymbol{A}_{44}$ 定义了大小为 n_1，n_2，n_3 和 n_4 的子系统，分别对应于状态变量 $\boldsymbol{x}_{\mathrm{I}}(t)$，$\boldsymbol{x}_{\mathrm{II}}(t)$，$\boldsymbol{x}_{\mathrm{III}}(t)$ 和 $\boldsymbol{x}_{\mathrm{IV}}(t)$．矩阵 $\boldsymbol{A}_{ij}$（$i,j=1,2,3,4, i\neq j$）定义了子系统之间的

耦合.

本节接下来的内容将介绍四级反馈控制器设计的步骤. 在引入阶段，我们会通过若干变量变换将系统映射到合适的坐标中，从而得到分块上三角的形式.

第一个变量变换

首先，用式（6.2）对式（6.1）定义的原始系统进行变量变换.

$$\boldsymbol{\eta}_4(t)=\boldsymbol{L}_1\boldsymbol{x}_{\mathrm{I}}(t)+\boldsymbol{L}_2\boldsymbol{x}_{\mathrm{II}}(t)+\boldsymbol{L}_3\boldsymbol{x}_{\mathrm{III}}(t)+\boldsymbol{x}_{\mathrm{IV}}(t) \tag{6.2}$$

得到$\boldsymbol{\eta}_4(t)$的动态方程，如式（6.3）所示.

$$\begin{aligned}\frac{d\boldsymbol{\eta}_4(t)}{dt}&=(\boldsymbol{A}_{44}+\boldsymbol{L}_1\boldsymbol{A}_{14}+\boldsymbol{L}_2\boldsymbol{A}_{24}+\boldsymbol{L}_3\boldsymbol{A}_{34})\boldsymbol{\eta}_4(t)+(\boldsymbol{B}_{44}+\boldsymbol{L}_1\boldsymbol{B}_{11}+\boldsymbol{L}_2\boldsymbol{B}_{22}+\boldsymbol{L}_3\boldsymbol{B}_{33})\boldsymbol{u}(t)\\&\quad+f_{41}(\boldsymbol{L}_1,\boldsymbol{L}_2,\boldsymbol{L}_3)\boldsymbol{x}_{\mathrm{I}}(t)+f_{42}(\boldsymbol{L}_1,\boldsymbol{L}_2,\boldsymbol{L}_3)\boldsymbol{x}_{\mathrm{II}}(t)+f_{43}(\boldsymbol{L}_1,\boldsymbol{L}_2,\boldsymbol{L}_3)\boldsymbol{x}_{\mathrm{III}}(t)\\&=\boldsymbol{A}_4\boldsymbol{\eta}_4(t)+\boldsymbol{B}_4\boldsymbol{u}(t)\\&\boldsymbol{A}_4=\boldsymbol{A}_{44}+\boldsymbol{L}_1\boldsymbol{A}_{14}+\boldsymbol{L}_2\boldsymbol{A}_{24}+\boldsymbol{L}_3\boldsymbol{A}_{34},\quad \boldsymbol{B}_4=\boldsymbol{B}_{44}+\boldsymbol{L}_1\boldsymbol{B}_{11}+\boldsymbol{L}_2\boldsymbol{B}_{22}+\boldsymbol{L}_3\boldsymbol{B}_{33}\end{aligned} \tag{6.3}$$

假设式（6.4）的代数方程组有实解即可消除式（6.3）中的耦合项.

$$\begin{aligned}f_{41}(\boldsymbol{L}_1,\boldsymbol{L}_2,\boldsymbol{L}_3)&=\boldsymbol{L}_1\boldsymbol{A}_{11}+\boldsymbol{L}_2\boldsymbol{A}_{21}+\boldsymbol{L}_3\boldsymbol{A}_{31}+\boldsymbol{A}_{41}-(\boldsymbol{L}_1\boldsymbol{A}_{14}+\boldsymbol{L}_2\boldsymbol{A}_{24}+\boldsymbol{L}_3\boldsymbol{A}_{34}+\boldsymbol{A}_{44})\boldsymbol{L}_1=0\\f_{42}(\boldsymbol{L}_1,\boldsymbol{L}_2,\boldsymbol{L}_3)&=\boldsymbol{L}_1\boldsymbol{A}_{12}+\boldsymbol{L}_2\boldsymbol{A}_{22}+\boldsymbol{L}_3\boldsymbol{A}_{32}+\boldsymbol{A}_{42}-(\boldsymbol{L}_1\boldsymbol{A}_{14}+\boldsymbol{L}_2\boldsymbol{A}_{24}+\boldsymbol{L}_3\boldsymbol{A}_{34}+\boldsymbol{A}_{44})\boldsymbol{L}_2=0\\f_{43}(\boldsymbol{L}_1,\boldsymbol{L}_2,\boldsymbol{L}_3)&=\boldsymbol{L}_1\boldsymbol{A}_{13}+\boldsymbol{L}_2\boldsymbol{A}_{23}+\boldsymbol{L}_3\boldsymbol{A}_{33}+\boldsymbol{A}_{43}-(\boldsymbol{L}_1\boldsymbol{A}_{14}+\boldsymbol{L}_2\boldsymbol{A}_{24}+\boldsymbol{L}_3\boldsymbol{A}_{34}+\boldsymbol{A}_{44})\boldsymbol{L}_3=0\end{aligned} \tag{6.4}$$

一般来说，对耦合的非线性代数方程式（6.4）进行求解并非一项简单的任务. 不过，对于四时间尺度线性系统而言，相应的代数方程的形式更简单，因此，可以使用定点迭代或牛顿算法有效地求出数值解，我们将在下一节中进行说明.

使用式（6.2）将$\boldsymbol{x}_{\mathrm{IV}}(t)$从式（6.1）中消除，$\boldsymbol{x}_{\mathrm{I}}(t)$，$\boldsymbol{x}_{\mathrm{II}}(t)$和$\boldsymbol{x}_{\mathrm{III}}(t)$的微分方程将变成

$$\begin{aligned}\frac{d\boldsymbol{x}_{\mathrm{I}}(t)}{dt}&=(\boldsymbol{A}_{11}-\boldsymbol{A}_{14}\boldsymbol{L}_1)\boldsymbol{x}_{\mathrm{I}}(t)+(\boldsymbol{A}_{12}-\boldsymbol{A}_{14}\boldsymbol{L}_2)\boldsymbol{x}_{\mathrm{II}}(t)+(\boldsymbol{A}_{13}-\boldsymbol{A}_{14}\boldsymbol{L}_3)\boldsymbol{x}_{\mathrm{III}}(t)\\&\quad+\boldsymbol{A}_{14}\boldsymbol{\eta}_4(t)+\boldsymbol{B}_{11}\boldsymbol{u}(t)\end{aligned} \tag{6.5a}$$

$$\begin{aligned}\frac{d\boldsymbol{x}_{\mathrm{II}}(t)}{dt}&=(\boldsymbol{A}_{21}-\boldsymbol{A}_{24}\boldsymbol{L}_1)\boldsymbol{x}_{\mathrm{I}}(t)+(\boldsymbol{A}_{22}-\boldsymbol{A}_{24}\boldsymbol{L}_2)\boldsymbol{x}_{\mathrm{II}}(t)+(\boldsymbol{A}_{23}-\boldsymbol{A}_{24}\boldsymbol{L}_3)\boldsymbol{x}_{\mathrm{III}}(t)\\&\quad+\boldsymbol{A}_{24}\boldsymbol{\eta}_4(t)+\boldsymbol{B}_{22}\boldsymbol{u}(t)\end{aligned} \tag{6.5b}$$

$$\begin{aligned}\frac{d\boldsymbol{x}_{\mathrm{III}}(t)}{dt}&=(\boldsymbol{A}_{31}-\boldsymbol{A}_{34}\boldsymbol{L}_1)\boldsymbol{x}_{\mathrm{I}}(t)+(\boldsymbol{A}_{32}-\boldsymbol{A}_{34}\boldsymbol{L}_2)\boldsymbol{x}_{\mathrm{II}}(t)+(\boldsymbol{A}_{33}-\boldsymbol{A}_{34}\boldsymbol{L}_3)\boldsymbol{x}_{\mathrm{III}}(t)\\&\quad+\boldsymbol{A}_{34}\boldsymbol{\eta}_4(t)+\boldsymbol{B}_{33}\boldsymbol{u}(t)\end{aligned} \tag{6.5c}$$

由于$\boldsymbol{\eta}_4(t)$子系统式（6.3）是独立的，因此，可以使用$\boldsymbol{u}(t)=-\boldsymbol{G}_4\boldsymbol{\eta}_4(t)+\boldsymbol{v}(t)$为其设计一个反馈控制器，其中$\boldsymbol{v}(t)$表示输入信号，可用于控制其他子系统．在第 2 章的两级反馈控制器设计中使用了此策略．不过，在本章中，由于涉及的是更为复杂的四级设计，因此，先要得到整体系统的分块上三角结构，然后将说明如何独立设计局部反馈控制器．在第 4 章中，我们也使用了相同的策略，其中呈现了三级反馈控制器设计．下面，首先引入简化表示法，并用式（6.6a），（6.6b）和（6.6c）的形式表示式（6.5）定义的子系统．

$$\frac{d\boldsymbol{x}_{\mathrm{I}}(t)}{dt}=\boldsymbol{a}_{11}\boldsymbol{x}_{\mathrm{I}}(t)+\boldsymbol{a}_{12}\boldsymbol{x}_{\mathrm{II}}(t)+\boldsymbol{a}_{13}\boldsymbol{x}_{\mathrm{III}}(t)+\boldsymbol{a}_{14}\boldsymbol{\eta}_4(t)+\boldsymbol{b}_{11}\boldsymbol{u}(t)$$

$$\boldsymbol{a}_{11}=\boldsymbol{A}_{11}-\boldsymbol{A}_{14}\boldsymbol{L}_1,\quad \boldsymbol{a}_{12}=\boldsymbol{A}_{12}-\boldsymbol{A}_{14}\boldsymbol{L}_2,\quad \boldsymbol{a}_{13}=\boldsymbol{A}_{13}-\boldsymbol{A}_{14}\boldsymbol{L}_3,\quad \boldsymbol{a}_{14}=\boldsymbol{A}_{14} \tag{6.6a}$$

$$\boldsymbol{b}_{11}=\boldsymbol{B}_{11}$$

$$\frac{d\boldsymbol{x}_{\mathrm{II}}(t)}{dt}=\boldsymbol{a}_{21}\boldsymbol{x}_{\mathrm{I}}(t)+\boldsymbol{a}_{22}\boldsymbol{x}_{\mathrm{II}}(t)+\boldsymbol{a}_{23}\boldsymbol{x}_{\mathrm{III}}(t)+\boldsymbol{a}_{24}\boldsymbol{\eta}_4(t)+\boldsymbol{b}_{22}\boldsymbol{u}(t)$$

$$\boldsymbol{a}_{21}=\boldsymbol{A}_{21}-\boldsymbol{A}_{24}\boldsymbol{L}_1,\quad \boldsymbol{a}_{22}=\boldsymbol{A}_{22}-\boldsymbol{A}_{24}\boldsymbol{L}_2,\quad \boldsymbol{a}_{23}=\boldsymbol{A}_{23}-\boldsymbol{A}_{24}\boldsymbol{L}_3,\quad \boldsymbol{a}_{24}=\boldsymbol{A}_{24} \tag{6.6b}$$

$$\boldsymbol{b}_{22}=\boldsymbol{B}_{22}$$

$$\frac{d\boldsymbol{x}_{\mathrm{III}}(t)}{dt}=\boldsymbol{a}_{31}\boldsymbol{x}_{\mathrm{I}}(t)+\boldsymbol{a}_{32}\boldsymbol{x}_{\mathrm{II}}(t)+\boldsymbol{a}_{33}\boldsymbol{x}_{\mathrm{III}}(t)+\boldsymbol{a}_{34}\boldsymbol{\eta}_4(t)+\boldsymbol{b}_{33}\boldsymbol{u}(t)$$

$$\boldsymbol{a}_{31}=\boldsymbol{A}_{31}-\boldsymbol{A}_{34}\boldsymbol{L}_1,\quad \boldsymbol{a}_{32}=\boldsymbol{A}_{32}-\boldsymbol{A}_{34}\boldsymbol{L}_2,\quad \boldsymbol{a}_{33}=\boldsymbol{A}_{33}-\boldsymbol{A}_{34}\boldsymbol{L}_3,\quad \boldsymbol{a}_{34}=\boldsymbol{A}_{34} \tag{6.6c}$$

$$\boldsymbol{b}_{33}=\boldsymbol{B}_{33}$$

第二个变量变换

现在，引入第二个变量变换，将其他子系统的动态从新定义的第三个子系统中移除．

$$\boldsymbol{\eta}_3(t)=\boldsymbol{L}_4\boldsymbol{x}_{\mathrm{I}}(t)+\boldsymbol{L}_5\boldsymbol{x}_{\mathrm{II}}(t)+\boldsymbol{x}_{\mathrm{III}}(t) \tag{6.7}$$

此变量变换会得到式（6.8）所示的$\boldsymbol{\eta}_3(t)$的动态系统．

$$\begin{aligned}\frac{d\boldsymbol{\eta}_3(t)}{dt}&=(\boldsymbol{a}_{33}+\boldsymbol{L}_4\boldsymbol{a}_{13}+\boldsymbol{L}_5\boldsymbol{a}_{23})\boldsymbol{\eta}_3(t)+(\boldsymbol{a}_{34}+\boldsymbol{L}_4\boldsymbol{a}_{14}+\boldsymbol{L}_5\boldsymbol{a}_{24})\boldsymbol{\eta}_4(t)\\&\quad+(\boldsymbol{b}_{33}+\boldsymbol{L}_4\boldsymbol{b}_{11}+\boldsymbol{L}_5\boldsymbol{b}_{22})\boldsymbol{u}(t)+f_{31}(\boldsymbol{L}_4,\boldsymbol{L}_5)x_{\mathrm{I}}(t)+f_{32}(\boldsymbol{L}_4,\boldsymbol{L}_5)x_{\mathrm{II}}(t)\\&=(\boldsymbol{a}_{33}+\boldsymbol{L}_4\boldsymbol{a}_{13}+\boldsymbol{L}_5\boldsymbol{a}_{23})\boldsymbol{\eta}_3(t)+(\boldsymbol{a}_{34}+\boldsymbol{L}_4\boldsymbol{a}_{14}+\boldsymbol{L}_5\boldsymbol{a}_{24})\boldsymbol{\eta}_4(t)\\&\quad+(\boldsymbol{b}_{33}+\boldsymbol{L}_4\boldsymbol{b}_{11}+\boldsymbol{L}_5\boldsymbol{b}_{22})\boldsymbol{u}(t)\end{aligned} \tag{6.8}$$

在式（6.8）中，使用了以下结果：$f_{31}(\boldsymbol{L}_4,\boldsymbol{L}_5)=0$和$f_{32}(\boldsymbol{L}_4,\boldsymbol{L}_5)=0$．这两个代数方程由式（6.9）给出

$$
\begin{aligned}
f_{31}(\boldsymbol{L}_4,\boldsymbol{L}_5)&=(\boldsymbol{a}_{31}+\boldsymbol{L}_4\boldsymbol{a}_{11}+\boldsymbol{L}_5\boldsymbol{a}_{21})-(\boldsymbol{a}_{33}+\boldsymbol{L}_4\boldsymbol{a}_{13}+\boldsymbol{L}_5\boldsymbol{a}_{23})\boldsymbol{L}_4=0\\
f_{32}(\boldsymbol{L}_4,\boldsymbol{L}_5)&=(\boldsymbol{a}_{32}+\boldsymbol{L}_4\boldsymbol{a}_{12}+\boldsymbol{L}_5\boldsymbol{a}_{22})-(\boldsymbol{a}_{33}+\boldsymbol{L}_4\boldsymbol{a}_{13}+\boldsymbol{L}_5\boldsymbol{a}_{23})\boldsymbol{L}_5=0
\end{aligned}
\tag{6.9}
$$

一般来说，求解式（6.9）中定义的非线性代数方程并不容易．在本章 6.3 节中，我们将针对一个特殊的四时间尺度线性动态系统案例，研究如何有效地求解这些代数方程．

完成式（6.7）定义的变量变换后，新坐标中的第一个和第二个子系统将变成

$$
\begin{aligned}
\frac{d\boldsymbol{x}_{\mathrm{I}}(t)}{dt}&=\boldsymbol{\alpha}_{11}\boldsymbol{x}_{\mathrm{I}}(t)+\boldsymbol{\alpha}_{12}\boldsymbol{x}_{\mathrm{II}}(t)+\boldsymbol{\alpha}_{13}\boldsymbol{\eta}_3(t)+\boldsymbol{\alpha}_{14}\boldsymbol{\eta}_4(t)+\boldsymbol{\beta}_{11}\boldsymbol{u}(t)\\
\frac{d\boldsymbol{x}_{\mathrm{II}}(t)}{dt}&=\boldsymbol{\alpha}_{21}\boldsymbol{x}_{\mathrm{I}}(t)+\boldsymbol{\alpha}_{22}\boldsymbol{x}_{\mathrm{II}}(t)+\boldsymbol{\alpha}_{23}\boldsymbol{\eta}_3(t)+\boldsymbol{\alpha}_{24}\boldsymbol{\eta}_4(t)+\boldsymbol{\beta}_{22}\boldsymbol{u}(t)
\end{aligned}
\tag{6.10a}
$$

其中，新引入的矩阵 $\boldsymbol{\alpha}_{ij}, i=1,2,\ j=1,2,3,4$ 和 $\boldsymbol{\beta}_{ii}$ 是由式（6.10b）定义的．

$$
\begin{aligned}
&\boldsymbol{\alpha}_{11}=\boldsymbol{a}_{11}-\boldsymbol{a}_{13}\boldsymbol{L}_4,\ \ \boldsymbol{\alpha}_{12}=\boldsymbol{a}_{12}-\boldsymbol{a}_{13}\boldsymbol{L}_5,\ \ \boldsymbol{\alpha}_{13}=\boldsymbol{a}_{13},\ \ \boldsymbol{\alpha}_{14}=\boldsymbol{a}_{14},\ \ \boldsymbol{\beta}_{11}=\boldsymbol{b}_{11}\\
&\boldsymbol{\alpha}_{21}=\boldsymbol{a}_{21}-\boldsymbol{a}_{23}\boldsymbol{L}_4,\ \ \boldsymbol{\alpha}_{22}=\boldsymbol{a}_{22}-\boldsymbol{a}_{23}\boldsymbol{L}_5,\ \ \boldsymbol{\alpha}_{23}=\boldsymbol{a}_{23},\ \ \boldsymbol{\alpha}_{24}=\boldsymbol{a}_{24},\ \ \boldsymbol{\beta}_{22}=\boldsymbol{b}_{22}
\end{aligned}
\tag{6.10b}
$$

第三个变量变换

完成另一个变量变换，将 $\boldsymbol{x}_{\mathrm{II}}(t)$ 从式（6.10a）中消除．此变换由式（6.11）给出．

$$
\boldsymbol{\eta}_2(t)=\boldsymbol{L}_6\boldsymbol{x}_{\mathrm{I}}(t)+\boldsymbol{x}_{\mathrm{II}}(t)
\tag{6.11}
$$

在新的坐标中，可以得到式（6.12）所示的 $\boldsymbol{\eta}_2(t)$ 子系统

$$
\begin{aligned}
\frac{d\boldsymbol{\eta}_2(t)}{dt}=&(\boldsymbol{\alpha}_{22}+\boldsymbol{L}_6\boldsymbol{\alpha}_{12})\boldsymbol{\eta}_2(t)+(\boldsymbol{\alpha}_{23}+\boldsymbol{L}_6\boldsymbol{\alpha}_{13})\boldsymbol{\eta}_3(t)+(\boldsymbol{\alpha}_{24}+\boldsymbol{L}_6\boldsymbol{\alpha}_{14})\boldsymbol{\eta}_4(t)\\
&+(\boldsymbol{\beta}_{22}+\boldsymbol{L}_6\boldsymbol{\beta}_{11})\boldsymbol{u}(t)+f_{22}(\boldsymbol{L}_6)\boldsymbol{x}_{\mathrm{I}}(t)
\end{aligned}
\tag{6.12}
$$

其中

$$
f_{21}(\boldsymbol{L}_6)=\boldsymbol{\alpha}_{21}+\boldsymbol{L}_6\boldsymbol{\alpha}_{11}-(\boldsymbol{\alpha}_{22}+\boldsymbol{L}_6\boldsymbol{\alpha}_{12})\boldsymbol{L}_6=0
\tag{6.13}
$$

应该可以对 $\boldsymbol{L}_6$ 的方程进行有效的求解，将状态变量 $\boldsymbol{x}_{\mathrm{I}}(t)$ 从微分方程式（6.12）中消除．

通过对 $\boldsymbol{x}_{\mathrm{II}}(t)$ 的式（6.11）进行求解，即 $\boldsymbol{x}_{\mathrm{II}}(t)=\boldsymbol{\eta}_2(t)-\boldsymbol{L}_6\boldsymbol{x}_{\mathrm{I}}(t)$，并从式（6.10a）的第一个方程中消除 $\boldsymbol{x}_{\mathrm{II}}(t)$，可以得到

$$
\frac{d\boldsymbol{x}_{\mathrm{I}}(t)}{dt}=(\boldsymbol{\alpha}_{11}-\boldsymbol{a}_{12}\boldsymbol{L}_6)\boldsymbol{x}_{\mathrm{I}}(t)+\boldsymbol{\alpha}_{12}\boldsymbol{\eta}_2(t)+\boldsymbol{\alpha}_{13}\boldsymbol{\eta}_3(t)+\boldsymbol{\alpha}_{14}\boldsymbol{\eta}_4(t)+\boldsymbol{\beta}_{11}\boldsymbol{u}(t)
\tag{6.14}
$$

由微分方程式（6.3），（6.8），（6.12）和（6.14）定义的线性动态系统表示了所得到的分块上三角形式，其状态空间形式由式（6.15）给出．

$$\begin{bmatrix} \dfrac{d\boldsymbol{x}_{\mathrm{I}}(t)}{dt} \\ \dfrac{d\boldsymbol{\eta}_2(t)}{dt} \\ \dfrac{d\boldsymbol{\eta}_3(t)}{dt} \\ \dfrac{d\boldsymbol{\eta}_4(t)}{dt} \end{bmatrix} = \begin{bmatrix} \boldsymbol{\alpha}_{11}-\boldsymbol{\alpha}_{12}\boldsymbol{L}_6 & \boldsymbol{\alpha}_{12} & \boldsymbol{\alpha}_{13} & \boldsymbol{\alpha}_{14} \\ 0 & \boldsymbol{\alpha}_{22}+\boldsymbol{L}_6\boldsymbol{\alpha}_{12} & \boldsymbol{\alpha}_{23}+\boldsymbol{L}_6\boldsymbol{\alpha}_{13} & \boldsymbol{\alpha}_{24}+\boldsymbol{L}_6\boldsymbol{\alpha}_{14} \\ 0 & 0 & \boldsymbol{\alpha}_{33} & \boldsymbol{\alpha}_{34} \\ 0 & 0 & 0 & \boldsymbol{A}_4 \end{bmatrix} \begin{bmatrix} \boldsymbol{x}_{\mathrm{I}}(t) \\ \boldsymbol{\eta}_2(t) \\ \boldsymbol{\eta}_3(t) \\ \boldsymbol{\eta}_4(t) \end{bmatrix}$$

$$+\begin{bmatrix} \boldsymbol{\beta}_{11} \\ \boldsymbol{\beta}_{22}+\boldsymbol{L}_6\boldsymbol{\beta}_{11} \\ \boldsymbol{\beta}_{33} \\ \boldsymbol{B}_4 \end{bmatrix} \boldsymbol{u}(t) = \bar{\boldsymbol{A}} \begin{bmatrix} \boldsymbol{x}_{\mathrm{I}}(t) \\ \boldsymbol{\eta}_2(t) \\ \boldsymbol{\eta}_3(t) \\ \boldsymbol{\eta}_4(t) \end{bmatrix} + \bar{\boldsymbol{B}}\boldsymbol{u}(t) \tag{6.15}$$

此过程中，式（6.2），（6.7）和（6.11）给出了所用的状态空间变量变换，通过式（6.16）所示的相似变换，将原始状态变量和新的状态变量关联起来．

$$\begin{bmatrix} \boldsymbol{x}_{\mathrm{I}}(t) \\ \boldsymbol{\eta}_2(t) \\ \boldsymbol{\eta}_3(t) \\ \boldsymbol{\eta}_4(t) \end{bmatrix} = \begin{bmatrix} \boldsymbol{I} & 0 & 0 & 0 \\ \boldsymbol{L}_6 & \boldsymbol{I} & 0 & 0 \\ \boldsymbol{L}_4 & \boldsymbol{L}_5 & \boldsymbol{I} & 0 \\ \boldsymbol{L}_1 & \boldsymbol{L}_2 & \boldsymbol{L}_3 & \boldsymbol{I} \end{bmatrix} \begin{bmatrix} \boldsymbol{x}_{\mathrm{I}}(t) \\ \boldsymbol{x}_{\mathrm{II}}(t) \\ \boldsymbol{x}_{\mathrm{III}}(t) \\ \boldsymbol{x}_{\mathrm{IV}}(t) \end{bmatrix} = \boldsymbol{T}_1 \begin{bmatrix} \boldsymbol{x}_{\mathrm{I}}(t) \\ \boldsymbol{x}_{\mathrm{II}}(t) \\ \boldsymbol{x}_{\mathrm{III}}(t) \\ \boldsymbol{x}_{\mathrm{IV}}(t) \end{bmatrix} \tag{6.16}$$

式（6.16）的逆变换如式（6.17）所示．

$$\begin{bmatrix} \boldsymbol{x}_{\mathrm{I}}(t) \\ \boldsymbol{x}_{\mathrm{II}}(t) \\ \boldsymbol{x}_{\mathrm{III}}(t) \\ \boldsymbol{x}_{\mathrm{IV}}(t) \end{bmatrix} = \begin{bmatrix} \boldsymbol{I} & 0 & 0 & 0 \\ -\boldsymbol{L}_6 & \boldsymbol{I} & 0 & 0 \\ \boldsymbol{L}_5\boldsymbol{L}_6-\boldsymbol{L}_4 & -\boldsymbol{L}_5 & \boldsymbol{I} & 0 \\ \boldsymbol{L}_3\boldsymbol{L}_4+\boldsymbol{L}_2\boldsymbol{L}_6-\boldsymbol{L}_1-\boldsymbol{L}_3\boldsymbol{L}_5\boldsymbol{L}_6 & -\boldsymbol{L}_3\boldsymbol{L}_5-\boldsymbol{L}_2 & -\boldsymbol{L}_3 & \boldsymbol{I} \end{bmatrix} \begin{bmatrix} \boldsymbol{x}_{\mathrm{I}}(t) \\ \boldsymbol{\eta}_2(t) \\ \boldsymbol{\eta}_3(t) \\ \boldsymbol{\eta}_4(t) \end{bmatrix}$$

$$= \boldsymbol{T}_1^{-1} \begin{bmatrix} \boldsymbol{x}_{\mathrm{I}}(t) \\ \boldsymbol{\eta}_2(t) \\ \boldsymbol{\eta}_3(t) \\ \boldsymbol{\eta}_4(t) \end{bmatrix} \tag{6.17}$$

将原始系统变换为分块下三角的形式后，就可以开始进行反馈控制器的设计了．我们将说明独立进行这些设计所需的中间步骤．接下来，首先用简化表示法，使所推导的系统式（6.15）具有更加一致的形式，如式（6.18）所示．

$$\begin{bmatrix} \frac{d\boldsymbol{x}_{\mathrm{I}}(t)}{dt} \\ \frac{d\boldsymbol{\eta}_2(t)}{dt} \\ \frac{d\boldsymbol{\eta}_3(t)}{dt} \\ \frac{d\boldsymbol{\eta}_4(t)}{dt} \end{bmatrix} = \bar{\boldsymbol{A}} \begin{bmatrix} \boldsymbol{x}_{\mathrm{I}}(t) \\ \boldsymbol{\eta}_2(t) \\ \boldsymbol{\eta}_3(t) \\ \boldsymbol{\eta}_4(t) \end{bmatrix} + \bar{\boldsymbol{B}}\boldsymbol{u}(t) = \begin{bmatrix} \bar{\boldsymbol{A}}_{11} & \bar{\boldsymbol{A}}_{12} & \bar{\boldsymbol{A}}_{13} & \bar{\boldsymbol{A}}_{14} \\ 0 & \bar{\boldsymbol{A}}_{22} & \bar{\boldsymbol{A}}_{23} & \bar{\boldsymbol{A}}_{24} \\ 0 & 0 & \bar{\boldsymbol{A}}_{33} & \bar{\boldsymbol{A}}_{34} \\ 0 & 0 & 0 & \bar{\boldsymbol{A}}_{44} \end{bmatrix} \begin{bmatrix} \boldsymbol{x}_{\mathrm{I}}(t) \\ \boldsymbol{\eta}_2(t) \\ \boldsymbol{\eta}_3(t) \\ \boldsymbol{\eta}_4(t) \end{bmatrix} + \begin{bmatrix} \bar{\boldsymbol{B}}_{11} \\ \bar{\boldsymbol{B}}_{22} \\ \bar{\boldsymbol{B}}_{33} \\ \bar{\boldsymbol{B}}_{44} \end{bmatrix} \boldsymbol{u}(t)$$

$$\begin{aligned} &\bar{\boldsymbol{A}}_{11} = \boldsymbol{\alpha}_{11} - \boldsymbol{\alpha}_{12}\boldsymbol{L}_6,\quad \bar{\boldsymbol{A}}_{12} = \boldsymbol{\alpha}_{12},\quad \bar{\boldsymbol{A}}_{13} = \boldsymbol{\alpha}_{13},\quad \bar{\boldsymbol{A}}_{14} = \boldsymbol{a}_{14} \\ &\bar{\boldsymbol{A}}_{22} = \boldsymbol{\alpha}_{22} + \boldsymbol{L}_6\boldsymbol{\alpha}_{12},\quad \bar{\boldsymbol{A}}_{23} = \boldsymbol{\alpha}_{23} + \boldsymbol{L}_6\boldsymbol{\alpha}_{13},\quad \bar{\boldsymbol{A}}_{24} = \boldsymbol{\alpha}_{24} + \boldsymbol{L}_6\boldsymbol{a}_{14} \\ &\bar{\boldsymbol{A}}_{33} = \boldsymbol{\alpha}_{33},\quad \bar{\boldsymbol{A}}_{34} = \boldsymbol{\alpha}_{34}\quad \bar{\boldsymbol{A}}_{44} = \boldsymbol{A}_4 \\ &\bar{\boldsymbol{B}}_{11} = \boldsymbol{\beta}_{11},\quad \bar{\boldsymbol{B}}_{22} = \boldsymbol{\beta}_{22} + \boldsymbol{L}_6\boldsymbol{\beta}_{11},\quad \bar{\boldsymbol{B}}_{33} = \boldsymbol{\beta}_{33},\quad \bar{\boldsymbol{B}} = \boldsymbol{B}_4 \end{aligned} \tag{6.18}$$

现在，开始进行四级反馈控制器的设计过程，其中，将每个子系统独立出来，并确定只控制独立子系统的输入.

第一级

对第四个子系统进行反馈控制：

$$\boldsymbol{u}(t) = -\boldsymbol{G}_4\boldsymbol{\eta}_4(t) + \boldsymbol{v}(t) \tag{6.19}$$

整体系统式（6.18）将变成

$$\begin{bmatrix} \frac{d\boldsymbol{x}_{\mathrm{I}}(t)}{dt} \\ \frac{d\boldsymbol{\eta}_2(t)}{dt} \\ \frac{d\boldsymbol{\eta}_3(t)}{dt} \\ \frac{d\boldsymbol{\eta}_4(t)}{dt} \end{bmatrix} = \bar{\boldsymbol{A}} \begin{bmatrix} \boldsymbol{x}_{\mathrm{I}}(t) \\ \boldsymbol{\eta}_2(t) \\ \boldsymbol{\eta}_3(t) \\ \boldsymbol{\eta}_4(t) \end{bmatrix} + \bar{\boldsymbol{B}}\boldsymbol{u}(t)$$

$$= \begin{bmatrix} \bar{\boldsymbol{A}}_{11} & \bar{\boldsymbol{A}}_{12} & \bar{\boldsymbol{A}}_{13} & \bar{\boldsymbol{A}}_{14} - \bar{\boldsymbol{B}}_{11}\boldsymbol{G}_4 \\ 0 & \bar{\boldsymbol{A}}_{22} & \bar{\boldsymbol{A}}_{23} & \bar{\boldsymbol{A}}_{24} - \bar{\boldsymbol{B}}_{22}\boldsymbol{G}_4 \\ 0 & 0 & \bar{\boldsymbol{A}}_{33} & \bar{\boldsymbol{A}}_{34} - \bar{\boldsymbol{B}}_{33}\boldsymbol{G}_4 \\ 0 & 0 & 0 & \bar{\boldsymbol{A}}_{44} - \bar{\boldsymbol{B}}_{44}\boldsymbol{G}_4 \end{bmatrix} \begin{bmatrix} \boldsymbol{x}_{\mathrm{I}}(t) \\ \boldsymbol{\eta}_2(t) \\ \boldsymbol{\eta}_3(t) \\ \boldsymbol{\eta}_4(t) \end{bmatrix} + \begin{bmatrix} \bar{\boldsymbol{B}}_{11} \\ \bar{\boldsymbol{B}}_{22} \\ \bar{\boldsymbol{B}}_{33} \\ \bar{\boldsymbol{B}}_{44} \end{bmatrix} \boldsymbol{v}(t) \tag{6.20}$$

第二级

若要将第三个子系统独立出来，需要进行式（6.21）所示的变量变换，将系统映射到新的坐标中.

$$\boldsymbol{\xi}_3(t)=\boldsymbol{\eta}_3(t)-\boldsymbol{P}_3\boldsymbol{\eta}_4(t) \tag{6.21}$$

得到

$$\begin{bmatrix}\dfrac{d\boldsymbol{x}_{\mathrm{I}}(t)}{dt}\\ \dfrac{d\boldsymbol{\eta}_2(t)}{dt}\\ \dfrac{d\boldsymbol{\xi}_3(t)}{dt}\\ \dfrac{d\boldsymbol{\eta}_4(t)}{dt}\end{bmatrix}=\begin{bmatrix}\bar{\boldsymbol{A}}_{11} & \bar{\boldsymbol{A}}_{12} & \bar{\boldsymbol{A}}_{13} & \bar{\boldsymbol{A}}_{14}-\bar{\boldsymbol{B}}_{11}\boldsymbol{G}_4+\bar{\boldsymbol{A}}_{13}\boldsymbol{P}_3\\ 0 & \bar{\boldsymbol{A}}_{22} & \bar{\boldsymbol{A}}_{23} & \bar{\boldsymbol{A}}_{24}-\bar{\boldsymbol{B}}_{22}\boldsymbol{G}_4+\bar{\boldsymbol{A}}_{23}\boldsymbol{P}_3\\ 0 & 0 & \bar{\boldsymbol{A}}_{33} & 0\\ 0 & 0 & 0 & \bar{\boldsymbol{A}}_{44}-\bar{\boldsymbol{B}}_{44}\boldsymbol{G}_4\end{bmatrix}\begin{bmatrix}\boldsymbol{x}_{\mathrm{I}}(t)\\ \boldsymbol{\eta}_2(t)\\ \boldsymbol{\xi}_3(t)\\ \boldsymbol{\eta}_4(t)\end{bmatrix}$$

$$+\begin{bmatrix}\bar{\boldsymbol{B}}_{11}\\ \bar{\boldsymbol{B}}_{22}\\ \bar{\boldsymbol{B}}_{33}-\boldsymbol{P}_3\bar{\boldsymbol{B}}_{44}\\ \bar{\boldsymbol{B}}_{44}\end{bmatrix}\boldsymbol{v}(t) \tag{6.22}$$

式（6.22）用了以下条件，即矩阵 $\boldsymbol{P}_3$ 满足式（6.23）所示的代数方程.

$$\bar{\boldsymbol{A}}_{33}\boldsymbol{P}_3-\boldsymbol{P}_3\left(\bar{\boldsymbol{A}}_{44}-\bar{\boldsymbol{B}}_{44}\boldsymbol{G}_4\right)+\bar{\boldsymbol{A}}_{34}-\bar{\boldsymbol{B}}_{33}\boldsymbol{G}_4=0 \tag{6.23}$$

注意，式（6.23）是西尔维斯特代数方程，若假设 6.1 成立，则存在唯一解（Chen，2012）.

假设 6.1 矩阵 $\bar{\boldsymbol{A}}_{33}$ 和 $\bar{\boldsymbol{A}}_{44}-\bar{\boldsymbol{B}}_{44}\boldsymbol{G}_4$ 没有共同的特征值.

由于 $\bar{\boldsymbol{A}}_{44}-\bar{\boldsymbol{B}}_{44}\boldsymbol{G}_4$ 是第四个子系统的反馈矩阵，此假设容易实现．因此，可以直接对西尔维斯特代数方程式（6.23）进行求解.

第三个子系统是独立的，不与其余的子系统相连接．因此，在此阶段中，只使用第三个子系统中的状态变量，就可以进行线性反馈控制：

$$\boldsymbol{v}(t)=-\boldsymbol{G}_3\boldsymbol{\xi}_3(t)+\boldsymbol{w}(t) \tag{6.24}$$

这可得到以下系统

$$\begin{bmatrix}\dfrac{d\boldsymbol{x}_{\mathrm{I}}(t)}{dt}\\ \dfrac{d\boldsymbol{\eta}_2(t)}{dt}\\ \dfrac{d\boldsymbol{\xi}_3(t)}{dt}\\ \dfrac{d\boldsymbol{\eta}_4(t)}{dt}\end{bmatrix}=\begin{bmatrix}\bar{\boldsymbol{A}}_{11} & \bar{\boldsymbol{A}}_{12} & \bar{\boldsymbol{A}}_{13}-\bar{\boldsymbol{B}}_{11}\boldsymbol{G}_3 & \bar{\boldsymbol{A}}_{14}-\bar{\boldsymbol{B}}_{11}\boldsymbol{G}_4+\bar{\boldsymbol{A}}_{13}\boldsymbol{P}_3\\ 0 & \bar{\boldsymbol{A}}_{22} & \bar{\boldsymbol{A}}_{23}-\bar{\boldsymbol{B}}_{22}\boldsymbol{G}_3 & \bar{\boldsymbol{A}}_{24}-\bar{\boldsymbol{B}}_{22}\boldsymbol{G}_4+\bar{\boldsymbol{A}}_{23}\boldsymbol{P}_3\\ 0 & 0 & \bar{\boldsymbol{A}}_{33}-\left(\bar{\boldsymbol{B}}_{33}-\boldsymbol{P}_{33}\bar{\boldsymbol{B}}_{44}\right)\boldsymbol{G}_3 & 0\\ 0 & 0 & -\bar{\boldsymbol{B}}_{44}\boldsymbol{G}_3 & \bar{\boldsymbol{A}}_{44}-\bar{\boldsymbol{B}}_{44}\boldsymbol{G}_4\end{bmatrix}\begin{bmatrix}\boldsymbol{x}_{\mathrm{I}}(t)\\ \boldsymbol{\eta}_2(t)\\ \boldsymbol{\xi}_3(t)\\ \boldsymbol{\eta}_4(t)\end{bmatrix}$$

$$+\begin{bmatrix} \bar{\boldsymbol{B}}_{11} \\ \bar{\boldsymbol{B}}_{22} \\ \bar{\boldsymbol{B}}_{33}-\boldsymbol{P}_3\bar{\boldsymbol{B}}_{44} \\ \bar{\boldsymbol{B}}_{44} \end{bmatrix}\boldsymbol{v}(t) \tag{6.25}$$

第三级

现在，需要将第二个子系统独立出来，并移除它与其余子系统的耦合．要实现此目标，需进行另一个状态空间变量变换，如式（6.26）所示

$$\boldsymbol{\xi}_2(t)=\boldsymbol{\eta}_2(t)-\boldsymbol{P}_{23}\boldsymbol{\xi}_3(t)-\boldsymbol{P}_{24}\boldsymbol{\eta}_4(t) \tag{6.26}$$

其中，$\boldsymbol{P}_{23}$ 和 $\boldsymbol{P}_{24}$ 满足式（6.27）和式（6.28）所示的两组线性矩阵代数方程．

$$\bar{\boldsymbol{A}}_{22}\boldsymbol{P}_{23}-\boldsymbol{P}_{23}\left(\bar{\boldsymbol{A}}_{33}-\left(\bar{\boldsymbol{B}}_{33}-\boldsymbol{P}_3\bar{\boldsymbol{B}}_{44}\right)\boldsymbol{G}_3\right)+\boldsymbol{P}_{24}\bar{\boldsymbol{B}}_{44}\boldsymbol{G}_3+\bar{\boldsymbol{A}}_{23}-\bar{\boldsymbol{B}}_{22}\boldsymbol{G}_3=0 \tag{6.27}$$

$$\bar{\boldsymbol{A}}_{22}\boldsymbol{P}_{24}-\boldsymbol{P}_{24}\left(\bar{\boldsymbol{A}}_{44}-\bar{\boldsymbol{B}}_{44}\boldsymbol{G}_4\right)+\bar{\boldsymbol{A}}_{24}-\bar{\boldsymbol{B}}_{22}\boldsymbol{G}_4+\bar{\boldsymbol{A}}_{23}\boldsymbol{P}_3=0 \tag{6.28}$$

方程式（6.27）和式（6.28）是西尔维斯特代数方程，假设相应系数矩阵的特征值总和不为零，则它们存在唯一解（Chen，2012）．因此，需要用到假设 6.2a 和假设 6.2b：

假设 6.2a 矩阵 $\bar{\boldsymbol{A}}_{22}$ 和 $\bar{\boldsymbol{A}}_{33}-(\bar{\boldsymbol{B}}_{33}-\boldsymbol{P}_3\bar{\boldsymbol{B}}_{44})\boldsymbol{G}_3$ 没有共同的特征值．

假设 6.2b 矩阵 $\bar{\boldsymbol{A}}_{22}$ 和 $(\bar{\boldsymbol{A}}_{44}-\bar{\boldsymbol{B}}_{44}\boldsymbol{G}_4)$ 没有共同的特征值．

式（6.26）定义的变量变换，将线性动态系统式（6.25）修改为

$$\begin{bmatrix} \dfrac{d\boldsymbol{x}_{\mathrm{I}}(t)}{dt} \\ \dfrac{d\boldsymbol{\xi}_2(t)}{dt} \\ \dfrac{d\boldsymbol{\xi}_3(t)}{dt} \\ \dfrac{d\boldsymbol{\eta}_4(t)}{dt} \end{bmatrix}=\begin{bmatrix} \bar{\boldsymbol{A}}_{11} & \bar{\boldsymbol{A}}_{12} & \bar{\boldsymbol{A}}_{13}-\bar{\boldsymbol{B}}_{11}\boldsymbol{G}_3+\bar{\boldsymbol{A}}_{12}\boldsymbol{P}_{23} & \boldsymbol{S}_{14} \\ 0 & \bar{\boldsymbol{A}}_{22} & 0 & 0 \\ 0 & 0 & \bar{\boldsymbol{A}}_{33}-\left(\bar{\boldsymbol{B}}_{33}-\boldsymbol{P}_3\bar{\boldsymbol{B}}_{44}\right)\boldsymbol{G}_3 & 0 \\ 0 & 0 & -\bar{\boldsymbol{B}}_{44}\boldsymbol{G}_3 & \bar{\boldsymbol{A}}_{44}-\bar{\boldsymbol{B}}_{44}\boldsymbol{G}_4 \end{bmatrix}\begin{bmatrix} \boldsymbol{x}_{\mathrm{I}}(t) \\ \boldsymbol{\xi}_2(t) \\ \boldsymbol{\xi}_3(t) \\ \boldsymbol{\eta}_4(t) \end{bmatrix}$$

$$+\begin{bmatrix} \bar{\boldsymbol{B}}_{11} \\ \bar{\boldsymbol{B}}_{22}-\boldsymbol{P}_{23}\left(\bar{\boldsymbol{B}}_{33}-\boldsymbol{P}_3\bar{\boldsymbol{B}}_{44}\right)-\boldsymbol{P}_{24}\bar{\boldsymbol{B}}_{44} \\ \bar{\boldsymbol{B}}_{33}-\boldsymbol{P}_3\bar{\boldsymbol{B}}_{44} \\ \bar{\boldsymbol{B}}_{44} \end{bmatrix}\boldsymbol{w}(t) \tag{6.29a}$$

其中

$$\boldsymbol{S}_{14}=\bar{\boldsymbol{A}}_{14}-\bar{\boldsymbol{B}}_{11}\boldsymbol{G}_4+\bar{\boldsymbol{A}}_{13}\boldsymbol{P}_3+\bar{\boldsymbol{A}}_{12}\boldsymbol{P}_{24} \tag{6.29b}$$

第二个子系统是独立的，因此，可以使用局部状态反馈输入独立控制此子系统：

$$\boldsymbol{w}(t)=-\boldsymbol{G}_2\boldsymbol{\xi}_2(t)+\boldsymbol{f}(t) \tag{6.30}$$

关闭第二个子系统的反馈环路，仅使用第二个子系统的状态空间变量生成部分状态反馈，适当控制第二个子系统，可以得到式（6.31a）所示的整体系统.

$$\begin{bmatrix}\dfrac{d\boldsymbol{x}_{\mathrm{I}}(t)}{dt}\\ \dfrac{d\boldsymbol{\xi}_2(t)}{dt}\\ \dfrac{d\boldsymbol{\xi}_3(t)}{dt}\\ \dfrac{d\boldsymbol{\eta}_4(t)}{dt}\end{bmatrix}=\begin{bmatrix}\bar{\boldsymbol{A}}_{11} & \bar{\boldsymbol{A}}_{12}-\bar{\boldsymbol{B}}_{11}\boldsymbol{G}_2 & \bar{\boldsymbol{A}}_{13}-\bar{\boldsymbol{B}}_{11}\boldsymbol{G}_3+\bar{\boldsymbol{A}}_{12}\boldsymbol{P}_{23} & \boldsymbol{S}_{14}\\ 0 & \bar{\boldsymbol{A}}_{22}-\bar{\boldsymbol{B}}_{2\xi}\boldsymbol{G}_2 & 0 & 0\\ 0 & -\bar{\boldsymbol{B}}_{3\xi}\boldsymbol{G}_2 & \bar{\boldsymbol{A}}_{33}-\left(\bar{\boldsymbol{B}}_{33}-\boldsymbol{P}_3\bar{\boldsymbol{B}}_{44}\right)\boldsymbol{G}_3 & 0\\ 0 & -\bar{\boldsymbol{B}}_{44}\boldsymbol{G}_2 & -\bar{\boldsymbol{B}}_{44}\boldsymbol{G}_3 & \bar{\boldsymbol{A}}_{44}-\bar{\boldsymbol{B}}_{44}\boldsymbol{G}_4\end{bmatrix}\begin{bmatrix}\boldsymbol{x}_{\mathrm{I}}(t)\\ \boldsymbol{\xi}_2(t)\\ \boldsymbol{\xi}_3(t)\\ \boldsymbol{\eta}_4(t)\end{bmatrix}+\begin{bmatrix}\bar{\boldsymbol{B}}_{11}\\ \bar{\boldsymbol{B}}_{2\xi}\\ \bar{\boldsymbol{B}}_{3\xi}\\ \bar{\boldsymbol{B}}_{44}\end{bmatrix}f(t) \tag{6.31a}$$

其中

$$\bar{\boldsymbol{B}}_{2\xi}=\bar{\boldsymbol{B}}_{22}-\boldsymbol{P}_{23}\left(\bar{\boldsymbol{B}}_{33}-\boldsymbol{P}_3\bar{\boldsymbol{B}}_{44}\right)-\boldsymbol{P}_{24}\bar{\boldsymbol{B}}_{44},\quad \bar{\boldsymbol{B}}_{3\xi}=\bar{\boldsymbol{B}}_{33}-\boldsymbol{P}_3\bar{\boldsymbol{B}}_{44} \tag{6.31b}$$

在第四级中，我们将说明如何将式（6.31a）变成一个分块上三角系统．该变换将第一个子系统动态地从其余的子系统中独立出来，从而可以单独地设计其局部状态反馈控制器．在继续第四级的设计之前，首先由式（6.31）推导出系统的简化表示法，如式（6.32a）所示．

$$\begin{bmatrix}\dfrac{d\boldsymbol{x}_{\mathrm{I}}(t)}{dt}\\ \dfrac{d\boldsymbol{\xi}_2(t)}{dt}\\ \dfrac{d\boldsymbol{\xi}_3(t)}{dt}\\ \dfrac{d\boldsymbol{\eta}_4(t)}{dt}\end{bmatrix}=\begin{bmatrix}\boldsymbol{S}_{11} & \boldsymbol{S}_{12} & \boldsymbol{S}_{13} & \boldsymbol{S}_{14}\\ 0 & \boldsymbol{S}_{22} & 0 & 0\\ 0 & \boldsymbol{S}_{32} & \boldsymbol{S}_{33} & 0\\ 0 & \boldsymbol{S}_{42} & \boldsymbol{S}_{43} & \boldsymbol{S}_{44}\end{bmatrix}\begin{bmatrix}\boldsymbol{x}_{\mathrm{I}}(t)\\ \boldsymbol{\xi}_2(t)\\ \boldsymbol{\xi}_3(t)\\ \boldsymbol{\eta}_4(t)\end{bmatrix}+\begin{bmatrix}\boldsymbol{Q}_1\\ \boldsymbol{Q}_2\\ \boldsymbol{Q}_3\\ \boldsymbol{Q}_4\end{bmatrix}\boldsymbol{f}(t) \tag{6.32a}$$

其中

$$
\begin{aligned}
&\boldsymbol{S}_{11}=\bar{\boldsymbol{A}}_{11},\quad \boldsymbol{S}_{12}=\bar{\boldsymbol{A}}_{12}-\bar{\boldsymbol{B}}_{11}\boldsymbol{G}_2,\quad \boldsymbol{S}_{13}=\bar{\boldsymbol{A}}_{13}-\bar{\boldsymbol{B}}_{11}\boldsymbol{G}_3+\bar{\boldsymbol{A}}_{12}\boldsymbol{P}_{23}\\
&\boldsymbol{S}_{22}=\bar{\boldsymbol{A}}_{22}-\bar{\boldsymbol{B}}_{2\xi}\boldsymbol{G}_2\\
&\boldsymbol{S}_{32}=-\bar{\boldsymbol{B}}_{3\xi}\boldsymbol{G}_2,\quad \boldsymbol{S}_{33}=\bar{\boldsymbol{A}}_{33}-\left(\bar{\boldsymbol{B}}_{33}-\boldsymbol{P}_3\bar{\boldsymbol{B}}_{44}\right)\boldsymbol{G}_3\\
&\boldsymbol{S}_{42}=-\bar{\boldsymbol{B}}_{44}\boldsymbol{G}_2,\quad \boldsymbol{S}_{43}=-\bar{\boldsymbol{B}}_{44}\boldsymbol{G}_3,\quad \boldsymbol{S}_{44}=\bar{\boldsymbol{A}}_{44}-\bar{\boldsymbol{B}}_{44}\boldsymbol{G}_4\\
&\boldsymbol{Q}_1=\bar{\boldsymbol{B}}_{11},\quad \boldsymbol{Q}_2=\bar{\boldsymbol{B}}_{22}-\boldsymbol{P}_{23}\left(\bar{\boldsymbol{B}}_{33}-\boldsymbol{P}_3\bar{\boldsymbol{B}}_{44}\right)-\boldsymbol{P}_{24}\bar{\boldsymbol{B}}_{44}\\
&\boldsymbol{Q}_3=\bar{\boldsymbol{B}}_{33}-\boldsymbol{P}_3\bar{\boldsymbol{B}}_{44},\quad \boldsymbol{Q}_4=\bar{\boldsymbol{B}}_{44}
\end{aligned}
\tag{6.32b}
$$

$\boldsymbol{S}_{14}$ 是由式（6.29b）定义的.

第四级

引入式（6.33）所示的状态空间变量进行变换.

$$
\boldsymbol{\xi}_1(t)=\boldsymbol{x}_1(t)-\boldsymbol{P}_{12}\boldsymbol{\xi}_2(t)-\boldsymbol{P}_{13}\boldsymbol{\xi}_3(t)-\boldsymbol{P}_{14}\boldsymbol{\eta}_4(t) \tag{6.33}
$$

其中，矩阵 $\boldsymbol{P}_{12}$，$\boldsymbol{P}_{13}$ 和 $\boldsymbol{P}_{14}$ 满足式（6.34）所示的线性代数方程组.

$$
\begin{aligned}
&\boldsymbol{S}_{11}\boldsymbol{P}_{12}-\boldsymbol{P}_{12}\boldsymbol{S}_{22}-\boldsymbol{P}_{13}\boldsymbol{S}_{32}-\boldsymbol{P}_{14}\boldsymbol{S}_{42}+\boldsymbol{S}_{12}=0\\
&\boldsymbol{S}_{11}\boldsymbol{P}_{13}-\boldsymbol{P}_{13}\boldsymbol{S}_{33}-\boldsymbol{P}_{14}\boldsymbol{S}_{43}+\boldsymbol{S}_{13}=0\\
&\boldsymbol{S}_{11}\boldsymbol{P}_{14}-\boldsymbol{P}_{14}\boldsymbol{S}_{44}+\boldsymbol{S}_{14}=0
\end{aligned}
\tag{6.34}
$$

$\boldsymbol{P}_{14}$ 的代数方程是西尔维斯特代数方程，当假设 6.3a 成立时，存在唯一解：

假设 6.3a 矩阵 $\boldsymbol{S}_{11}$ 和 $\boldsymbol{S}_{44}$ 没有共同的特征值.

在得到 $\boldsymbol{P}_{14}$ 后，$\boldsymbol{P}_{13}$ 的代数方程会成为另一个西尔维斯特代数方程，当假设 6.3b 成立时，存在唯一解.

假设 6.3b 矩阵 $\boldsymbol{S}_{11}$ 和 $\boldsymbol{S}_{33}$ 没有共同的特征值.

在得到 $\boldsymbol{P}_{14}$ 和 $\boldsymbol{P}_{13}$ 的解后，$\boldsymbol{P}_{12}$ 的代数方程会成为西尔维斯特代数方程，需要进行以下假设.

假设 6.3c 矩阵 $\boldsymbol{S}_{11}$ 和 $\boldsymbol{S}_{22}$ 没有共同的特征值.

将式（6.33）用于系统方程式（6.32a），在新的坐标中，可以得到式（6.35）所示系统：

$$
\begin{bmatrix}\dfrac{d\boldsymbol{\xi}_1(t)}{dt}\\ \dfrac{d\boldsymbol{\xi}_2(t)}{dt}\\ \dfrac{d\boldsymbol{\xi}_3(t)}{dt}\\ \dfrac{d\boldsymbol{\eta}_4(t)}{dt}\end{bmatrix}=\begin{bmatrix}\boldsymbol{S}_{11}&0&0&0\\0&\boldsymbol{S}_{22}&0&0\\0&\boldsymbol{S}_{32}&\boldsymbol{S}_{33}&0\\0&\boldsymbol{S}_{42}&\boldsymbol{S}_{43}&\boldsymbol{S}_{44}\end{bmatrix}\begin{bmatrix}\boldsymbol{\xi}_1(t)\\ \boldsymbol{\xi}_2(t)\\ \boldsymbol{\xi}_3(t)\\ \boldsymbol{\eta}_4(t)\end{bmatrix}+\begin{bmatrix}\boldsymbol{Q}_1-\boldsymbol{P}_{12}\boldsymbol{Q}_2-\boldsymbol{P}_{13}\boldsymbol{Q}_3-\boldsymbol{P}_{14}\boldsymbol{Q}_4\\ \boldsymbol{Q}_2\\ \boldsymbol{Q}_3\\ \boldsymbol{Q}_4\end{bmatrix}\boldsymbol{f}(t) \tag{6.35}
$$

所得到的系统矩阵是分块上三角矩阵，因此，其闭环特征值是各个子系统的闭环特征值的并集．第一个子系统是独立的，可以通过其自身的状态反馈进行单独控制．

$$\boldsymbol{f}(t)=-\boldsymbol{G}_1\boldsymbol{\xi}_1(t) \tag{6.36}$$

这可得到以下闭环系统

$$\begin{bmatrix}\dfrac{d\boldsymbol{\xi}_1(t)}{dt}\\ \dfrac{d\boldsymbol{\xi}_2(t)}{dt}\\ \dfrac{d\boldsymbol{\xi}_3(t)}{dt}\\ \dfrac{d\boldsymbol{\eta}_4(t)}{dt}\end{bmatrix}=\begin{bmatrix}\boldsymbol{S}_{11}-(\boldsymbol{Q}_1-\boldsymbol{P}_{12}\boldsymbol{Q}_2-\boldsymbol{P}_{13}\boldsymbol{Q}_3-\boldsymbol{P}_{14}\boldsymbol{Q}_4)\boldsymbol{G}_1 & 0 & 0 & 0\\ -\boldsymbol{Q}_2\boldsymbol{G}_1 & \boldsymbol{S}_{22} & 0 & 0\\ -\boldsymbol{Q}_3\boldsymbol{G}_1 & \boldsymbol{S}_{32} & \boldsymbol{S}_{33} & 0\\ -\boldsymbol{Q}_4\boldsymbol{G}_1 & \boldsymbol{S}_{42} & \boldsymbol{S}_{43} & \boldsymbol{S}_{44}\end{bmatrix}\begin{bmatrix}\boldsymbol{\xi}_1(t)\\ \boldsymbol{\xi}_2(t)\\ \boldsymbol{\xi}_3(t)\\ \boldsymbol{\eta}_4(t)\end{bmatrix} \tag{6.37}$$

现在，可以通过相似变换将新的系统状态变量和原始系统状态变量关联起来．式（6.18）和式（6.35）中定义的状态坐标是通过式（6.21)，（6.26）和（6.33）关联的．可以将这些关系放入一个紧凑的矩阵形式中，对原始状态变量进行一般变换．首先，用式（6.21）和式（6.26）中定义的状态空间变量进行变换，确立式（6.15）和式（6.29）中定义的系统之间的关系．注意，通过式（6.16）和式（6.17）推导出的相似变换，将线性动态系统式（6.15）关联到原始线性动态系统式（6.1)．由式（6.21）和（6.26)，可以得出

$$\begin{bmatrix}\boldsymbol{x}_{\mathrm{I}}(t)\\ \boldsymbol{\eta}_2(t)\\ \boldsymbol{\xi}_3(t)\\ \boldsymbol{\eta}_4(t)\end{bmatrix}=\begin{bmatrix}\boldsymbol{I} & 0 & 0 & 0\\ 0 & \boldsymbol{I} & 0 & 0\\ 0 & 0 & \boldsymbol{I} & -\boldsymbol{P}_3\\ 0 & 0 & 0 & \boldsymbol{I}\end{bmatrix}\begin{bmatrix}\boldsymbol{x}_{\mathrm{I}}(t)\\ \boldsymbol{\eta}_2(t)\\ \boldsymbol{\eta}_3(t)\\ \boldsymbol{\eta}_4(t)\end{bmatrix}=\boldsymbol{T}_2\begin{bmatrix}\boldsymbol{x}_{\mathrm{I}}(t)\\ \boldsymbol{\eta}_2(t)\\ \boldsymbol{\eta}_3(t)\\ \boldsymbol{\eta}_4(t)\end{bmatrix}$$

$$\begin{bmatrix}\boldsymbol{x}_{\mathrm{I}}(t)\\ \boldsymbol{\eta}_2(t)\\ \boldsymbol{\eta}_3(t)\\ \boldsymbol{\eta}_4(t)\end{bmatrix}=\begin{bmatrix}\boldsymbol{I} & 0 & 0 & 0\\ 0 & \boldsymbol{I} & 0 & 0\\ 0 & 0 & \boldsymbol{I} & \boldsymbol{P}_3\\ 0 & 0 & 0 & \boldsymbol{I}\end{bmatrix}\begin{bmatrix}\boldsymbol{x}_{\mathrm{I}}(t)\\ \boldsymbol{\eta}_2(t)\\ \boldsymbol{\xi}_3(t)\\ \boldsymbol{\eta}_4(t)\end{bmatrix}=\boldsymbol{T}_2^{-1}\begin{bmatrix}\boldsymbol{x}_{\mathrm{I}}(t)\\ \boldsymbol{\eta}_2(t)\\ \boldsymbol{\xi}_3(t)\\ \boldsymbol{\eta}_4(t)\end{bmatrix}$$

$$\begin{bmatrix}\boldsymbol{x}_{\mathrm{I}}(t)\\ \boldsymbol{\xi}_2(t)\\ \boldsymbol{\xi}_3(t)\\ \boldsymbol{\eta}_4(t)\end{bmatrix}=\begin{bmatrix}\boldsymbol{I} & 0 & 0 & 0\\ 0 & \boldsymbol{I} & -\boldsymbol{P}_{23} & -\boldsymbol{P}_{24}\\ 0 & 0 & \boldsymbol{I} & 0\\ 0 & 0 & 0 & \boldsymbol{I}\end{bmatrix}\begin{bmatrix}\boldsymbol{x}_{\mathrm{I}}(t)\\ \boldsymbol{\eta}_2(t)\\ \boldsymbol{\xi}_3(t)\\ \boldsymbol{\eta}_4(t)\end{bmatrix}=\boldsymbol{T}_3\begin{bmatrix}\boldsymbol{x}_{\mathrm{I}}(t)\\ \boldsymbol{\eta}_2(t)\\ \boldsymbol{\xi}_3(t)\\ \boldsymbol{\eta}_4(t)\end{bmatrix}$$

$$\begin{bmatrix} \boldsymbol{x}_{\mathrm{I}}(t) \\ \boldsymbol{\eta}_2(t) \\ \boldsymbol{\xi}_3(t) \\ \boldsymbol{\eta}_4(t) \end{bmatrix} = \begin{bmatrix} \boldsymbol{I} & 0 & 0 & 0 \\ 0 & \boldsymbol{I} & \boldsymbol{P}_{23} & \boldsymbol{P}_{24} \\ 0 & 0 & \boldsymbol{I} & 0 \\ 0 & 0 & 0 & \boldsymbol{I} \end{bmatrix} \begin{bmatrix} \boldsymbol{x}_{\mathrm{I}}(t) \\ \boldsymbol{\xi}_2(t) \\ \boldsymbol{\xi}_3(t) \\ \boldsymbol{\eta}_4(t) \end{bmatrix} = \boldsymbol{T}_3^{-1} \begin{bmatrix} \boldsymbol{x}_{\mathrm{I}}(t) \\ \boldsymbol{\xi}_2(t) \\ \boldsymbol{\xi}_3(t) \\ \boldsymbol{\eta}_4(t) \end{bmatrix} \tag{6.38}$$

式（6.33）定义的变量进行变换，可提供式（6.39）所示的关系.

$$\begin{gathered} \begin{bmatrix} \boldsymbol{\xi}_1(t) \\ \boldsymbol{\xi}_2(t) \\ \boldsymbol{\xi}_3(t) \\ \boldsymbol{\eta}_4(t) \end{bmatrix} = \begin{bmatrix} \boldsymbol{I} & -\boldsymbol{P}_{12} & -\boldsymbol{P}_{13} & -\boldsymbol{P}_{14} \\ 0 & \boldsymbol{I} & 0 & 0 \\ 0 & 0 & \boldsymbol{I} & 0 \\ 0 & 0 & 0 & \boldsymbol{I} \end{bmatrix} \begin{bmatrix} \boldsymbol{x}_{\mathrm{I}}(t) \\ \boldsymbol{\xi}_2(t) \\ \boldsymbol{\xi}_3(t) \\ \boldsymbol{\eta}_4(t) \end{bmatrix} = \boldsymbol{T}_4 \begin{bmatrix} \boldsymbol{x}_{\mathrm{I}}(t) \\ \boldsymbol{\xi}_2(t) \\ \boldsymbol{\xi}_3(t) \\ \boldsymbol{\eta}_4(t) \end{bmatrix} \\ \begin{bmatrix} \boldsymbol{x}_{\mathrm{I}}(t) \\ \boldsymbol{\xi}_2(t) \\ \boldsymbol{\xi}_3(t) \\ \boldsymbol{\eta}_4(t) \end{bmatrix} = \begin{bmatrix} \boldsymbol{I} & \boldsymbol{P}_{12} & \boldsymbol{P}_{13} & \boldsymbol{P}_{14} \\ 0 & \boldsymbol{I} & 0 & 0 \\ 0 & 0 & \boldsymbol{I} & 0 \\ 0 & 0 & 0 & \boldsymbol{I} \end{bmatrix} \begin{bmatrix} \boldsymbol{\xi}_1(t) \\ \boldsymbol{\xi}_2(t) \\ \boldsymbol{\xi}_3(t) \\ \boldsymbol{\eta}_4(t) \end{bmatrix} = \boldsymbol{T}_4^{-1} \begin{bmatrix} \boldsymbol{\xi}_1(t) \\ \boldsymbol{\xi}_2(t) \\ \boldsymbol{\xi}_3(t) \\ \boldsymbol{\eta}_4(t) \end{bmatrix} \end{gathered} \tag{6.39}$$

式（6.40）所示的变换以及相应的逆变换（如式（6.41）），将原始坐标式（6.1）和最终设计坐标式（6.35）关联起来.

$$\begin{aligned} \begin{bmatrix} \boldsymbol{x}_{\mathrm{I}}(t) \\ \boldsymbol{x}_{\mathrm{II}}(t) \\ \boldsymbol{x}_{\mathrm{III}}(t) \\ \boldsymbol{x}_{\mathrm{IV}}(t) \end{bmatrix} &= \boldsymbol{T}_1^{-1} \begin{bmatrix} \boldsymbol{x}_{\mathrm{I}}(t) \\ \boldsymbol{\eta}_2(t) \\ \boldsymbol{\eta}_3(t) \\ \boldsymbol{\eta}_4(t) \end{bmatrix} = \boldsymbol{T}_1^{-1}\boldsymbol{T}_2^{-1} \begin{bmatrix} \boldsymbol{x}_{\mathrm{I}}(t) \\ \boldsymbol{\eta}_2(t) \\ \boldsymbol{\xi}_3(t) \\ \boldsymbol{\eta}_4(t) \end{bmatrix} = \boldsymbol{T}_1^{-1}\boldsymbol{T}_2^{-1}\boldsymbol{T}_3^{-1} \begin{bmatrix} \boldsymbol{\eta}_1(t) \\ \boldsymbol{\xi}_2(t) \\ \boldsymbol{\xi}_3(t) \\ \boldsymbol{\eta}_4(t) \end{bmatrix} \\ &= \boldsymbol{T}_1^{-1}\boldsymbol{T}_2^{-1}\boldsymbol{T}_3^{-1}\boldsymbol{T}_4^{-1} \begin{bmatrix} \boldsymbol{\xi}_1(t) \\ \boldsymbol{\xi}_2(t) \\ \boldsymbol{\xi}_3(t) \\ \boldsymbol{\eta}_4(t) \end{bmatrix} = \boldsymbol{T} \begin{bmatrix} \boldsymbol{\xi}_1(t) \\ \boldsymbol{\xi}_2(t) \\ \boldsymbol{\xi}_3(t) \\ \boldsymbol{\eta}_4(t) \end{bmatrix} \end{aligned} \tag{6.40}$$

$$\begin{bmatrix} \boldsymbol{\xi}_1(t) \\ \boldsymbol{\xi}_2(t) \\ \boldsymbol{\xi}_3(t) \\ \boldsymbol{\eta}_4(t) \end{bmatrix} = \boldsymbol{T}_4\boldsymbol{T}_3\boldsymbol{T}_2\boldsymbol{T}_1 \begin{bmatrix} \boldsymbol{x}_{\mathrm{I}}(t) \\ \boldsymbol{x}_{\mathrm{II}}(t) \\ \boldsymbol{x}_{\mathrm{III}}(t) \\ \boldsymbol{x}_{\mathrm{IV}}(t) \end{bmatrix} = \boldsymbol{T} \begin{bmatrix} \boldsymbol{x}_{\mathrm{I}}(t) \\ \boldsymbol{x}_{\mathrm{II}}(t) \\ \boldsymbol{x}_{\mathrm{III}}(t) \\ \boldsymbol{x}_{\mathrm{IV}}(t) \end{bmatrix} \tag{6.41}$$

完成变换后的坐标中的系统反馈控制信号由式（6.42）给出.

$$u\left(\boldsymbol{\xi}_1(t),\boldsymbol{\xi}_2(t),\boldsymbol{\xi}_3(t),\boldsymbol{\eta}_4(t)\right) = -\boldsymbol{G}_1\boldsymbol{\xi}_1(t) - \boldsymbol{G}_2\boldsymbol{\xi}_2(t) - \boldsymbol{G}_3\boldsymbol{\xi}_3(t) - \boldsymbol{G}_4\boldsymbol{\eta}_4(t)$$

$$
=-\begin{bmatrix} G_1 & G_2 & G_3 & G_4 \end{bmatrix}\begin{bmatrix} \xi_1(t) \\ \xi_2(t) \\ \xi_3(t) \\ \eta_4(t) \end{bmatrix}
$$

$$
=-\begin{bmatrix} G_1 & G_2 & G_3 & G_4 \end{bmatrix}T\begin{bmatrix} x_{\mathrm{I}}(t) \\ x_{\mathrm{II}}(t) \\ x_{\mathrm{III}}(t) \\ x_{\mathrm{IV}}(t) \end{bmatrix}
$$

$$
=-\begin{bmatrix} G_{1eq} & G_{2eq} & G_{3eq} & G_{4eq} \end{bmatrix}\begin{bmatrix} x_{\mathrm{I}}(t) \\ x_{\mathrm{II}}(t) \\ x_{\mathrm{III}}(t) \\ x_{\mathrm{IV}}(t) \end{bmatrix} \tag{6.42}
$$

其中，相似变换矩阵的定义如式（6.43）所示.

$$
T = T_4 T_3 T_2 T_1 \tag{6.43}
$$

根据式（6.42），可以得到原始坐标中的反馈全状态控制信号，如式（6.44）所示.

$$
\begin{aligned}
u(x_{\mathrm{I}}(t)^{\mathrm{I}}, x_{\mathrm{II}}(t)^{\mathrm{II}}, x_{\mathrm{III}}(t)^{\mathrm{III}}, x_{\mathrm{IV}}(t)^{\mathrm{IV}}) = &-G_{1eq}x_{\mathrm{I}}(t)^{\mathrm{I}} - G_{2eq}x_{\mathrm{II}}(t)^{\mathrm{II}} \\
&- G_{3eq}x_{\mathrm{III}}(t)^{\mathrm{III}} - G_{4eq}x_{\mathrm{IV}}(t)^{\mathrm{IV}}
\end{aligned} \tag{6.44}
$$

6.3　四级四时间尺度线性控制系统

如果四级线性反馈控制器要得到有效的应用，四时间尺度系统是一个不错的选择. 对于此类系统而言，一般来说，如果尝试直接使用整个（全阶）系统设计一个线性反馈控制器，则会出现数值病态条件. 如概述部分所述，奇异摄动控制系统已广泛应用于所有工程与科学领域中. 在本节中，我们将说明如何将 6.2 节中所提出的设计专门应用于奇异摄动连续时间线性系统，从而进一步简化设计. 此外，通过相应控制器的数字实现，可以为不同的控制器使用不同的采样周期. 否则，如果不采用四级设计，整个系统数字控制器将需要一个非常小的采样周期（采样率非常大）.

许多真实物理系统具有不同性质组件，其中存在若干个多时间尺度．例如，先进重水反应堆有三个时间尺度（Shimjith et al.，2011a，2011b；Munje et al.，2014，2015a，2015b）．燃料电池的动态会在至少三个时间尺度，甚至可能会在四个时间尺度下演变（Pukrushpan et al.，2004a；Zenith and Skogestad，2009）．Zenith 和 Skogestad（2009）的研究表明，一个质子交换膜燃料电池（PEMFC）系统有三个，甚至可能有四个在三个或四个不同时间尺度下工作的子系统．

假设有一个四时间尺度线性时不变动态控制系统，如式（6.45）所示．

$$\begin{bmatrix} \dfrac{d\boldsymbol{x}_{\mathrm{I}}(t)}{dt} \\ \varepsilon_1 \dfrac{d\boldsymbol{x}_{\mathrm{II}}(t)}{dt} \\ \varepsilon_2 \dfrac{d\boldsymbol{x}_{\mathrm{III}}(t)}{dt} \\ \varepsilon_3 \dfrac{d\boldsymbol{x}_{\mathrm{IV}}(t)}{dt} \end{bmatrix} = \begin{bmatrix} \boldsymbol{A}_{11} & \boldsymbol{A}_{12} & \boldsymbol{A}_{13} & \boldsymbol{A}_{14} \\ \boldsymbol{A}_{21} & \boldsymbol{A}_{22} & \boldsymbol{A}_{23} & \boldsymbol{A}_{24} \\ \boldsymbol{A}_{31} & \boldsymbol{A}_{32} & \boldsymbol{A}_{33} & \boldsymbol{A}_{34} \\ \boldsymbol{A}_{41} & \boldsymbol{A}_{42} & \boldsymbol{A}_{43} & \boldsymbol{A}_{44} \end{bmatrix} \begin{bmatrix} \boldsymbol{x}_{\mathrm{I}}(t) \\ \boldsymbol{x}_{\mathrm{II}}(t) \\ \boldsymbol{x}_{\mathrm{III}}(t) \\ \boldsymbol{x}_{\mathrm{IV}}(t) \end{bmatrix} + \begin{bmatrix} \boldsymbol{B}_{11} \\ \boldsymbol{B}_{22} \\ \boldsymbol{B}_{33} \\ \boldsymbol{B}_{44} \end{bmatrix} \boldsymbol{u}(t) = \boldsymbol{A}\boldsymbol{x}(t) + \boldsymbol{B}\boldsymbol{u}(t)$$

$$\boldsymbol{y}(t) = \begin{bmatrix} \boldsymbol{C}_{11} & \boldsymbol{C}_{22} & \boldsymbol{C}_{33} & \boldsymbol{C}_{44} \end{bmatrix} \begin{bmatrix} \boldsymbol{x}_{\mathrm{I}}(t) \\ \boldsymbol{x}_{\mathrm{II}}(t) \\ \boldsymbol{x}_{\mathrm{III}}(t) \\ \boldsymbol{x}_{\mathrm{IV}}(t) \end{bmatrix} \tag{6.45}$$

其中，$\varepsilon_1 \gg \varepsilon_2 \gg \varepsilon_3 > 0$ 是较小的正奇异摄动参数，$\boldsymbol{x}_{\mathrm{I}}(t) \in \mathbf{R}^{n_1}$ 是极慢速状态变量，$\boldsymbol{x}_{\mathrm{II}}(t) \in \mathbf{R}^{n_2}$ 是慢速状态变量，$\boldsymbol{x}_{\mathrm{III}}(t) \in \mathbf{R}^{n_3}$ 是快速状态变量，$\boldsymbol{x}_{\mathrm{IV}}(t) \in \mathbf{R}^{n_4}$ 是极快速状态变量，$n = n_1 + n_2 + n_3 + n_4$，$\boldsymbol{u}(t) \in \mathbf{R}^m$ 是系统控制输入向量，$\boldsymbol{y}(t) \in \mathbf{R}^p$ 是系统测量向量，$\boldsymbol{A}_{ij}$，$\boldsymbol{B}_{ii}$ 和 $\boldsymbol{C}_{ii}$ （i, j =1,2,3,4）是适当大小的常数矩阵．矩阵 $\boldsymbol{A}_{11}$，$\boldsymbol{A}_{22}$，$\boldsymbol{A}_{33}$ 和 $\boldsymbol{A}_{44}$ 定义了大小为 n_1，n_2，n_3 和 n_4 的极慢速、慢速、快速和极快速子系统，分别对应于状态变量 $\boldsymbol{x}_{\mathrm{I}}(t)$，$\boldsymbol{x}_{\mathrm{II}}(t)$，$\boldsymbol{x}_{\mathrm{III}}(t)$ 和 $\boldsymbol{x}_{\mathrm{IV}}(t)$．

在四时间尺度线性控制系统理论中，一个标准假设是矩阵 $\boldsymbol{A}_{22}$，$\boldsymbol{A}_{33}$ 和 $\boldsymbol{A}_{44}$ 是可逆的（Kokotovic et al.，1999；Naidu and Calise，2001）．因此，对于此类系统，有假设 6.4：

假设 6.4 矩阵 $\boldsymbol{A}_{22}$，$\boldsymbol{A}_{33}$ 和 $\boldsymbol{A}_{44}$ 是可逆的．

在下一节中，我们将讨论实现四时间尺度奇异摄动系统（式（6.45）所定义）的四级反馈控制器设计的可能性．

6.4 研 究 展 望

针对能自然分解成极慢速、慢速、快速和极快速子系统的四时间尺度系统，可以简化四级控制器的设计．也就是说，相应的设计代数方程的形式可能更简单．由于存在三个较小的参数（用于确定时间尺度），可以有效地对 $\boldsymbol{L}$ 和 $\boldsymbol{P}$ 方程进行求解，并且在与一般情况相比更弱的条件下，它们可能存在解.

从 6.2 节可以看出，需要对 $\boldsymbol{L}$ 矩阵的 **6 个非线性代数方程**和 $\boldsymbol{P}$ 矩阵的 **6 个线性西尔维斯特代数方程**进行求解，才能实现四级设计．此处总结出了这些方程，包括其系数的表达式.

最初，式 (6.4)，(6.9) 和 (6.13) 推导出的**非线性代数 $\boldsymbol{L}$ 方程组**，由式 (6.46) ～式 (6.48) 给出.

$$\begin{aligned}
f_{41}(\boldsymbol{L}_1,\boldsymbol{L}_2,\boldsymbol{L}_3)&=\boldsymbol{L}_1\boldsymbol{A}_{11}+\boldsymbol{L}_2\boldsymbol{A}_{21}+\boldsymbol{L}_3\boldsymbol{A}_{31}+\boldsymbol{A}_{41}-(\boldsymbol{L}_1\boldsymbol{A}_{14}+\boldsymbol{L}_2\boldsymbol{A}_{24}+\boldsymbol{L}_3\boldsymbol{A}_{34}+\boldsymbol{A}_{44})\boldsymbol{L}_1=0\\
f_{42}(\boldsymbol{L}_1,\boldsymbol{L}_2,\boldsymbol{L}_3)&=\boldsymbol{L}_1\boldsymbol{A}_{12}+\boldsymbol{L}_2\boldsymbol{A}_{22}+\boldsymbol{L}_3\boldsymbol{A}_{32}+\boldsymbol{A}_{42}-(\boldsymbol{L}_1\boldsymbol{A}_{14}+\boldsymbol{L}_2\boldsymbol{A}_{24}+\boldsymbol{L}_3\boldsymbol{A}_{34}+\boldsymbol{A}_{44})\boldsymbol{L}_2=0\\
f_{43}(\boldsymbol{L}_1,\boldsymbol{L}_2,\boldsymbol{L}_3)&=\boldsymbol{L}_1\boldsymbol{A}_{13}+\boldsymbol{L}_2\boldsymbol{A}_{23}+\boldsymbol{L}_3\boldsymbol{A}_{33}+\boldsymbol{A}_{43}-(\boldsymbol{L}_1\boldsymbol{A}_{14}+\boldsymbol{L}_2\boldsymbol{A}_{24}+\boldsymbol{L}_3\boldsymbol{A}_{34}+\boldsymbol{A}_{44})\boldsymbol{L}_3=0
\end{aligned}\tag{6.46}$$

$$\begin{aligned}
f_{31}(\boldsymbol{L}_4,\boldsymbol{L}_5)&=(\boldsymbol{a}_{31}+\boldsymbol{L}_4\boldsymbol{a}_{11}+\boldsymbol{L}_5\boldsymbol{a}_{21})-(\boldsymbol{a}_{33}+\boldsymbol{L}_4\boldsymbol{a}_{13}+\boldsymbol{L}_5\boldsymbol{a}_{23})\boldsymbol{L}_4=0\\
f_{32}(\boldsymbol{L}_4,\boldsymbol{L}_5)&=(\boldsymbol{a}_{32}+\boldsymbol{L}_4\boldsymbol{a}_{12}+\boldsymbol{L}_5\boldsymbol{a}_{22})-(\boldsymbol{a}_{33}+\boldsymbol{L}_4\boldsymbol{a}_{13}+\boldsymbol{L}_5\boldsymbol{a}_{23})\boldsymbol{L}_5=0
\end{aligned}\tag{6.47}$$

$$f_{21}(\boldsymbol{L}_6)=\boldsymbol{\alpha}_{21}+\boldsymbol{L}_6\boldsymbol{\alpha}_{11}-(\boldsymbol{\alpha}_{22}+\boldsymbol{L}_6\boldsymbol{\alpha}_{12})\boldsymbol{L}_6=0\tag{6.48}$$

系数矩阵 $\boldsymbol{a}_{ij}$ 是按 $\boldsymbol{L}$ 方程式 (6.46) 的解（即 $\boldsymbol{L}_1,\boldsymbol{L}_2,\boldsymbol{L}_3$）在式 (6.6) 中定义的.

$$\begin{aligned}
&\boldsymbol{a}_{11}=\boldsymbol{A}_{11}-\boldsymbol{A}_{14}\boldsymbol{L}_1,\ \boldsymbol{a}_{12}=\boldsymbol{A}_{12}-\boldsymbol{A}_{14}\boldsymbol{L}_2,\ \boldsymbol{a}_{13}=\boldsymbol{A}_{13}-\boldsymbol{A}_{14}\boldsymbol{L}_3,\ \boldsymbol{a}_{14}=\boldsymbol{A}_{14},\ \boldsymbol{b}_{11}=\boldsymbol{B}_{11}\\
&\boldsymbol{a}_{21}=\boldsymbol{A}_{21}-\boldsymbol{A}_{24}\boldsymbol{L}_1,\ \boldsymbol{a}_{22}=\boldsymbol{A}_{22}-\boldsymbol{A}_{24}\boldsymbol{L}_2,\ \boldsymbol{a}_{23}=\boldsymbol{A}_{23}-\boldsymbol{A}_{24}\boldsymbol{L}_3,\ \boldsymbol{a}_{24}=\boldsymbol{A}_{24},\ \boldsymbol{b}_{22}=\boldsymbol{B}_{22}\\
&\boldsymbol{a}_{31}=\boldsymbol{A}_{31}-\boldsymbol{A}_{34}\boldsymbol{L}_1,\ \boldsymbol{a}_{32}=\boldsymbol{A}_{32}-\boldsymbol{A}_{34}\boldsymbol{L}_2,\ \boldsymbol{a}_{33}=\boldsymbol{A}_{33}-\boldsymbol{A}_{34}\boldsymbol{L}_3,\ \boldsymbol{a}_{34}=\boldsymbol{A}_{34},\ \boldsymbol{b}_{33}=\boldsymbol{B}_{33}
\end{aligned}\tag{6.49}$$

系数矩阵 $\boldsymbol{\alpha}_{ij}$ 是按式 (6.47) 的解（即 $\boldsymbol{L}_4$ 和 $\boldsymbol{L}_5$）在式 (6.10b) 中定义的

$$\begin{aligned}
&\boldsymbol{\alpha}_{11}=\boldsymbol{a}_{11}-\boldsymbol{a}_{13}\boldsymbol{L}_4,\ \boldsymbol{\alpha}_{12}=\boldsymbol{a}_{12}-\boldsymbol{a}_{13}\boldsymbol{L}_5,\ \boldsymbol{\alpha}_{13}=\boldsymbol{a}_{13},\ \boldsymbol{\alpha}_{14}=\boldsymbol{a}_{14},\ \boldsymbol{\beta}_{11}=\boldsymbol{b}_{11}\\
&\boldsymbol{\alpha}_{21}=\boldsymbol{a}_{21}-\boldsymbol{a}_{23}\boldsymbol{L}_4,\ \boldsymbol{\alpha}_{22}=\boldsymbol{a}_{22}-\boldsymbol{a}_{23}\boldsymbol{L}_5,\ \boldsymbol{\alpha}_{23}=\boldsymbol{a}_{23},\ \boldsymbol{\alpha}_{24}=\boldsymbol{a}_{24},\ \boldsymbol{\beta}_{22}=\boldsymbol{b}_{22}
\end{aligned}\tag{6.50}$$

6 个线性西尔维斯特代数方程是在式 (6.23)，(6.27)，(6.28) 和 (6.34) 中定义的，即

$$\bar{A}_{33}P_3 - P_3\left(\bar{A}_{44} - \bar{B}_{44}G_4\right) + \bar{A}_{34} - \bar{B}_{33}G_4 = 0 \tag{6.51}$$

$$\bar{A}_{22}P_{23} - P_{23}\left(\bar{A}_{33} - \left(\bar{B}_{33} - P_3\bar{B}_{44}\right)G_3\right) + P_{24}\bar{B}_{44}G_3 + \bar{A}_{23} - \bar{B}_{22}G_3 = 0 \tag{6.52}$$

$$\bar{A}_{22}P_{24} - P_{24}\left(\bar{A}_{44} - \bar{B}_{44}G_4\right) + \bar{A}_{24} - \bar{B}_{22}G_4 + \bar{A}_{23}P_3 = 0 \tag{6.53}$$

$$\begin{aligned} &S_{11}P_{12} - P_{12}S_{22} - P_{13}S_{32} - P_{14}S_{42} + S_{12} = 0 \\ &S_{11}P_{13} - P_{13}S_{33} - P_{14}S_{43} + S_{13} = 0 \\ &S_{11}P_{14} - P_{14}S_{44} + S_{14} = 0 \end{aligned} \tag{6.54}$$

P 方程中出现的系数是由式（6.3），（6.18），（6.29b），（6.31b）和（6.32b）推导出来的，如式（6.55）～（6.59）所示.

$$A_4 = A_{44} + L_1A_{14} + L_2A_{24} + L_3A_{34}, \quad B_4 = B_{44} + L_1B_{11} + L_2B_{22} + L_3B_{33} \tag{6.55}$$

$$\begin{aligned} &\bar{A}_{11} = \alpha_{11} - \alpha_{12}L_6, \quad \bar{A}_{12} = \alpha_{12}, \quad \bar{A}_{13} = \alpha_{13}, \quad \bar{A}_{14} = \alpha_{14} \\ &\bar{A}_{22} = \alpha_{22} + L_6\alpha_{12}, \quad \bar{A}_{23} = \alpha_{23} + L_6\alpha_{13}, \quad \bar{A}_{24} = \alpha_{24} + L_6\alpha_{14} \\ &\bar{A}_{33} = \alpha_{33}, \quad \bar{A}_{34} = \alpha_{34}, \quad \bar{A}_{44} = \alpha_{44} \\ &\bar{B}_{11} = \beta_{11}, \quad \bar{B}_{22} = B_{22}, \quad \bar{B}_{33} = \beta_{33}, \quad \bar{B} = B_4 \end{aligned} \tag{6.56}$$

$$\bar{B}_{2\xi} = \bar{B}_{22} - P_{23}\left(\bar{B}_{33} - P_3\bar{B}_{44}\right) - P_{24}\bar{B}_{44}, \quad \bar{B}_{3\xi} = \bar{B}_{33} - P_3\bar{B}_{44} \tag{6.57}$$

$$S_{14} = \bar{A}_{14} - \bar{B}_{11}G_4 + \bar{A}_{13}P_3 + \bar{A}_{12}P_{24} \tag{6.58}$$

$$\begin{aligned} &S_{11} = \bar{A}_{11}, \quad S_{12} = \bar{A}_{12} - \bar{B}_{11}G_2, \quad S_{13} = \bar{A}_{13} - \bar{B}_{11}G_3 + \bar{A}_{12}P_{23} \\ &S_{22} = \bar{A}_{22} - \bar{B}_{2\xi}G_2 \\ &S_{32} = -\bar{B}_{3\xi}G_2, \quad S_{33} = \bar{A}_{33} - \left(\bar{B}_{33} - P_3\bar{B}_{44}\right)G_3 \\ &S_{42} = -\bar{B}_{44}G_2, \quad S_{43} = -\bar{B}_{44}G_3, \quad S_{44} = \bar{A}_{44} - \bar{B}_{44}G_4 \\ &Q_1 = \bar{B}_{11}, \quad Q_2 = \bar{B}_{22} + \bar{B}_{33} - P_{33}\bar{B}_{44} - P_{24}\bar{B}_{44}, \quad Q_3 = \bar{B}_{33} - P_3\bar{B}_{44}, \quad Q_4 = \bar{B}_{44} \end{aligned} \tag{6.59}$$

本节中还总结了 6.2 节中确立的假设，需要使用这些假设来保证相应的代数方程存在解，从而实现四级线性反馈控制器的设计．所需的假设如下所示：

假设 6.1 矩阵 $\bar{A}_{33}$ 和 $\bar{A}_{44} - \bar{B}_{44}G_4$ 没有共同的特征值.

假设 6.2a 矩阵 $\bar{A}_{22}$ 和 $\bar{A}_{33} - (\bar{B}_{33} - P_3\bar{B}_{44})G_3$ 没有共同的特征值.

假设 6.2b 矩阵 $\bar{A}_{22}$ 和 $(\bar{A}_{44} - \bar{B}_{44}G_4)$ 没有共同的特征值.

假设 6.3a 矩阵 S_{11} 和 S_{44} 没有共同的特征值.

假设 6.3b 矩阵 S_{11} 和 S_{33} 没有共同的特征值.

假设 6.3c 矩阵 S_{11} 和 S_{22} 没有共同的特征值.

未来需研究的一个问题是，为研究式（6.45）中定义的系统矩阵的结构，必须研究代数方程（式（6.46）～（6.59））．研究中，要考虑式（6.46）～（6.59）中的变量变换，以及假设 6.1～假设 6.3（由于假设 6.4 是专门针对四时间尺度线性奇异摄动系统研究进行的假设，因此，该假设保持不变），则得变换为

$$
\begin{aligned}
&\boldsymbol{A}_{11} \to \boldsymbol{A}_{11},\ \boldsymbol{A}_{12} \to \boldsymbol{A}_{12},\ \boldsymbol{A}_{13} \to \boldsymbol{A}_{13},\ \boldsymbol{A}_{14} \to \boldsymbol{A}_{14} \\
&\boldsymbol{A}_{21} \to \frac{1}{\varepsilon_1}\boldsymbol{A}_{21},\ \boldsymbol{A}_{22} \to \frac{1}{\varepsilon_1}\boldsymbol{A}_{22},\ \boldsymbol{A}_{23} \to \frac{1}{\varepsilon_1}\boldsymbol{A}_{23},\ \boldsymbol{A}_{24} \to \frac{1}{\varepsilon_1}\boldsymbol{A}_{24} \\
&\boldsymbol{A}_{31} \to \frac{1}{\varepsilon_2}\boldsymbol{A}_{31},\ \boldsymbol{A}_{32} \to \frac{1}{\varepsilon_2}\boldsymbol{A}_{32},\ \boldsymbol{A}_{33} \to \frac{1}{\varepsilon_2}\boldsymbol{A}_{33},\ \boldsymbol{A}_{34} \to \frac{1}{\varepsilon_2}\boldsymbol{A}_{34} \\
&\boldsymbol{A}_{41} \to \frac{1}{\varepsilon_3}\boldsymbol{A}_{41},\ \boldsymbol{A}_{42} \to \frac{1}{\varepsilon_3}\boldsymbol{A}_{42},\ \boldsymbol{A}_{43} \to \frac{1}{\varepsilon_3}\boldsymbol{A}_{43},\ \boldsymbol{A}_{44} \to \frac{1}{\varepsilon_3}\boldsymbol{A}_{44} \\
&\boldsymbol{B}_{11} \to \boldsymbol{B}_{11},\ \boldsymbol{B}_{22} \to \frac{1}{\varepsilon_1}\boldsymbol{B}_{22},\ \boldsymbol{B}_{33} \to \frac{1}{\varepsilon_2}\boldsymbol{B}_{33},\ \boldsymbol{B}_{44} \to \frac{1}{\varepsilon_3}\boldsymbol{B}_{44}
\end{aligned} \tag{6.60}
$$

研究这些变换，并且**在较小的奇异摄动参数满足**$\varepsilon_1 \gg \varepsilon_2 \gg \varepsilon_3 > 0$**时**，需要重新进行假设．

第 7 章　PEM 燃料电池的建模和系统分析

燃料电池是电机-电化学系统，可通过与水电解相逆的过程从氢气和氧气中产生电和水．氢气是通过简单的化学-物理过程从富氢燃料（天然气、甲醇和乙醇等）中得到的．可以在不燃烧天然气（或其他任何氢源）的情况下产生电，不会造成对环境的污染．因此，人们将燃料电池视为一种清洁的发电机．燃料电池是由阳极、膜和阴极构成的三极管．氢气从阳极侧输入，氧气从阴极侧输入．根据膜的分类，可以得到若干类型的燃料电池：质子交换膜（或聚合物电解质膜，PEM）燃料电池和固态氧化物燃料电池等．PEM 燃料电池的开发最广、最为人熟知，并且如今已经在世界上得到了广泛的应用．因此，我们将重点关注此类燃料电池．

自 21 世纪以来，针对 PEM 燃料电池进行建模、控制和仿真一直是一个十分活跃的研究领域（相关示例，请参见 Padulles 等（2000），El-Sharkh 等（2004），Pukrushpan 等（2004a，2004b），Fuhrmann 等（2008），Min 等（2009），Gou 等（2010），Kulikovsky（2010），Bavarian 等（2010），Wang 等（2011），Becherif 等（2011），Barelli 等（2012），Matraji 等（2013），Bhargav 等（2014），Eikerling 和 Kulikovsky（2014），Li 等（2015a，2015b），Wu 和 Zhou（2016），Hong 等（2017），Tong 等（2017），Daud 等（2017），Majlan 等（2018）的研究文献）．Fuhrmann 等（2008）的研究中强调了数学建模对于研究燃料电池动态的重要性："聚合电解质膜燃料电池的工作基于多个时间尺度下物理、化学和电化学过程的复杂相互作用．我们只有根据数学模型才能对这样一个复杂物质进行定量和定性的认识．"对燃料电池进行数学建模应格外谨慎，需要将许多自然科学与工程学科方面的知识进行结合，例如，数学、物理、化学、系统分析、化学工程、电气工程、机械工程以及一般控制系统工程等．

在自然科学与工程研究的文献中，可以找到若干 PEM 燃料电池的数学模型. 在本章中，我们将讲解最标准的 PEM 燃料电池数学模型，并对其中的一些模型进行系统分析. 从最简单的三阶线性和双线性化数学模型开始，随后将介绍更复杂的五阶和八阶数学模型. 一般来说，对燃料电池进行建模是一个相当复杂的过程，因为它的多学科性涉及各种电化学、热力、流体动力、气动力以及一般化学、电气和机械过程. 为简单起见，假设所有气体都处于理想状态. 尽管有了这一假设，我们仍将看到为 PEM 燃料电池开发的模型具有许多变量、常数和参数.

第一批燃料电池数学模型是针对燃料电池的三个基本变量推导出来的：氢气压力、氧气压力和阴极侧水蒸气压力. 这些模型很简单：PEM 燃料电池的线性模型（El-Sharkh et al.，2004）和 PEM 燃料电池的双线性模型（Gemmen，2003；Chiu et al.，2004；Na et al.，2007）. 这些模型的优势在于简单，因此，可以使用这些模型简单快速地得出有关燃料电池动态响应的一些结论和计算. 但是，从控制系统的角度来看，这些模型还不够好. Radisavljević（2011）的研究指出，在 El-Sharkh 等（2004）的模型中，阴极侧的水蒸气是一个不可控的变量. 同样，Radisavljević-Gajić 和 Graham（2017）的研究也表明，Gemmen（2003）和 Chiu 等（2004）的双线性模型在它的常见工作点处线性化，具有不可控的氢气压力，这将限制此模型的潜在应用.

用于面向控制的车用 PEM 燃料电池模型是由 Pukrushpan 等（2004a，2004b）开发的. 燃料电池自身建模为一个五阶非线性系统，此外，还包括了进气歧管和出气歧管的动态，从而实现了八阶的线性化模型动态. Haddad 等（2015）已经开发出了专用于汽车应用的一个简化的三阶非线性模型. Na 和 Gou（2008）的研究推导出了另一种面向控制的 PEM 燃料电池五阶非线性模型（另请参见 Gou 等（2010）的文献）. 其他最新的 PEM 燃料电池模型还包括了增湿器、水分离器、水冷却器和阴极湿度的建模（相关示例，请参见 Rojas 等（2017），Barzegari 等（2016），Headley 等（2016），Chakraborty（2018）以及 Majlan 等（2018）的研究文献）.

在 7.1 节中，我们将首先表明，常用于电力和能量文献中的质子交换膜和固态氧化物（SO）燃料电池的**线性模型**是不可控的. 不可控性来源于仅受燃料电池电流影响的水蒸气压力的方程. 事实上，燃料电池电流在此系统中是一个干扰因素，不受氢气和氧气的入口摩尔流量等模型输入量的控制. 由于不可控的原因，这些模型不适用于研究对 PEM 和 SO 燃料电池动态过程的控制. 但是，由于这些模型较为简单，可以在与其他能量产生设备（例如光（太阳能）电池、风力涡轮机、微型燃气轮机和蓄电池（超级电容））混合的配置中使用，用于展示一些并非用于控制目的其他现象．仅当采用此类混合配置形成的混合模型是可控时，这些模型才能用于说明控制相关的现象．因此，必须对此类混合模型的可控性进行测试．其次，我们引入了一些遵循模型动态和能斯特开环燃料电池电压公式的代数约束．必须在模拟所提出的燃料电池模式时满足这些约束，例如，利用 MATLAB/Simulink 或任何其他计算机软件进行的仿真．

在 7.2 节中，我们将分析 PEM 燃料电池的**三阶双线性（非线性）模型**的稳定状态的动态特性．此模型出现在 PEM 燃料电池的一些理论研究和应用论文中．我们将指出一些限制因素并探讨此数学模型的潜在约束．利用李雅普诺夫稳定性判据，第一种方法确立了稳定状态下渐近稳定性的条件．研究发现稳定状态下的线性化模型是不可控的．具体来说，对应于氢气压力的状态变量是不可控的．这意味着无法围绕稳态平衡点控制对应于氢气压力的状态空间变量的动态偏差．但是，由于其稳定性问题，随着时间的推移，氢气压力将根据其内部情况（不可控的）动态趋近平衡点，因此，此模型仍然适用于理论和实践研究．

在 7.3 节中，我们将呈现在维拉诺瓦大学相应实验室如何使用 PEM 燃料电池的模型进行开发．此实验室的中心组成部分是使用 TP50 燃料电池的 Greenlight Innovation G60 Testing Station（Greenlight Innovation G60 测试站）．G60 测试站设计并构建了适用于 PEM 燃料电池的精密、用户可自定义且灵活的低流测试站，装配了 Greenlight Innovation TP50 Fuel Cell（Greenlight Innovation TP50 燃料电池）．7.3.1 节中 TP50 燃料电池的推导模型为五阶模型．状态空间变量为阴极中的氧气质量、阴极中的氮气质量、阳极中的氢气质量、阳极中的水蒸气质量以及阴极中的水蒸气质量．此模型有两个控制输入：干燥氢气供应的质量流动速率和干燥空气供应（氧气）的质量流动速率．所产生的燃料电池堆电流也是针对燃料电池的一个输入，将其视为一个干扰因素．

7.4 节考虑了另一种面向控制的五阶非线性模型，该模型是在 Na 和 Gou（2008）的研究中推导出来的，考虑的模型有着相似的基础，不同之处在于控制输入信号的公式．

7.5 节中，我们将阐述用于电动汽车的八阶燃料电池模型是如何在 Pukrushpan 等（2004a，2004b）的研究中推导出来的．除了 7.3 节中所推导的模型中存在的五个状态空间变量外，此模型还有三个状态空间变量：一个来自供应歧管中的气体动态，一个来自回流歧管中的气体动态，还有一个来自为燃料电池提供空气（氧气）的压缩机的鼓风机．标称工作点处的线性化模型以及其状态空间矩阵已在 2.4.1 节给出．

7.1 PEM 燃料电池的三阶线性模型

在本节的第一部分，我们将说明一个简单的 PEM 燃料电池的三阶线性动态模型，然后，证明此线性模型（也适用于固态氧化物燃料电池）是不可控的．在本节接下来的内容中，针对此模型引入一些代数约束，这些约束遵循系统动力学方程以及稳态分析．

燃料电池的三个基本动态变量（氢气压力、氧气压力和水蒸气压力）的 PEM 燃料电池的动态线性化数学模型是由 El-Sharkh 等（2004）推导出来的．此模型是通过使用以下方法得到的：采用由 Padulles 等（2000）针对 SOFC 动态推导的数学模型的相同状态方程并稍微对输出方程进行修改．这些适用于 PEM 燃料电池和 SOFC 的线性化数学模型已经在许多论文中被使用（对于 PEM 燃料电池相关问题，请参见 Uzunoglu 和 Alam（2006，2007），Uzunoglu 等（2007），El-Sharkh 等（2007），Onar 等（2010），Yalcinoz 等（2010）以及 Wang 等（2010）的研究；对于 SOFC 相关问题，请参见 Zhu 和 Tomsovic（2002），Li 和 Rajakaruna（2005）以及 Hajizadeh 和 Golkar（2010）的研究）．

El-Sharkh 等（2004）提出的线性三阶系统状态空间模型的定义如式（7.1a）～式（7.1c）所示．

$$\frac{dx_1(t)}{dt}=-\frac{RTK_{H_2}}{V_A}x_1(t)+\frac{RT}{V_A}q_{H_2}^{in}(t)-\frac{2RTK_r}{V_A}I(t)$$
$$=-\frac{1}{\tau_{H_2}}x_1(t)+\frac{1}{\tau_{H_2}K_{H_2}}q_{H_2}^{in}(t)-\frac{2K_r}{\tau_{H_2}K_{H_2}}I(t) \tag{7.1a}$$

$$\frac{dx_2(t)}{dt}=-\frac{RT}{V_C}K_{O_2}x_2(t)+\frac{RT}{V_C}q_{O_2}^{in}(t)-\frac{RTK_r}{V_C}I(t)$$
$$=-\frac{1}{\tau_{O_2}}x_2(t)+\frac{1}{\tau_{O_2}K_{O_2}}q_{O_2}^{in}(t)-\frac{K_r}{\tau_{O_2}K_{O_2}}I(t) \tag{7.1b}$$

$$\frac{dx_3(t)}{dt}=-\frac{RT}{V_C}K_{\mathrm{H_2O}}x_3(t)+\frac{2RTK_r}{V_C}I(t)=-\frac{1}{\tau_{\mathrm{H_2O}}}x_3(t)+\frac{2K_r}{\tau_{\mathrm{H_2O}}K_{\mathrm{H_2O}}}I(t) \quad (7.1c)$$

其中，状态空间变量分别表示氢气压力、氧气压力和阴极侧水蒸气压力.

$$\boldsymbol{x}(t)=\begin{bmatrix}x_1(t) & x_2(t) & x_3(t)\end{bmatrix}^{\mathrm{T}}=\begin{bmatrix}p_{\mathrm{H_2}}(t) & p_{\mathrm{O_2}}(t) & p_{\mathrm{H_2O}}(t)\end{bmatrix}^{\mathrm{T}} \quad (7.2)$$

输出方程表示所测得的燃料电池电压，是用由能斯特公式计算出的开环电池电压 $V_0(t)$ 减去由电池激活引起的损失 $V_{act}(t)$ 和燃料电池堆电阻造成的损失 $V_{ohm}(t)$ 所得到的.

$$\begin{aligned}y_{PEM}(t)&=V_{PEM}(t)=V_0(t)-V_{act}(t)-V_{ohm}(t)\\&=N\left(E_0+\frac{RT}{2F}\ \ln\ \left\{\frac{x_1(t)(x_2(t))^{0.5}}{x_3(t)}\right\}\right)-B\ \ln\ \left(CI(t)\right)-R^{\mathrm{int}}I(t)\end{aligned} \quad (7.3)$$

其中 $B=47.77\mathrm{mV}$ 且 $C=0.0136\mathrm{A}^{-1}$. 系统输入为氢气和氧气的摩尔流量，即可以调整（控制）的 $q_{\mathrm{H_2}}(t)$ 和 $q_{\mathrm{O_2}}(t)$. 堆电流 $I(t)$ 起到了干扰作用. 注意，$CI(t)$ 必须大于 1，否则，激活电压将为负，并导致开环电压增大（而不是降低）. 假设所有其他的系数都是常数. 可以在 El-Sharkh 等（2004）的研究中找到模型方程中定义的常数系数的值.

Padulles 等（2000）的 SOFC 燃料电池模型正好具有相同的状态方程式（7.1）和式（7.2），但是输出方程不同. 激活电压并不在电池输出电压的表达式中，即

$$\begin{aligned}y_{\mathrm{SO}}(t)&=V_{\mathrm{SO}}(t)^{\mathrm{SO}}=V_{fc}(t)\\&=N\left(E_0+\frac{RT}{2F}\ \ln\left[\frac{x_1(t)(x_2(t))^{0.5}}{x_3(t)}\right]\right)-R^{\mathrm{int}}I(t)\end{aligned} \quad (7.4)$$

当然，在 SOFC 的数学模型式（7.1），（7.2）和（7.4）中，参数采用了不同的值（通用气体常数 R 和法拉第常数 F 除外）. 可以在 Padulles 等（2000）的研究中找到由式（7.1）和式（7.4）定义的 SOFC 模型的常数参数的值.

7.1.1 线性 PEM 燃料电池模型的可控性

可控性和可观测性概念属于系统状态空间的概念. 自 Kalman（1960）最初的研究成果发表以来，控制工程师对它们的了解已经超过 50 年了. 这些概念随后慢慢地为人所知并且被用在其他工程与科学学科中，特别是当 Kalman（1963）在研究中推导出了所谓的卡尔曼系统规范分解时（另请参见（Chen，2012)）. 根据

卡尔曼规范分解，仅可控且可观测的系统模式才会出现在系统传递函数中，那些不可控或不可观测的系统模式会从传递函数（系统输入/输出描述）中抵消. 此结果明确了一个事实，因为系统特征值的集比系统极点的集更为广泛（所有极点都是特征值，但并非所有特征值都是系统极点），用状态空间描述系统（通过系统特征值进行的描述）比用传递函数（通过系统极点）描述系统更为普遍. Serra 等（2005）的研究很好地说明了为 PEM 燃料电池设计线性控制器时可控性的重要性. 研究表明了，即使对于线性化系统最初的可控工作点，一些设计技术可提供比其他可控工作点更高的可控性测度（需要的控制量更少并且控制更有效）. McCain 等（2010）提到了针对燃料电池中液态水的可控性分析，结果表明，需要液态水的可控性来防止出现燃料电池泛洪.

在下面的内容中，我们将证明 El-Sharkh 等（2004）和 Padulles 等（2000）的数学模型是不可控的（零可控性测度）. 这意味着没有控制措施能满足在有限的时间间隔内将状态变量从给定的初始状态转换到所需的最终状态的总体目标（Chen，2012）. 可以采用状态空间的形式表示状态空间模型式（7.1），如式（7.5）所示.

$$
\begin{aligned}
\frac{d\boldsymbol{x}(t)}{dt}&=\begin{bmatrix}\dfrac{dx_1(t)}{dt}\\ \dfrac{dx_2(t)}{dt}\\ \dfrac{dx_3(t)}{dt}\end{bmatrix}=\begin{bmatrix}-\dfrac{1}{\tau_{\mathrm{H_2}}} & 0 & 0\\ 0 & -\dfrac{1}{\tau_{\mathrm{O_2}}} & 0\\ 0 & 0 & 0\end{bmatrix}\begin{bmatrix}x_1(t)\\ x_2(t)\\ x_3(t)\end{bmatrix}\\
&\quad+\begin{bmatrix}\dfrac{1}{\tau_{\mathrm{H_2}}K_{\mathrm{H_2}}} & 0\\ 0 & \dfrac{1}{\tau_{\mathrm{O_2}}K_{\mathrm{O_2}}}\\ 0 & 0\end{bmatrix}\begin{bmatrix}q_{\mathrm{H_2}}^{in}(t)\\ q_{\mathrm{O_2}}^{in}(t)\end{bmatrix}+\begin{bmatrix}-\dfrac{2K_r}{\tau_{\mathrm{H_2}}K_{\mathrm{H_2}}}\\ -\dfrac{K_r}{\tau_{\mathrm{O_2}}K_{\mathrm{O_2}}}\\ \dfrac{2K_r}{\tau_{\mathrm{H_2O}}K_{\mathrm{H_2O}}}\end{bmatrix}\boldsymbol{I}(t)\\
&=\boldsymbol{Ax}(t)+\boldsymbol{Bu}(t)+\boldsymbol{Gd}(t)
\end{aligned}
\tag{7.5}
$$

其中，$\boldsymbol{u}(t)=[q_{\mathrm{H_2}}^{in}(t)\quad q_{\mathrm{O_2}}^{in}(t)]^{\mathrm{T}}$ 是控制输入，$\boldsymbol{d}(t)=\boldsymbol{I}(t)$ 表示系统干扰. 通过标准秩可控性测试（Chen，2012），可以为式（7.5）中定义的状态空间系统模型构造为可控性矩阵，如式（7.6）所示.

$$C(A,B)=\begin{bmatrix}B & AB & A^2B\end{bmatrix}$$
$$=\begin{bmatrix}\frac{1}{\tau_{H_2}K_{H_2}} & 0 & -\frac{1}{\tau_{H_2}^2K_{H_2}} & 0 & \frac{1}{\tau_{H_2}^3K_{H_2}} & 0\\ 0 & \frac{1}{\tau_{O_2}K_{O_2}} & 0 & -\frac{1}{\tau_{O_2}^2K_{O_2}} & 0 & \frac{1}{\tau_{O_2}^3K_{O_2}}\\ 0 & 0 & 0 & 0 & 0 & 0\end{bmatrix} \tag{7.6}$$

可以明显看出，可控性矩阵 $\boldsymbol{C}(\boldsymbol{A},\boldsymbol{B})$ 的秩等于 2，即

$$\operatorname{rank}\{C(A,B)\}=2<3=n \tag{7.7}$$

这表明，在所提到的三阶线性系统中，只有两个状态变量是可控的，第三个状态变量是不可控的. 通过检查状态空间方程，可以观察到，水蒸气的方程不受控制输入信号的影响，因此，水蒸气压力在此系统中是不可控的变量.

出于以下一些原因，系统可控性在此特定模型中十分重要. 首先，众所周知，如果系统不可控，状态变量 $x_3(t)$ 甚至都不会出现在系统传递函数中（Chen，2012）. 在这种情况下，此传递函数的阶数将等于 2，对应于可控的状态变量 $x_1(t)$ 和 $x_2(t)$. 因此，每个涉及模型式（7.1）的频域分析都会是很浅薄的. 其次，从 Chen（2012）的研究可以得知，状态反馈可使不稳定的系统稳定，但它不能使不可控的系统可控，因此，变量 $x_3(t)$ 绝不会受到控制输入信号的影响，而是仅受到当 $\boldsymbol{I}(t)=V_{fc}(t)/R_L$ 时发生变化的干扰信号 $\boldsymbol{I}(t)$ 的影响，其中，负载 R_L 作为一个分段常数会及时地随机变化. 因此，状态变量 $x_3(t)$ 的动态变化将完全由其时间常数和燃料电池干扰（电流）来确定. 应强调的是，根据 El-Sharkh 等（2004）研究中数据，$x_3(t)$ 的时间常数比其余两个状态变量的时间常数要大得多 $\left(\tau_{H_2O}=18.418\text{s},\tau_{O_2}=6.64\text{s},\tau_{H_2}=3.37\text{s}\right)$，这意味着与其余两个状态变量相比，$x_3(t)$ 将花费更长的时间才能达到它的稳态值（那时它将仅由电流的稳态值决定 $x_3^{ss}=2K_rI^{ss}/K_{H_2O}$）. 此外，状态变量 $x_3(t)$ 的幅值比变量 $x_1(t)$ 和 $x_2(t)$ 的幅值要小得多，它在电池输出电压公式（7.4）中占主导地位，因此，它将对电池输出电压的产生起主要作用，并产生更持久且更加不可预测的影响. 最后，控制燃料电池中的水是至关重要的（McCain et al.，2010）. 因为水可能会造成燃料电池泛洪、降低电池极化曲线，并且最终会损害燃料电池膜（Pukrushpan et al.，2004a；Nehrir and Wang，2009）.

7.1.2 PEM燃料电池模型的系统分析和约束

在本节中，我们将推导出遵循模型微分方程的一些代数约束．这些约束并未在 El-Sharkh 等（2004）和 Padulles 等（2000）推导出模型的论文中使用，也没有在任何其他单独使用这些模型或混合使用这些模型研究其他电能生产设备的后续论文中使用．这些约束是在稳定状态下有特定的初始条件并针对所有时刻使用的．

稳态约束

正如 Bavarian 等（2010）所证实的，针对燃料电池的数学模型的稳态分析是一项十分重要的技术．在本小节中，我们将对三阶线性系统进行稳态分析．

水蒸气的稳态值（将导数设为零，并求解相应的代数方程式（7.1c）而得到的）由式（7.8）给出．

$$x_3^{ss} = \frac{2K_r}{K_{H_2O}} I^{ss} \tag{7.8}$$

氢气和氧气压力的稳态值是氢气和氧气的进口摩尔流量的稳态值和稳态燃料电池电流的函数，由式（7.9）给出．

$$x_1^{ss} = \frac{1}{K_{H_2}} q_{H_2 ss}^{in} - \frac{2K_r}{K_{H_2}} I^{ss}, \quad x_2^{ss} = \frac{1}{K_{O_2}} q_{O_2 ss}^{in} - \frac{K_r}{K_{O_2}} I^{ss} \tag{7.9}$$

式（7.4）中对应的稳态输出电压值（对于 SOFC）由式（7.10）给出．

$$\begin{aligned} y_{SO}^{ss} = V_{SO}^{ss} &= N\left(E_0 + \frac{RT}{2F} \ln \left\{\frac{x_1^{ss}(x_2^{ss})^{0.5}}{x_3^{ss}}\right\}\right) - R^{\text{int}} I^{ss} \\ &= N\left(E_0 + \frac{RT}{2F} \ln\left\{\frac{K_{H_2O}}{2K_r K_{H_2}\sqrt{K_{O_2}}} \frac{\left(q_{H_2 ss}^{in} - 2K_r I^{ss}\right)\left(q_{O_2 ss}^{in} - K_r I^{ss}\right)^{0.5}}{I^{ss}}\right\}\right) - R^{\text{int}} I^{ss} \end{aligned} \tag{7.10}$$

由于氢气压力和氧气压力的量值为正，因此在稳定状态下进口氢气和氧气流量需满足式（7.11）所示的条件．

$$\begin{aligned} x_1^{ss} &= \frac{1}{K_{H_2}} q_{H_2 ss}^{in} - \frac{2K_r}{K_{H_2}} I^{ss} > 0 \quad \Rightarrow \quad q_{H_2 ss}^{in} > 2K_r I^{ss} \\ x_2^{ss} &= \frac{1}{K_{O_2}} q_{O_2 ss}^{in} - \frac{K_r}{K_{O_2}} I^{ss} > 0 \quad \Rightarrow \quad q_{O_2 ss}^{in} > K_r I^{ss} \end{aligned} \tag{7.11}$$

另一组仿真约束来自量值为正的能斯特开环电压．由于该公式中存在“ln”运算，因此，必会得到

$$\ln\left\{\frac{x_1^{ss}(x_2^{ss})^{0.5}}{x_3^{ss}}\right\}>0 \quad\Rightarrow\quad \frac{x_1^{ss}(x_2^{ss})^{0.5}}{x_3^{ss}}>1 \quad\Rightarrow\quad x_1^{ss}(x_2^{ss})^{0.5}>x_3^{ss} \qquad (7.12)$$

这意味着

$$\left(q_{\mathrm{H}_2 ss}^{in}-2K_rI^{ss}\right)\left(q_{\mathrm{O}_2 ss}^{in}-K_rI^{ss}\right)^{0.5}>\frac{2K_rK_{\mathrm{H}_2}\sqrt{K_{\mathrm{O}_2}}}{K_{\mathrm{H_2O}}}I^{ss} \qquad (7.13)$$

因此，稳态氢气压力和氧气压力必须满足这样的条件，才能符合式（7.11）给出的约束以及式（7.13）给出的更强约束，这是由燃料电池（堆）稳态电流限制决定的．

初始条件和时间约束

必须将与式（7.12）和式（7.13）所示的稳态约束类似的约束拓展到所有时刻．这是因为压力在所有时刻下的量值都为正，即 $x_1(t)>0$，$x_2(t)>0$ 且 $x_3(t)>0$．根据能斯特公式，必会得到

$$\frac{x_1(t)(x_2(t))^{0.5}}{x_3(t)}>1,\quad \forall t \quad\Rightarrow\quad x_1(t)(x_2(t))^{0.5}>x_3(t),\quad \forall t \qquad (7.14)$$

压力正值也要求在提供初始条件约束的情况下对初始时刻下的氢气和氧气压力施加约束．

可以对式（7.1）给出的原始微分方程进行求解，得到氢气和氧气压力的分析表达式以及相应的初始条件约束．

$$x_1(t)=e^{-\frac{1}{\tau_{\mathrm{H}_2}}t}x_1(0)+\int_0^t e^{-\frac{1}{\tau_{\mathrm{H}_2}}(t-\tau)}\left(q_{\mathrm{H}_2}^{in}(\tau)-\frac{2K_r}{\tau_{\mathrm{H}_2}K_{\mathrm{H}_2}}I(\tau)\right)d\tau>0,\forall t$$

$$\Rightarrow\quad x_1(0)>-\int_0^t e^{\frac{1}{\tau_{\mathrm{H}_2}}\tau}\left(q_{\mathrm{H}_2}^{in}(\tau)-\frac{2K_r}{\tau_{\mathrm{H}_2}K_{\mathrm{H}_2}}I(\tau)\right)d\tau \qquad (7.15)$$

以及

$$x_2(t)=e^{-\frac{1}{\tau_{\mathrm{O}_2}}t}x_2(0)+\int_0^t e^{-\frac{1}{\tau_{\mathrm{O}_2}}(t-\tau)}\left(q_{\mathrm{O}_2}^{in}(\tau)-\frac{K_r}{\tau_{\mathrm{O}_2}K_{\mathrm{O}_2}}I(\tau)\right)d\tau>0,\forall t$$

$$\Rightarrow\quad x_2(0)>-\int_0^t e^{\frac{1}{\tau_{\mathrm{O}_2}}\tau}\left(q_{\mathrm{O}_2}^{in}(\tau)-\frac{K_r}{\tau_{\mathrm{O}_2}K_{\mathrm{O}_2}}I(\tau)\right)d\tau \qquad (7.16)$$

有趣的是，可以观察到式（7.15）和式（7.16）采用了针对$x_1(0)$和$x_2(0)$的初始条件进行约束. 尽管式（7.15）和式（7.16）中堆电流的系数较小（在El-Sharkh等（2004）的研究中，对应氢气压力和氧气压力的系数分别为0.02和0.01），但是，每当在仿真研究（使用MATLAB/Simulink或任何其他仿真软件）中使用这些模型时，必须满足这些初始条件的约束；否则，在初始时间间隔内，可能会得到负值的氢气和/或氧气压力. 除了能斯特公式中明显的约束$x_3(0)\neq 0$外，对于水蒸气没有类似的初始条件的约束（另外，一般来说，相同的公式要求$x_3(t)\neq 0,\forall t$）. 瞬时水蒸气压力是燃料电池电流的函数，求解式（7.1）的最后一个方程即可得到，其表达式为

$$x_3(t)=e^{-\frac{1}{\tau_{H_2O}}t}x_3(0)+\frac{2K_r}{\tau_{H_2O}K_{H_2O}}\int_0^t e^{-\frac{1}{\tau_{H_2O}}(t-\tau)}I(\tau)d\tau \tag{7.17}$$

以上内容已清楚地说明水蒸气压力的表达式不是氢气和氧气的入口摩尔流量的函数.

由于燃料电池电流取决于在燃料电池外部单独变化的瞬时负载R_L（一个分段常数函数），即$V_{fc}(t)=R_L I(t)$，因此，电池电流一般会发生变化，并且上述式（7.11）以及式（7.13）～式（7.16）所示的约束在针对最坏的情况时，即当$I(t)$取其最大值时（如$I_{\max}=\max\ \{I(t)\},\forall t$），也必须成立.

所提到的PEM和SO燃料电池的线性模型缺乏可控性. 这意味着使用这些不可控模型的期刊论文和会议论文中提出的结果仅对所选的数据集有效，并且这些论文中得出的结论并不具有普遍性（对状态空间变量所有可能的输入和所有可能的值有效）. 我们还引入了一些代数约束，必须在稳定状态、初始时间以及所有时刻满足这些约束，才能在MATLAB/Simulink或任何其他的计算机软件中进行所提到的线性PEM和SO燃料电池模型的仿真.

7.2 三阶双线性PEM燃料电池模型

Gemmen（2003）和Chiu等（2004）推导出了涉及以下三个基本变量的PEM燃料电池的动态双线性（非线性）三阶数学模型：氢气压力、氧气压力和水蒸气压力. 此模型是在摩根镇西弗吉尼亚大学的美国能源部国家能源技术实验室（US

Department of Energy National Energy Technology Laboratory）进行的研究中开发出来的（Chiu et al.，2004；Page et al.，2007；Na et al.，2007；Gou et al.，2010）.

在本节中，我们将进行系统分析并确定 Gemmen（2003）和 Chiu 等（2004）推导和提出的 PEM 燃料电池非线性化数学模型的稳态约束和限制．对燃料电池中的动态过程进行控制和观察，需要相应的数学模型是可控且可观测的，或至少是可稳定（不可稳定的状态变量是可控的）且可检测的（不可稳定的状态变量是可观测的）（Chen，2012）.

在为动态系统（应有可用的数学模型）设计控制器之前，应首先进行此类模型的系统分析，研究相应的瞬态和稳态限制，确定设计条件和约束，在使用和不使用相应控制器的情况下对此类模型进行仿真，并在真实的物理系统（本例中为燃料电池）中实现实体控制器的设计.

Gemmen（2003）和 Chiu 等（2004）的双线性化数学模型的状态空间变量为氢气压力、氧气压力和水蒸气压力，即

$$\boldsymbol{x}(t)=\begin{bmatrix} x_1(t) & x_2(t) & x_3(t) \end{bmatrix}^{\mathrm{T}}=\begin{bmatrix} p_{\mathrm{H_2}}(t) & p_{\mathrm{O_2}}(t) & p_{\mathrm{H_2O}}(t) \end{bmatrix}^{\mathrm{T}} \tag{7.18}$$

模型输入变量为氢气的摩尔流量 $W_{\mathrm{H_2}}^{in}(t)$（从阳极侧抽入）、氧气的摩尔流量 $W_{\mathrm{O_2}}^{in}(t)$ 和水蒸气的摩尔流量 $W_{\mathrm{H_2O}}^{in}(t)$（两者从阴极侧抽入；需要使用水蒸气来对电池膜进行加湿；此外，PEM 燃料电池会在阴极侧产生水）.

$$\begin{bmatrix} u_1(t) & u_2(t) & u_3(t) \end{bmatrix}^{\mathrm{T}}=\begin{bmatrix} W_{\mathrm{H_2}}^{in}(t) & W_{\mathrm{O_2}}^{in}(t) & W_{\mathrm{H_2O}}^{in}(t) \end{bmatrix} \tag{7.19}$$

所考虑的燃料电池数学模型的状态空间微分方程为

$$\frac{dx_1(t)}{dt}=\frac{RT}{V_A}\left(1-\frac{x_1(t)}{p_{op}}\right)u_1(t)+\frac{RT}{V_A}\left(\frac{x_1(t)}{p_{op}}-1\right)2K_rI(t)=f_1(\boldsymbol{x},\boldsymbol{u},I) \tag{7.20}$$

$$\begin{aligned}\frac{dx_2(t)}{dt}&=\frac{RT}{V_C}\left(1-\frac{x_2(t)}{p_{op}}\right)u_2(t)+\frac{RT}{V_C}\left(\frac{x_2(t)}{p_{op}}-1\right)K_rI(t)-\frac{RT}{V_C}u_3(t)\frac{x_2(t)}{p_{op}}\\&=f_2(\boldsymbol{x},\boldsymbol{u},I)\end{aligned} \tag{7.21}$$

$$\begin{aligned}\frac{dx_3(t)}{dt}&=\frac{RT}{V_C}\left(1-\frac{x_3(t)}{p_{op}}\right)u_3(t)+\frac{RT}{V_C}\left(1-\frac{x_3(t)}{p_{op}}\right)2K_rI(t)-\frac{RT}{V_C}u_2(t)\frac{x_3(t)}{p_{op}}\\&=f_3(\boldsymbol{x},\boldsymbol{u},I)\end{aligned} \tag{7.22}$$

电池输出电压由能斯特公式给出，如式（7.23）所示.

$$y(t)=V(t)=N\left(E_0+\frac{RT}{2F}\ \ln\ \left\{\frac{x_1(t)(x_2(t)/P_{std})^{0.5}}{x_3(t)}\right\}-L(t)\right)$$
$$=y(x_1(t),x_2(t),x_3(t)) \tag{7.23}$$

在式（7.20）～（7.22）中，$I(t)$ 表示作为系统干扰因素的电池电流，因为当 $I(t)=V(t)/R_L$ 时，电流会发生变化，其中，R_L 表示负载是一个随机量．在式（7.23）中，$L(t)$ 表示由燃料电池激活、电阻和浓度损失等造成的电压损失．式（7.20）～（7.23）中使用的常量如下：R 是通用气体常数，T 是温度，V_A 和 V_C 是阳极和阴极容量，p_{op} 是工作压力（稳态阳极和阴极压力），F 是法拉第常数，N 表示燃料电池的数量，$K_r=N/4F$ 是给定的常数，P_{std} 是标准压力．

式（7.20）～（7.22）定义的动态系统，其非线性仅包含状态和控制变量的积，因此是一个**双线性系统**（第一类非线性系统）．式（7.23）中定义的系统输出是非线性的．此模型是基于以下假设推导的：阳极和阴极压力在稳定状态下保持为常数且等于工作压力 p_{op}，PEM 燃料电池温度为常数．此模型在稳定状态下应表现出良好的性能．在本节中，我们将对其稳态系统进行分析，为模型稳定性、可控性和可观测性提供额外的结果，并确定状态空间变量之间的代数约束．必须在稳定状态下满足这些约束，才能保证此燃料电池模型的系统稳定性．

所考虑的双线性（非线性）PEM 燃料电池模型具有简单易用的特性．它仅为一个三阶模型，提供有关三个最重要的燃料电池变量的动态变化信息：氢气压力、氧气压力和水蒸气压力．要强调的重要一点是，文献中存在其他的三阶非线性 PEM 燃料电池模型（相关示例，请参见 Chen（2013）的研究）．它们提供不同状态变量的信息．例如，Chen（2013）的研究选择了氢气压力、氧气压力和激活电压作为状态空间变量，并推导出了相应的三阶非线性模型．

7.2.1　稳态 PEM 燃料电池的平衡点

Pandiyan 等（2013）的研究中提到了 PEM 燃料电池的一般分析和设计．针对燃料电池的数学模型的稳态分析是一项重要的技术，使我们能够更加了解所研究的燃料电池模型的重要状态空间变量的动态行为（Bavarian et al.，2010），并且可以确定模型的局限性（Chakraborty，2018）．

在本小节中，我们将对三阶线性系统进行稳态分析，专门针对式（7.18）～（7.35）所呈现的 Gemmen（2003）和 Chiu 等（2004）的 PEM 燃料电池模型．假设式（7.20）～（7.22）中的燃料电池是渐近稳定的，并且在足够长的时期内燃料电池输入和燃料电池电流为常数，那么，系统状态变量将达到它们的常数稳态值．式（7.20）～（7.22）中定义的燃料电池模型的稳态值是从式（7.24）～（7.26）中得到的．

$$0=\alpha_A\left(1-\frac{x_{1ss}}{p_{op}}\right)u_{1ss}+\alpha_A\left(\frac{x_{1ss}}{p_{op}}-1\right)2K_rI_{ss} \tag{7.24}$$

$$0=\alpha_C\left(1-\frac{x_{2ss}}{p_{op}}\right)u_{2ss}+\alpha_C\left(\frac{x_{2ss}}{p_{op}}-1\right)K_rI_{ss}-\alpha_C\frac{x_{2ss}}{p_{op}}u_{3ss} \tag{7.25}$$

$$0=\alpha_C\left(1-\frac{x_{3ss}}{p_{op}}\right)u_{3ss}+\alpha_C\left(1-\frac{x_{3ss}}{p_{op}}\right)2K_rI_{ss}-\alpha_C\frac{x_{3ss}}{p_{op}}u_{2ss} \tag{7.26}$$

其中，$\alpha_A=RT/V_A$ 且 $\alpha_C=RT/V_C$．代数方程式（7.24）～（7.26）会得到稳态关系：

$$0=\left(p_{op}-x_{1ss}\right)\left(u_{1ss}-2K_rI_{ss}\right) \tag{7.27}$$

$$0=\left(p_{op}-x_{2ss}\right)\left(u_{2ss}-K_rI_{ss}\right)-x_{2ss}u_{3ss} \tag{7.28}$$

$$0=\left(p_{op}-x_{3ss}\right)\left(u_{3ss}+2K_rI_{ss}\right)-x_{3ss}u_{2ss} \tag{7.29}$$

代数方程式（7.27）的数值解为氢气压力和氢气进口摩尔流量的稳态值提供了式（7.30a）和式（7.30b）所示的可能结果：

$$x_{1ss}=p_{op}\ \text{且}\ u_{1ss}=\text{任何值，包括}\ u_{1ss}=2K_rI_{ss} \tag{7.30a}$$

$$u_{1ss}=2K_rI_{ss}\ \text{且}\ x_{1ss}=\text{任何值，包括}\ x_{1ss}=p_{op} \tag{7.30b}$$

有趣的一点是，可以观察到使用 Chiu 等（2004）的研究数据得到的 MATLAB/Simulink 仿真结果产生了（7.30）中给定的解．事实上，我们将证明在本节其余部分进行的稳定性分析中，为了保证稳定状态下的稳定性，必须满足以下条件：$u_{1ss}>2K_rI_{ss}$．由于式（7.30）所示的解不满足燃料电池稳定性条件，需将其排除在外．Chiu 等（2004）对原始实验设计（DoE）模型的定义如下：假设电池阳极压力将保持常量并且等于稳态工作压力 p_{op}．因此，施加一个约束，即稳定状态下的阳极压力（当 $t\to\infty$ 时，$p_A(t)=p_{H_2}(t)=x_1(t)\to x_{1ss}$）等于稳定状态下的阴极压力，将得到

当 $t \to \infty$ 时，$p_C(t) = p_{O_2}(t) + p_{H_2O} = x_2(t) + x_3(t) \to x_{2ss} + x_{3ss}$

且

$$p_{Ass} = x_{1ss} = p_{op} = p_{Css} = x_{2ss} + x_{3ss} \tag{7.31}$$

还应注意的一点是，在工程实际中，$x_{2ss} \gg x_{3ss}$.

接下来的内容中，我们将研究推导出的稳态条件对燃料电池模型稳定性、可控性和可观测性的影响，也就是说，我们将围绕非线性燃料电池模型（由式（7.20）～（7.22）定义）稳态值定义的平衡点，对其动态行为进行研究，并研究该点处的稳定性、可控性和可观测性.

7.2.2　燃料电池系统稳定性分析

使用李雅普诺夫第一法确定 PEM 燃料电池模型（如式（7.20）～（7.22）所示）的稳定性（Khalil，2002）. 为此，将状态方程式（7.20）～（7.22）线性化，计算在稳态点处的线性化系统状态空间矩阵，并检查其特征值的位置. 由于下一节将研究稳定状态下的系统可控性，因此，此处将推导线性化系统的输入矩阵. 线性化系统的定义如式（7.32）所示.

$$\frac{d\Delta \boldsymbol{x}(t)}{dt} = \boldsymbol{A}\Delta \boldsymbol{x}(t) + \boldsymbol{B}\Delta \boldsymbol{u}(t) \tag{7.32}$$

其中

$$\begin{gathered} x_i(t) = x_{iss} + \Delta x_i(t), \quad u_i(t) = u_{iss} + \Delta u_i(t), \quad i = 1,2,3 \\ \Delta \boldsymbol{x}(t) = \left[\Delta x_1(t) \quad \Delta x_2(t) \quad \Delta x_3(t)\right]^{\mathrm{T}}, \quad \Delta \boldsymbol{u}(t) = \left[\Delta u_1(t) \quad \Delta u_2(t) \quad \Delta u_3(t)\right]^{\mathrm{T}} \end{gathered} \tag{7.33}$$

首先，找到式（7.32）的雅可比矩阵 $\boldsymbol{A}$ 和 $\boldsymbol{B}$，并在稳态点处对它们进行计算，可得到

$$\boldsymbol{A} = \begin{bmatrix} \dfrac{\partial f_1}{\partial x_1} & \dfrac{\partial f_1}{\partial x_2} & \dfrac{\partial f_1}{\partial x_3} \\ \dfrac{\partial f_2}{\partial x_1} & \dfrac{\partial f_2}{\partial x_2} & \dfrac{\partial f_2}{\partial x_3} \\ \dfrac{\partial f_3}{\partial x_1} & \dfrac{\partial f_3}{\partial x_2} & \dfrac{\partial f_3}{\partial x_3} \end{bmatrix}_{|ss} = \begin{bmatrix} a_{11} & 0 & 0 \\ 0 & a_{22} & 0 \\ 0 & 0 & a_{33} \end{bmatrix} \tag{7.34a}$$

其中

$$a_{11}=\frac{\alpha_A\left(2K_rI_{ss}-u_{1ss}\right)}{p_{op}},\quad a_{22}=\frac{\alpha_C\left(K_rI_{ss}-u_{2ss}-u_{3ss}\right)}{p_{op}}$$
$$a_{33}=-\frac{\alpha_C\left(2K_rI_{ss}+u_{2ss}+u_{3ss}\right)}{p_{op}} \tag{7.34b}$$

且

$$\boldsymbol{B}=\begin{bmatrix}\dfrac{\partial f_1}{\partial u_1} & \dfrac{\partial f_1}{\partial u_2} & \dfrac{\partial f_1}{\partial u_3}\\ \dfrac{\partial f_2}{\partial u_1} & \dfrac{\partial f_2}{\partial u_2} & \dfrac{\partial f_2}{\partial u_3}\\ \dfrac{\partial f_3}{\partial u_1} & \dfrac{\partial f_3}{\partial u_2} & \dfrac{\partial f_3}{\partial u_3}\end{bmatrix}_{|ss} \tag{7.35}$$

即

$$\boldsymbol{B}=\frac{1}{p_{op}}\begin{bmatrix}\alpha_A\left(p_{op}-x_{1ss}\right) & 0 & 0\\ 0 & \alpha_C\left(p_{op}-x_{2ss}\right) & -\alpha_C x_{2ss}\\ 0 & -\alpha_C x_{3ss} & \alpha_C\left(p_{op}-x_{3ss}\right)\end{bmatrix}$$

从式（7.34）中可以看出，如果同时满足式（7.36）和式（7.37）所示的条件，矩阵 $\boldsymbol{A}$ 的特征值将全部落在复平面的左半侧中（按照李雅普诺夫的观点，可得线性动态系统的渐近稳定性（Khalil，2002））.

$$u_{1ss}>2K_rI_{ss} \tag{7.36}$$

且

$$u_{2ss}+u_{3ss}>K_rI_{ss} \tag{7.37}$$

从式（7.30）和式（7.31）所示的条件可以看到，在稳定的平衡点处，必须满足式（7.38）所示的条件.

$$x_{1ss}=p_{op} \tag{7.38}$$

注意，由于稳态电流 I_{ss} 对于所有电池而言是相同的，式（7.24）～（7.38）所示的推导对于单个电池以及由 N 个单体电池串联成的燃料电池堆而言是相同的. 由于 u_{1ss} 和 u_{2ss} 或 u_{3ss} 可能取任意常数值，双线性模型可能没有相同的稳态平衡点，但它们都有相同的电流.

7.2.3 PEM 燃料电池可控性和可观测性分析

正如多篇论文（Serra et al.，2005；McCain et al.，2010；Radisavljević，2011）中所呈现的那样，可控性和可观测性条件对于与燃料电池相关的最优控制和估计（观察）问题已经变得尤其重要了.

式（7.31）和式（7.38）所示的条件意味着渐近稳定的平衡点处的线性化输入矩阵可由式（7.39）给出.

$$\boldsymbol{B}=\frac{1}{p_{op}}\begin{bmatrix}0 & 0 & 0\\ 0 & \alpha_C\left(p_{op}-x_{2ss}\right) & -\alpha_C x_{2ss}\\ 0 & -\alpha_C x_{3ss} & \alpha_C\left(p_{op}-x_{3ss}\right)\end{bmatrix}=\begin{bmatrix}0 & 0 & 0\\ 0 & b_{22} & b_{23}\\ 0 & -b_{22} & -b_{23}\end{bmatrix} \tag{7.39}$$

通过进行标准的可控性测试（Chen，2012），可以在平衡点处构造式（7.32）所定义的状态空间系统的可控性矩阵，并且检查矩阵的秩（对于系统可控性而言，秩应等于 3（系统的阶数））. 可以证明，对于所研究的三阶系统而言，可以得到

$$\operatorname{rank}\left\{\mathcal{C}(\boldsymbol{A},\boldsymbol{B})\right\}=\operatorname{rank}\left\{\left[\boldsymbol{B}\quad \boldsymbol{AB}\quad \boldsymbol{A}^2\boldsymbol{B}\right]\right\}=\operatorname{rank}\left[\mathcal{C}_1\quad \mathcal{C}_2\right]\leqslant 2 \tag{7.40}$$

$$\mathcal{C}_1=\begin{bmatrix}0 & 0 & 0\\ b_{22} & b_{23} & a_{22}b_{22}\\ -b_{22} & -b_{23} & -a_{33}b_{22}\end{bmatrix} \tag{7.41a}$$

$$\mathcal{C}_2=\begin{bmatrix}0 & 0 & 0\\ a_{22}b_{23} & a_{22}^2b_{22} & a_{22}^2b_{23}\\ -a_{33}b_{23} & -a_{22}^2b_{22} & -a_{22}^2b_{23}\end{bmatrix} \tag{7.41b}$$

这清楚地说明了所考虑的**燃料电池系统数学模型在稳定状态下是不可控的**. 事实上，可控性矩阵的秩等于 2 说明此系统有两个可控的状态空间变量，有一个不可控的状态空间变量.

此外，完成特征值的 Popov-Belevitch-Hautus 可控性测试（Chen，2012）后，我们能够识别哪个系统模式（特征值或状态空间变量）是不可控的. 由于式（7.32）所给定的线性化系统的矩阵 $\boldsymbol{A}$ 是对角矩阵，因此，其特征值与其对角元素相同，由式（7.42）给出.

$$\lambda_1=a_{11},\quad \lambda_2=a_{22},\quad \lambda_3=a_{33} \tag{7.42}$$

检查矩阵的秩

$$\operatorname{rank}\{[\lambda_i\boldsymbol{I}-\boldsymbol{AB}]\},\quad i=1,2,3 \tag{7.43}$$

根据 Popov-Belevitch-Hautus 测试（Chen，2012），矩阵的秩必须等于 3 才能使某一特定特征值可控．我们发现对于特征值 λ_1，此秩等于 2，也就是说

$$\operatorname{rank}\left\{\begin{bmatrix} 0 & 0 & 0 & 0 & 0 & 0 \\ 0 & \lambda_1-\lambda_2 & 0 & 0 & b_{22} & b_{23} \\ 0 & 0 & \lambda_1-\lambda_3 & 0 & -b_{22} & -b_{23} \end{bmatrix}\right\}=2 \tag{7.44}$$

这说明对应于氢气压力的第一个状态空间变量是不可控的．这意味着此状态变量（氢气压力）是不能控制的．但是，由于它的稳定性，氢气压力将根据它的内部（不可控的）动态趋近平衡点，因此，此模型仍然适用于理论和实践研究．7.2.1 节中施加了渐近稳定性条件，因此，此线性化燃料电池模型是可稳定的（不可控的系统模式是渐近稳定的；Chen，2012），这有利于最优线性控制器的设计．

若要检查所考虑的燃料电池数学模型的可观测性，首先要找到稳定状态下线性化燃料电池模型的输出矩阵．在引入一些代数约束后，可以得到所需的输出矩阵，如（7.45）所示．

$$\begin{aligned} \boldsymbol{C} &= \begin{bmatrix} \dfrac{\partial y}{\partial x_1} & \dfrac{\partial y}{\partial x_2} & \dfrac{\partial y}{\partial x_3} \end{bmatrix}_{|ss} \\ &= \frac{RT}{4F}\begin{bmatrix} \dfrac{1}{x_{1ss}} & \dfrac{1}{2x_{2ss}} & -\dfrac{1}{x_{3ss}} \end{bmatrix} = \begin{bmatrix} c_{11} & c_{12} & c_{13} \end{bmatrix} \end{aligned} \tag{7.45}$$

此结果表明，由于线性化系统矩阵是对角矩阵，线性化输出矩阵只有一行，包含所有非零元素，因此，每个状态变量是直接测得的，此线性化燃料电池模型的所有变量在稳定状态下是可观测的．进一步地，通过一元输出方程，可以使用线性观测器在所有时刻下观察所考虑的线性化燃料电池模型的所有三个状态变量（氢气压力、氧气压力和水蒸气压力）（Sinha，2007；Chen，2012）．

在得到可稳定-可观测的系统模型后，就可以设计线性二次型最优控制器了（Sinha，2007）．由于线性化测量式（7.44）针对三个未知的状态空间变量仅提供一个方程，因此若要为真实的燃料电池系统设计线性二次型最优控制器，还需要构造一个观测器（Sinha，2007）用于估计所有三个状态变量．

7.2.4 仿真结果

本节中所考虑的 PEM 燃料电池数学模型由式（7.18）～（7.23）给出，对此模型进行的实验验证是在摩根镇西弗吉尼亚大学的美国能源部国家能源技术实

验室进行的，结果“表现出了普遍较好的一致性”，如 Chiu 等（2004）和 Gou 等（2010）的研究所示．由于研究的目的是指出 Gemmen（2003），Chiu 等（2004）和 Gou 等（2010）开发的数学模型的局限性，因此，将使用 MATLAB/Simulink 进行仿真．在燃料电池研究中，使用数学模型的仿真对结果进行验证似乎是一种普遍的做法（Gemmen，2003；Gou，et al.，2010；Becherif，et al.，2011；Fuhrmann，et al.，2008；Radu and Taccani，2006；Abdin，et al.，2017）．另一种验证所得到的结果的方式是构建相应的电路，若干篇论文中采用了这种做法（Famouri and Gemmen，2003；Page，et al.，2007；Arsov，2007；Gou，et al.，2010）．

我们构建了所考虑的燃料电池模型的 MATLAB/Simulink 模型图并呈现在图 7.1 中．

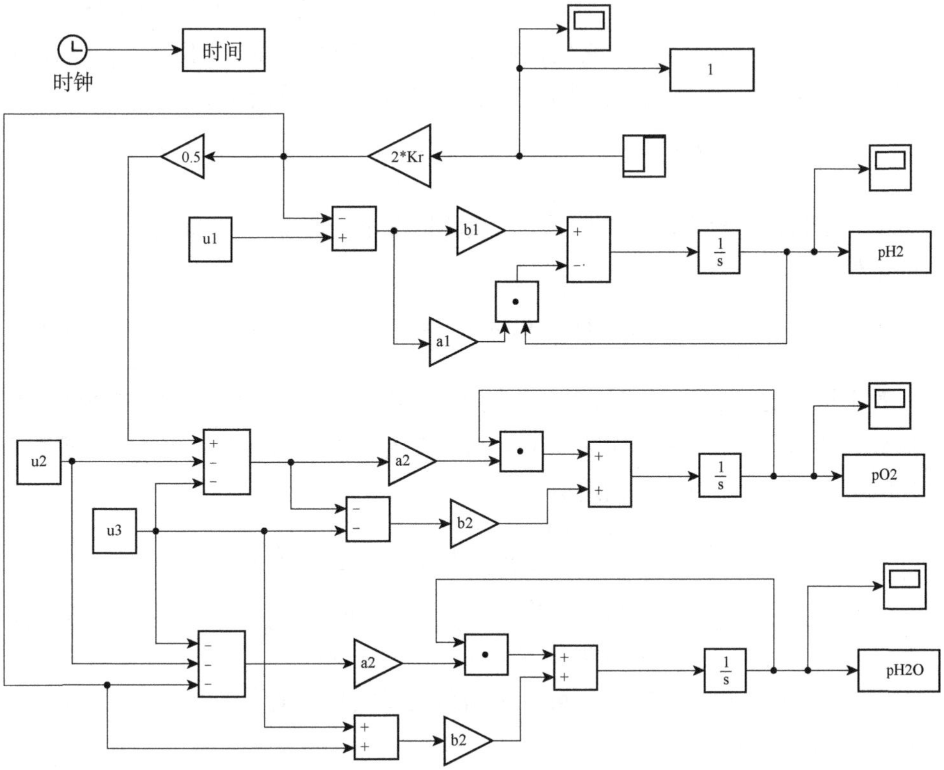

图 7.1　PEM 燃料电池模型的 Simulink 模型图

$a_1=\alpha_A/p_{op}$，$a_2=\alpha_B/p_{op}$，$b_1=\alpha_A$ 且 $b_2=\alpha_B$．积分器初始条件为 $p_{H_2}(0)=0.9p_{op}$，$p_{O_2}(0)=0.9p_{op}$ 且 $p_{H_2O}(0)=0$

我们将使用 Chiu 等（2004）所用的数据，即 $N=4$， $V_A=6.495\times10^{-6}\ \mathrm{m}^3$， $V_C=12.96\times10^{-6}\ \mathrm{m}^3$， $T=338.5\ \mathrm{K}$， $F=96439\ \mathrm{C/mol}$， $p_{std}=101325\ \mathrm{Pa}=1\ \mathrm{atm}$， $R=8.3144\ \mathrm{J/(K\times mol)}=0.082\ \mathrm{atm\times L/(K\times mol)}$ 和 $p_{op}=101000\ \mathrm{Pa}$． 对于输入信号，我们也使用了 Chiu（2004）等所用的相同信号，即

$$u_1=3664\ \mathrm{ml/min}=\left(3664\times10^{-3}/60\right)\times p_{op}/\left(RT\right)\ \mathrm{mol/s}=2.1915\ \mathrm{mol/s}$$

$$u_2=11548\ \mathrm{ml/min}=\left(11548\times10^{-3}/60\right)\times p_{op}/\left(RT\right)\ \mathrm{mol/s}=6.9070\ \mathrm{mol/s}$$

$$u_3=112\ \mathrm{ml/min}=\left(112\times10^{-3}/60\right)\times p_{op}/\left(RT\right)\ \mathrm{mol/s}=0.0670\ \mathrm{mol/s}$$

由于我们感兴趣的是稳定状态点附近燃料电池状态空间变量的动态行为，因此，我们适当地将初始条件选作 $p_{\mathrm{H}_2}(0)=0.1p_{op}$， $p_{\mathrm{O}_2}(0)=0.1p_{op}$ 和 $p_{\mathrm{H_2O}}(0)=0.01p_{op}$，其中 $p_{op}=101000\ \mathrm{Pa}$． 根据仿真的需要，我们还进行了一些额外的分析．在式（7.31）给出的条件下，即 $x_{2ss}+x_{3ss}=p_{op}$， u_{2ss} 和 u_{3ss} 的代数方程式（7.28）和式（7.29）变得线性相依，因此，它们仅表示一个代数方程．假设给出了 u_{2ss} 和 x_{2ss} 或 x_{3ss} 值，那么， u_{3ss} 的稳定状态值则满足式（7.46）所示的条件．

$$u_{3ss}=\frac{1}{x_{2ss}}\left(p_{op}-x_{2ss}\right)\left(u_{2ss}-K_rI_{ss}\right)=\frac{x_{3ss}}{p_{op}-x_{3ss}}\left(u_{2ss}-K_rI_{ss}\right) \tag{7.46}$$

反过来讲，在给出 u_{3ss} 和 x_{2ss} 或 x_{3ss} 值的情况下，则需要 u_{2ss} 满足式（7.47）所示的条件．

$$u_{2ss}=\frac{1}{x_{3ss}}\left(p_{op}-x_{3ss}\right)\left(u_{3ss}+2K_rI_{ss}\right)=\frac{x_{2ss}}{p_{op}-x_{2ss}}\left(u_{3ss}+2K_rI_{ss}\right) \tag{7.47}$$

对于给定的 u_{2ss} 和 u_{3ss}（针对常数输入），可以从式（7.28）到式（7.29）得到阴极氧气和水蒸气压力的稳定状态值，利用 K_rI_{ss} 非常小（当 $I_{ss}=40\mathrm{A}$ 时，阶数为 10^{-4}）这一情况，可以将它们近似为

$$x_{2ss}=\frac{u_{2ss}-K_rI_{ss}}{u_{2ss}+u_{3ss}-K_rI_{ss}}p_{op}\approx\frac{u_{2ss}}{u_{2ss}+u_{3ss}}p_{op} \tag{7.48}$$

$$x_{3ss}=\frac{u_{3ss}+2K_rI_{ss}}{u_{2ss}+u_{3ss}+2K_rI_{ss}}p_{op}\approx\frac{u_{3ss}}{u_{2ss}+u_{3ss}}p_{op} \tag{7.49}$$

由式（7.48）和式（7.49），可以得到阴极氧气和水蒸气压力之比的一个近似公式，如式（7.50）所示．

$$\frac{x_{2ss}}{x_{3ss}}\approx\frac{u_{2ss}}{u_{3ss}} \tag{7.50}$$

使用给定数据，在稳定状态下发现了 $x_{1ss}=p_{\mathrm{H}_2}^{ss}=101000\mathrm{Pa}$， $x_{2ss}=p_{\mathrm{O}_2}^{ss}=100030\mathrm{Pa}$ 和 $x_{3ss}=p_{\mathrm{H_2O}}^{ss}=982.1\mathrm{Pa}$ 等值，这将得出 $x_{2ss}/x_{3ss}=101.8532$．

根据仿真结果，得到了以下量值：$x_{1ss}=101000\text{Pa}\approx x_{2ss}+x_{3ss}=101012\text{Pa}$．这说明阳极和阴极压力在稳定状态下处于良好的平衡（例如，这是延长膜寿命所需的条件）．使用式（7.50）所示的近似公式，可以得到 $x_{2ss}/x_{3ss}\approx 6.9070/0.0670=103.0896$，这说明推导出的相似公式（式（7.50））具有非常好的近似．图 7.2～图 7.4 说明了所给出的参数值下针对给定输入的燃料电池响应．

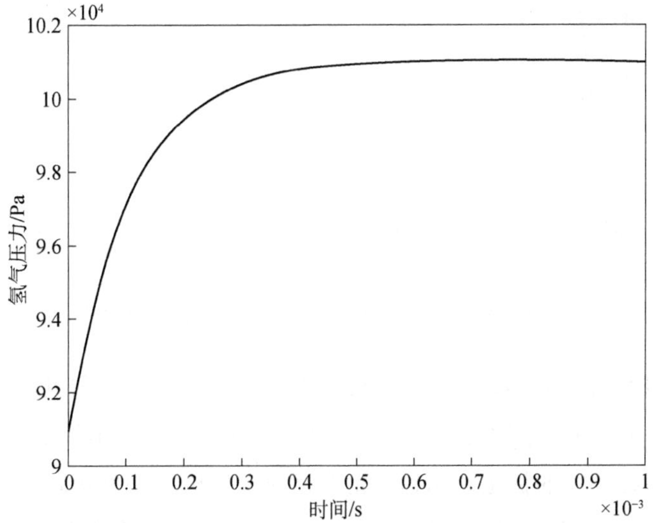

图 7.2　瞬时氢气压力及稳态响应，$p_{H_2}(0)=0.9p_{op}$

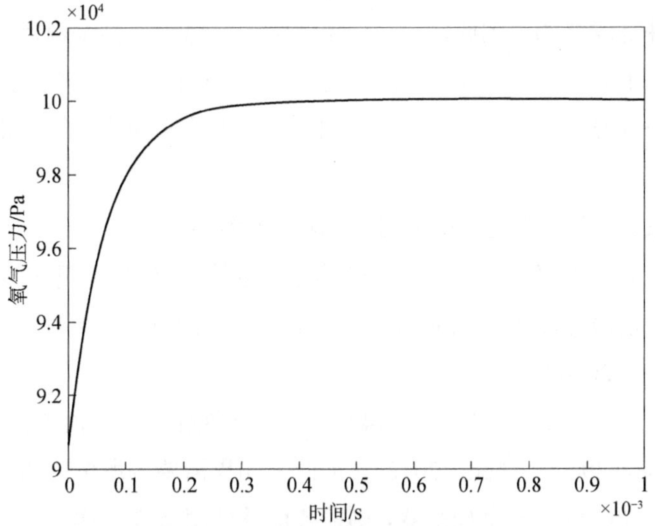

图 7.3　瞬时氧气压力及稳态响应，$p_{O_2}(0)=0.9p_{op}$

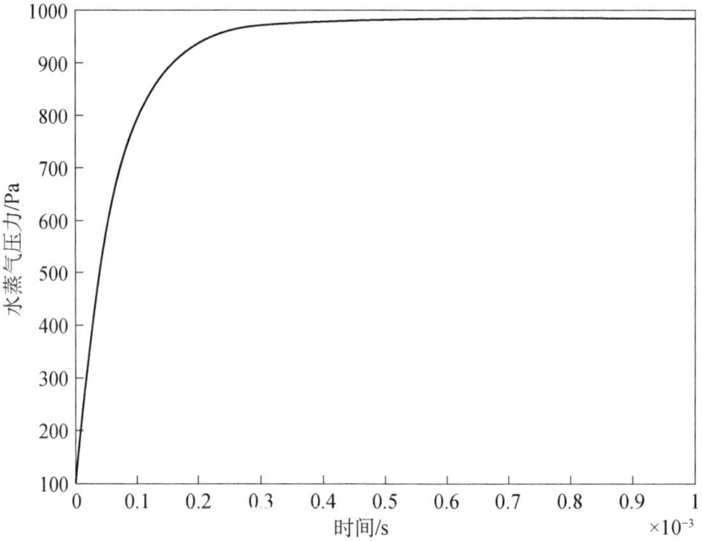

图 7.4 瞬时水蒸气压力及稳态响应，$p_{H_2O}(0)=0$

从这些图可以看出，即使稳定状态值理论上是当 $t\to\infty$时得到的，变量达到常数稳定状态值需要的时间均少于 1ms. 如果出于某些原因，由于干扰和不准确性，氢气压力始终远离它的稳定状态值，则不存在氢气压力偏差控制信号，因为我们在 7.2.3 节中确立了在此燃料电池模型中，氢气压力是一个不可控的状态变量.

由于 $2K_rI_{ss}=8.2964\times10^{-4}<u_{1ss}<u_{2ss}+u_{3ss}$，式（7.36）和式（7.37）给出的渐近稳定性条件是成立的. 因此，由于稳定状态下的氢气压力是渐近稳定的，围绕稳定状态值的氢气压力的所有偏差将回到稳定状态，它的内部动态是按 $1/a_{11}=p_{op}/\alpha_A\left(2K_rI_{ss}-u_{1ss}\right)$，由式（7.34）中给出的线性化系统的相应时间常数来确定的.

重整制氢器，即燃料电池处理器，可从富氢燃料中产生氢气. 当 PEM 燃料电池耦合到对应的较为复杂的多时间尺度动态的重整制氢器时，更应该强调对 PEM 燃料电池进行建模并满足相应的物理、化学和数学约束的重要性（Radisavljević-Gajić and Rose，2014）.

式（7.32）～（7.35）和式（7.44）给出的线性化状态空间模型是可稳定-可观测的（Sinha，2007；Chen，2012）. 因此，如果需要为所考虑的燃料电池模型的线性化系统动态设计一个控制器，则需要能够使用线性二次型最优控制器进行控制. 但是，由于缺乏系统可控性，无法设计特征值分配的全状态反馈控制器（也称为极点放置控制器设计技术）（Sinha，2007；Chen，2012）. 式（7.32）和式（7.44）表示的是一个可观测的状态空间线性化系统，因此，如果是为了观察（估计、监视）工作（标称、稳定状态）点附近所有三个状态空间变量的偏差，可以设计一个线性化观测器（全阶或降阶）. 利用这些估计的状态空间变量，可以设计出观测器（全阶或降阶）驱动的反馈最优控制器.

重点要强调的是，当为了实现控制处理反馈信号时，必须使用单位度量转换表. 例如，图 7.1 所示的模块图中，输入信号的单位为 mol/s，但是输出信号（氧气压力和氢气压力）的单位为 Pa. 反馈控制信号必须采用与输入信号一致的单位，即 mol/s.

7.3　配备 TP50 PEMFC 的 Greenlight Innovation G60 测试站

Greenlight Innovation G60 是一个配备有 TP50 燃料电池的全自动测试站系统，由 Greenlight Innovation 提供[1]. 表 7.1 列出了该系统的规格.

表 7.1　Greenlight Innovation G60 的一般规格

近似功率范围	1～500W
气体流量	质量流量控制器（MFC）
阳极流量范围	0.1～10nlpm
阴极流量范围	0.2～20nlpm
气体增湿技术	接触式增湿器
露点控制	高达 95℃
气体温度	高达 110℃
电池压力控制	高达 300kPa
负载组（最大电流，电压）	60A，100V

注：nlpm normal liters per minute，升/分钟（标准工况下）. 标准工况的定义因产品厂商而异，可以访问制造商网站，进一步联系制造商咨询了解.

① 制造商网站：www.greenlightinnovation.com

此系统可以拆分为一组子系统，所有子系统共同管理测试期间的工作条件．从图 7.5 可以看到，这些子系统包括燃料处理子系统、空气（氧气）处理子系统、热管理子系统、水管理子系统、功率管理子系统以及采集和自动化子系统．表 7.1 列出了该系统的一般规格．

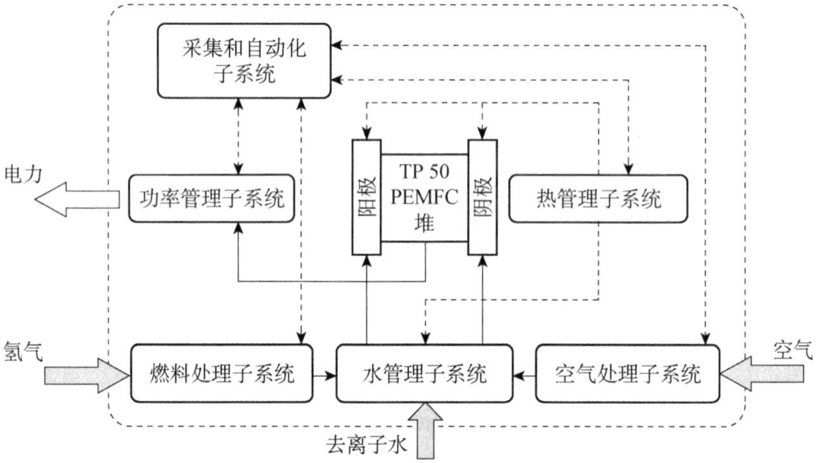

图 7.5　Greenlight Innovation G60 测试站通用原理图

燃料处理子系统或空气（氧气）处理子系统负责维持气体的质量流量和进口压力的设定点值．热管理子系统控制水循环系统，维持 TP50 燃料电池和供应管道（由电加热带缠绕）的温度．此外，热管理子系统还控制属于水管理子系统的气体增湿器．系统输入是经过这些增湿器的干燥气体，这些增湿器使用外部供应的去离子水．图 7.6 所示为增湿过程的简化示意图．

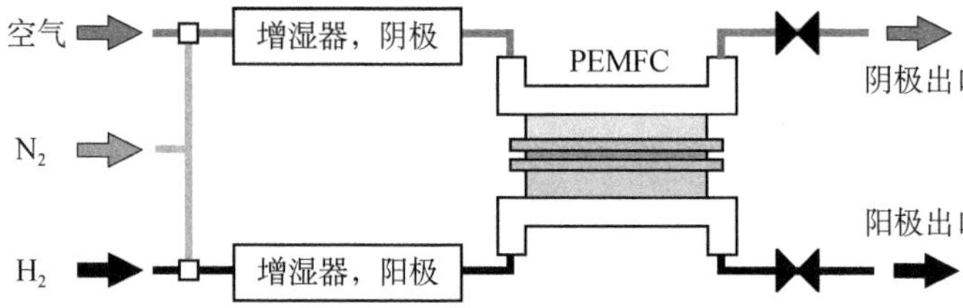

图 7.6　Greenlight Innovation G60 的增湿过程

采集和自动化子系统确保最终用户能够成功运行测试脚本，并记录所安装的传感器的所有数据读数．整个设置构成了一个监控和数据采集系统（supervisory control and data acquisition system，SCADA）．自动化系统是用 Greenlight Innovation

提供的 Emerald 软件实现控制的．压力控制循环、流量控制循环、温度控制循环和湿度控制循环等系统控制循环（开环和闭环）全部可以进行自定义．用户可以随意针对某一特定循环设置并调整控制器参数．这对于针对理论上得到的模型进行实验验证而言非常重要，因为实验设置可以在受控环境中以有益的方式运行．此外，可以扩展采集通道的数量，从而可以轻松地添加新的传感器．

安全功能旨在防止工作期间可能发生的所有危险情况．这些功能包括：

（1）硬线接互锁．

（2）工厂软件互锁．

（3）用户可配置的软件互锁（警告高/低警报和故障高/低警报）．

（4）氮气吹净系统（氮气用作非反应气体），示意图如图 7.5 所示．

（5）用于检测可能泄漏的氢气的传感器．

（6）手动紧急停止按钮．

从学术和教育的角度来看，此测试站代表了一个非常先进的实验装置，可提供精确、有效及有价值的结果．安全功能提供了高级别的安全性，大学本科生和研究生可以很方便地使用此测试站．

Greenlight TP50 燃料电池是一个鲁棒性研究和开发工具，使用已构建好的材料，并且结合了快速装配功能，可以完成模型开发，并且非常适用于完成样本筛查、研究和开发以及教育等．燃料电池装配具有加热的端板，可提供并维护所需级别的堆温度．此外，阴极和阳极端板加热器上有接入点，用于放置热电偶和采集温度．此类型的燃料电池可以独立装配压缩硬件，从而轻松地实现各种规格燃料电池堆的设置、扩展以及测试．

TP50 是模块化设置，在我们的示例中，有三个堆叠的电池，总活动区域达到了 $50cm^2$．PEM 燃料电池用了与能进行化学反应的液体相兼容的材料构建而成，兼容性已经过验证．封闭垫片非常可靠，可以适应各种类型的燃料电池膜，例如，Nafion 112、115 和 117 等．我们的实验设置中使用的膜是 Nafion 212．此设置非常可靠且牢固，从维护的方面看，需要定期更换的只有膜，目的是实现最佳的性能．出于研究和教育目的，如果过度使用，膜的损耗会影响燃料电池的性能，因此，此设置是长期可持续使用的，并且维护成本较低．

Milanović 等（2017）为所考虑的燃料电池开发出了一个五阶非线性化数学模型，与实验结果相一致．我们将在下一小节中说明该模型，其中，还会对 PEMFC

的建模进行一番全面的回顾．状态空间变量为$m_{O_2}(t)$，阴极中的氧气质量；$m_{N_2}(t)$，阴极中的氮气质量；$m_{H_2}(t)$，阳极中的氢气质量；$m_{v,an}(t)$，阳极中的水蒸气质量；$m_{v,ca}(t)$，阴极中的水蒸气质量．此模型有两个控制输入：$W_{H_2,in}(t)$，即干燥氢气（燃料）供应的质量流量；$W_{a,ca,in}(t)$，即干燥空气（氧气）供应的质量流量．所产生的燃料电池堆电流$I_{st}(t)$也是针对燃料电池的一个输入．该输入会根据燃料电池负载随机发生变化，因此将其视为一个干扰$w(t)$，即$w(t)=I_{st}(t)$，建模是在理想气体的假设下完成的，这是在热力学中使用的一种基本假设．Sonntag 等（1998）认为$pV=nRT$，其中，p是气体压力，V表示容量，n表示摩尔数，T是常数温度．

7.3.1 TP50 PEMFC 的建模

在本节中，我们将描述 PEMFC 的建模步骤并指出其复杂性．为此，我们将展示在此过程中使用的所有变量、参数和常数，同时还将确定状态空间变量、燃料电池输入、燃料电池的输出和干扰．建模遵循 Milanović 等（2017）最近的论文．

针对实验室中 PEMFC 的数学模型，是利用以下材料中给出的基本公式得到的：热力学教材（Sonntag et al.，1998）、PEMFC 建模和控制方面的专著（Pukrushpan et al.，2004a）以及 PEMFC 建模相关论文（Grujicic et al.，2004a，2004b；Na et al.，2007；Na and Gou，2008；Kunusch et al.，2011）．G60 PEMFC 的五阶非线性化数学模型的推导是从式（7.51）～（7.55）所示的状态空间微分方程开始的．

$$\frac{dm_{O_2}(t)}{dt}=W_{O_2,in}(t)-W_{O_2,out}(t)-W_{O_2,rct}(t) \tag{7.51}$$

$$\frac{dm_{N_2}(t)}{dt}=W_{N_2,in}(t)-W_{N_2,out}(t) \tag{7.52}$$

$$\frac{dm_{H_2}(t)}{dt}=W_{H_2,in}(t)-W_{H_2,out}(t)-W_{H_2,rct}(t) \tag{7.53}$$

$$\frac{dm_{v,an}(t)}{dt}=W_{v,an,in}(t)-W_{v,an,out}(t)-W_{v,mem}(t) \tag{7.54}$$

$$\frac{dm_{v,ca}(t)}{dt}=W_{v,ca,in}(t)-W_{v,ca,out}(t)+W_{v,ca,gen}(t)-W_{v,mem}(t) \tag{7.55}$$

其中，W表示质量流量，下标 in，out，rct，gen 和 mem 分别表示进入阴极/阳极、从阴极/阳极传出、反应的、产生的，以及膜．式（7.51）中的$W_{O_2,rct}$表示因燃料电池中的化学反应造成损失的氧气的质量流量．式（7.55）中的$W_{v,ca,gen}$是从水的化工生产中得到的水蒸气的质量流量．

根据法拉第电解定律，可以得到

$$W_{O_2,rct} = M_{O_2}\frac{nI_{st}}{4F}，\quad W_{v,ca,gen} = M_v\frac{nI_{st}}{2F} \tag{7.56}$$

其中，n是燃料电池堆中电池的数量，I_{st}是堆电流，F是法拉第常数．式（7.55）中的质量流量$W_{v,mem}$表示由电渗透流和逆扩散水这两个现象引起的水蒸气膜运输的流量．这些现象是由燃料电池膜两侧存在的水蒸气造成的．可以在论文中找到通过膜的质量流量的详细推导过程（Grujicic et al.，2004a，2004b；Pukrushpan et al.，2004a）

$$W_{v,mem} = M_v A_{fc} n\left(n_d\frac{i}{F} - D_w\frac{\left(c_{v,ca} - c_{v,an}\right)}{t_m}\right) \tag{7.57}$$

其中，A_{fc}是燃料电池活动区域，n_d是电渗透流系数，i是堆电流密度，D_w是逆扩散系数．$c_{v,ca}$和$c_{v,an}$是阴极和阳极中的水浓度，t_m是膜厚度．对于进入阴极的所有气体的质量流量，可以用式（7.58）所示的一组公式，根据空气的输入质量流量的质量分数$W_{a,ca,in}$来计算：

$$\begin{gathered} W_{O_2,in} = x_{O_2}W_{a,ca,in}，\quad W_{N_2,in} = x_{N_2}W_{a,ca,in} \\ W_{v,ca,in} = \frac{M_v}{M_a}\frac{p_{v,ca,in}}{\left(p_{ca,in} - p_{v,ca,in}\right)}W_{a,ca,in} \end{gathered} \tag{7.58}$$

其中，x_{O_2}和x_{N_2}是O_2和N_2的质量分数．M_v和M_a是水蒸气和空气的摩尔质量．$p_{v,ca,in}$是进口水蒸气压力．阴极进口压力$p_{ca,in}$视作常数．气体的质量分数定义如式（7.59）所示．

$$x_{O_2} = \frac{y_{O_2}M_{O_2}}{M_a}，\quad x_{N_2} = \frac{\left(1 - y_{O_2}\right)M_{N_2}}{M_a} \tag{7.59}$$

其中，y_{O_2}是氧气的摩尔分数，当使用空气时，此值等于0.21．输入空气、氧气和氮气的量，得到空气的摩尔质量为M_a为

$$M_a = x_{O_2}M_{O_2} + \left(1 - x_{O_2}\right)M_{N_2} \tag{7.60}$$

进入阴极的水蒸气的部分压力，由式（7.61）表示：

$$p_{v,ca,in} = \varphi_{ca,in}p_{sat}^{T_{ca,in}} \tag{7.61}$$

其中，$\varphi_{ca,in}$ 是传入的气体混合物的相对湿度，$p_{sat}^{T_{ca,in}}$ 是进口设定露点温度 $T_{ca,in}$ 下气体混合物的饱和压力，计算式（Nguyen and White，1993）如式（7.62）所示.

$$\log_{10}\left(p_{sat}\right)=-1.69\times10^{-10}T^4+3.85\times10^{-7}T^3-3.39\times10^{-4}T^2+0.143T-20.92 \tag{7.62}$$

从阴极传出的 O_2，N_2 和水蒸气的质量流量满足式（7.63）所示的表达式：

$$W_{O_2,out}=\frac{m_{O_2}}{m_{ca}}W_{ca,out}，\ W_{N_2,out}=\frac{m_{N_2}}{m_{ca}}W_{ca,out}，\ W_{v,ca,out}=\frac{m_{v,ca}}{m_{ca}}W_{ca,out} \tag{7.63}$$

总阴极混合物质量 m_{ca} 是三个状态变量的总和，由式（7.64）表示：

$$m_{ca}=m_{O_2}+m_{N_2}+m_{v,ca} \tag{7.64}$$

$W_{ca,out}$ 是从阴极传出气体的总质量流量，如式（7.65）所示.

$$W_{ca,out}=k_{ca}\left(p_{ca}-p_{ca,out}\right) \tag{7.65}$$

其中，k_{ca} 是实验推导出的阴极孔常数，p_{ca} 是阴极中的总压力，$p_{ca,out}$ 是阴极出口压力. 可以针对混合物中的每种气体利用理想气体定律进行计算，最终得到阴极中的总压力 p_{ca} .

$$p_i=\frac{m_iR_iT_{st}}{V_{ca}}，\ i=O_2 \text{ 或 } N_2，\ p_{ca}=p_{O_2}+p_{N_2}+p_{v,ca} \tag{7.66}$$

假设阴极相对湿度 φ_{ca} 小于 1，这意味着阴极中不会凝结水蒸气. 根据理想气体定律（Sonntag et al.，1998），相对湿度为

$$\varphi_{ca}=\frac{RT_{st}m_{v,ca}}{M_vV_{ca}p_{sat}^{st}} \tag{7.67}$$

其中，p_{sat}^{st} 是在燃料电池堆温度 T_{st} 下利用式（7.61）计算出来的.

阳极侧模型假设将纯氢气当作燃料，从而使进入阳极的氢气流量率等于氢气的输入质量流量.

$$W_{H_2,in}=W_{H_2,an,in} \tag{7.68}$$

进入阳极的水蒸气质量流量由式（7.69）给出.

$$W_{v,an,in}=\frac{M_v}{M_{H_2}}\frac{p_{v,an,in}}{\left(p_{an,in}-p_{v,an,in}\right)}W_{H_2,an,in} \tag{7.69}$$

其中，M_v 和 M_{H_2} 是水蒸气和氢气的摩尔质量，$p_{v,an,in}$ 是进口水蒸气压力. 阳极进口压力 $p_{an,in}$ 视作常数. 进入阳极的水蒸气压力 $p_{v,an,in}$ 由式（7.70）给出（Sonntag et al.，1998）.

$$p_{v,an,in} = \varphi_{an,in} p_{sat}^{T_{an,in}} \tag{7.70}$$

其中，$\varphi_{an,in}$ 是传入的气体混合物的相对湿度，$p_{sat}^{T_{an,in}}$ 是进口设定露点温度 $T_{an,in}$ 下气体混合物的饱和压力，由式（7.61）计算而得．从阳极传出的 H_2 和水蒸气的质量流量由式（7.71）给出．

$$W_{H_2,out} = \frac{m_{H_2}}{m_{an}} W_{an,out}，\quad W_{v,an,out} = \frac{m_{v,an}}{m_{an}} W_{an,out} \tag{7.71}$$

其中，总阳极混合物质量 m_{an} 是两个状态变量 m_{H_2} 和 $m_{v,an}$ 的总和．

$$m_{an} = m_{H_2} + m_{v,an} \tag{7.72}$$

式（7.71）中，$W_{an,out}$ 是从阳极流出的气体总质量流量，由式（7.73）表示．

$$W_{an,out} = k_{an} \left(p_{an} - p_{an,out} \right) \tag{7.73}$$

其中，k_{an} 是实验推导出的阳极孔常数，p_{an} 是阳极中的总压力，$p_{an,out}$ 是阳极出口压力．可以利用理想气体定律找到阳极中的总压力 p_{an}，如式（7.74）所示．

$$p_{H_2} = \frac{m_{H_2} R_{H_2} T_{st}}{V_{an}}，\quad p_{an} = p_{H_2} + p_{v,an} \tag{7.74}$$

可以找到阳极中的水蒸气压力 $p_{v,an}$，如式（7.75）所示

$$p_{v,an} = \varphi_{an} p_{sat}^{st} \tag{7.75}$$

假设阳极相对湿度 φ_{an} 小于 1，这意味着阳极中不会凝结水蒸气．根据理想气体定律，相对湿度的计算（Sonntag et al.，1998）如式（7.76）所示．

$$\varphi_{an} = \frac{R T_{st} m_{v,an}}{M_v V_{an} p_{sat}^{st}} \tag{7.76}$$

根据法拉第定律，可以找到微分方程式（7.53）中因燃料电池中的化学反应而损失的氢气的质量流量 $W_{H_2,rct}$．

$$W_{H_2,rct} = M_{H_2} \frac{n I_{st}}{2F} \tag{7.77}$$

其中，M_{H_2} 是氢气的摩尔质量．由于质量流量 $W_{v,mem}$ 是从阳极到阴极的流量，在式（7.54）中该值为负值．

在状态空间燃料电池模型（式（7.51）～（7.55））中，模型状态、控制输入、模型输出和干扰（产生了燃料电池电流，因为它会回到燃料电池输入）的定义分别如式（7.78）～（7.81）所示．

$$\boldsymbol{x}(t) = [m_{O_2}(t) \quad m_{N_2}(t) \quad m_{H_2}(t) \quad m_{v,an}(t) \quad m_{v,ca}(t)]^{T} \tag{7.78}$$

$$\boldsymbol{u}(t) = [W_{\mathrm{H_2},an,in}(t) \quad W_{a,ca,in}(t)]^{\mathrm{T}} \tag{7.79}$$

$$y(t) = v_{st}(t) \tag{7.80}$$

$$w(t) = I_{st}(t) \tag{7.81}$$

其中，$v_{st}(t)$ 是燃料电池堆的电压.

可以将单一电池的电压写成

$$v_{fc} = E - v_{act} - v_{ohm} - v_{conc} \tag{7.82}$$

其中，E 是燃料电池电化学反应产生的开环电路电压．v_{act}，v_{ohm} 和 v_{conc} 是三个电压损失，分别为激活损失、电阻损失和浓度损失．对于一个燃料电池堆中的 n 个燃料电池板，堆电压由 $v_{st} = nv_{fc}$ 给出.

E 表示的燃料电池板产生的开环电路电压，是通过能斯特公式以标准的吉布斯自由能 $\Delta G^{\ominus}$、温度 T、氢气压力 $p_{\mathrm{H_2}}$、氧气压力 $p_{\mathrm{O_2}}$ 和水蒸气压力 $p_{\mathrm{H_2O}}$ 的形式给出的.

$$E = -\frac{\Delta G^{\ominus}}{2F} + \frac{RT}{2F}\ln\left(\frac{p_{\mathrm{H_2}} p_{\mathrm{O_2}}^{0.5}}{p_{\mathrm{H_2O}}}\right) \tag{7.83}$$

此公式假设存在一个可逆的过程．但是，现实中是存在能量损失的，例如能量会转换成热量．同时还假设了 $\Delta G^{\ominus}$ 的标准条件，此时燃料电池工作条件可能会有所不同．可以将式（7.83）作为一个因素纳入到这些能量损失和工作条件中（Pukrushpan et al.，2004a）.

式（7.82）中出现的 PEM 燃料电池激活电压损失、电阻电压损失和浓度电压损失的数学公式相当长．可以在 Milanović 等（2017）的研究文献中找到这些公式.

7.3.2 仿真结果

非线性系统模型是在稳定工作点 0.5 A/cm^2（堆电流：25 A）周围线性化的．此工作点位于燃料电池的电阻极化区（Milanović et al.，2017）．对于 PEM 燃料电池而言，这是一个需遵循的工作规程（Benziger et al.，2006）．根据 Milanović 和 Radisavljević-Gajić（2018）的研究，稳定状态工作点取作

$$\begin{bmatrix} m_{O_2}^{ss} \\ m_{N_2}^{ss} \\ m_{H_2}^{ss} \\ m_{v,an}^{ss} \\ m_{v,ca}^{ss} \end{bmatrix} = \begin{Bmatrix} 1.518\times10^{-6} \\ 9.919\times10^{-6} \\ 8.558\times10^{-7} \\ 7.566\times10^{-7} \\ 2.003\times10^{-6} \end{Bmatrix} [\text{kg}]$$

$$\begin{bmatrix} u_1^{ss} \\ u_2^{ss} \end{bmatrix} = \begin{bmatrix} 2.49 \\ 0.78 \end{bmatrix} [\text{nlpm}],\quad v_{ss} = 1.875[\text{V}],\quad I_{st}^{ss} = 25[\text{A}]$$

线性化模型状态空间矩阵由下式给出

$$\boldsymbol{A} = \begin{bmatrix} -110.936 & -122.752 & 0 & 0 & -190.96 \\ -701.503 & -805.673 & 0 & 0 & -1247.78 \\ 0 & 0 & -1.2211 & 0.1905 & 0 \\ 0 & 0 & -0.5855 & -151.17 & 56.659 \\ 141.658 & -161.972 & 0 & 150.58 & -312.21 \end{bmatrix}$$

$$\boldsymbol{C} = [191912.69 \quad -6184.19 \quad 53377.42 \quad -2299.14 \quad -10567.25],\quad \boldsymbol{D} = \begin{bmatrix} 0 \\ 0 \end{bmatrix}$$

$$\boldsymbol{B} = \begin{bmatrix} -3.1277 & 0 \\ -21.1894 & 0 \\ 0 & 0.9838 \\ 0 & 0.3272 \\ -4.4095 & 0 \end{bmatrix}$$

在燃料电池实验室中，通过实验对所开发的PEM燃料电池的数学模型进行了验证．表7.2和表7.3列出了实验中使用的参数和常数．

表7.2 PEM燃料电池建模一般参数

参数	符号	值	SI单位
大气压力	p_{atm}	101325	Pa
大气温度	T_{atm}	298.15	K
空气的比热比	γ	1.4	—
空气的比热	C_p	1004	J/(kg·K)
空气密度	ρ_a	1.23	kg/m³
通用气体常数	R	8.314	J/(mol·K)
空气气体常数	R_a	286.9	J/(kg·K)
氧气气体常数	R_{O_2}	259.8	J/(kg·K)

续表

参数	符号	值	SI 单位
氮气气体常数	R_{N_2}	296.8	J/（kg·K）
氢气气体常数	R_{H_2}	4124.3	J/（kg·K）
水蒸气气体常数	R_v	461.5	J/（kg·K）
空气的摩尔质量	M_a	28.97×10^{-3}	kg/mol
氧气的摩尔质量	M_{O_2}	32.0×10^{-3}	kg/mol
氮气的摩尔质量	M_{N_2}	28.0×10^{-3}	kg/mol
氢气的摩尔质量	M_{H_2}	2.0×10^{-3}	kg/mol
水蒸气的摩尔质量	M_v	18.02×10^{-3}	kg/mol
法拉第常数	F	96487	A·s/mol

表 7.3 PEM 燃料电池建模一般参数

参数	符号	值	SI 单位
燃料电池堆中的电池数	n	3	—
燃料电池堆的温度	T_{st}	353	K
燃料电池活动区域	A_{fc}	50	cm^2
堆阴极容量	V_{ca}	8.1419×10^{-6}	m^3
堆阳极容量	V_{an}	3.3928×10^{-6}	m^3
阳极出口孔常数	k_{an}	0.4177×10^{-1}	kg/（s·Pa）
阴极出口孔常数	k_{ca}	0.8470×10^{-7}	kg/（s·Pa）
膜干密度	$\rho_{mem,dry}$	0.002	kg/cm^3
膜干等效质量	$M_{mem,dry}$	1.1	kg/mol
膜厚度	t_m	1.275×10^{-2}	cm
平均环境空气相对湿度	φ_{atm}	0.5	—
阴极进口处的氧气摩尔分数	y_{O_2}	0.21	—

使用 MATLAB/Simulink 对所考虑的模型进行了仿真，并将所得的仿真结果与实际的实验结果进行了比较．从图 7.7 中可以看出，模型输出与实验数据输出非常匹配．MATLAB® System Identification Toolbox 还通过实验数据生成了模型拟合的百分比．实验数据表明，对于 100kPag 的燃料电池，模型的拟合度为 90%；对于 200kPag 的燃料电池，模型的拟合度为 92%．可以看出，模型在 $0.5A/cm^2$ 到 $0.8A/cm^2$ 的电流密度范围内是最准确的，此范围是用于燃料电池测试的典型工作范围．

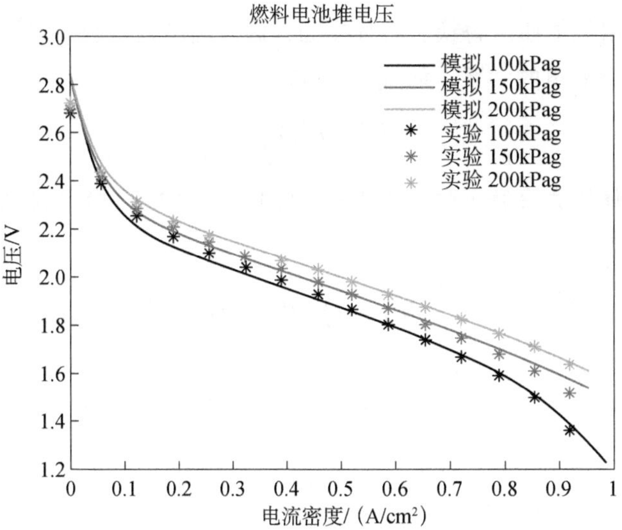

图 7.7　三板式燃料电池堆的各种进口压力的仿真结果和实验结果曲线

开发出的模型是面向控制的模型，这意味着可以从控制系统的角度进一步对它进行研究．实际使用已建模的系统将出现的问题包括“泛洪”、气体饥饿、过热和膜湿度（阳极和阴极侧水蒸气的浓度）等．这些问题会影响燃料电池堆的性能和寿命．若要克服这些困难，应使用适当的策略有效地控制燃料电池系统．

最近的论文（Daud et al.，2017）中总结了可以在文献中找到的针对 PEM 燃料电池的控制方法．可以将它们划分为以下类别：

- 经典方法，反馈和前馈控制器设计以及实现．
- 适当的控制方法．
- 模型预测控制方法．
- 神经网络和模糊逻辑方法．
- 滑动模态控制．

7.4　一个五阶非线性 PEMFC 模型

Na 和 Gou（2008）以及 Gao 等（2010）提出了另一种五阶非线性燃料电池模型．从根本上讲，对于 7.3 节中所述的五个状态变量，此模型拥有相同的初始微分方程，只是用气体质量替换了气体压力．假设温度为常数，气体质量和气体压力之间存在一个简单的关系，如式（7.84）所示．

$$m(t)=p(t)\frac{V}{RT} \tag{7.84}$$

可以用气体压力来表示微分方程式（7.51）～（7.55），得出式（7.58）～（7.89）所示的数学模型：

$$\frac{dp_{\mathrm{H_2}}(t)}{dt}=\frac{RT}{V_A}\left(W_{\mathrm{H_2},in}(t)-W_{\mathrm{H_2},out}(t)-W_{\mathrm{H_2},rct}(t)\right) \tag{7.85}$$

$$\frac{dp_{v,an}(t)}{dt}=\frac{RT}{V_A}\left(W_{v,an,in}(t)-W_{v,an,out}(t)-W_{v,mem}(t)\right) \tag{7.86}$$

$$\frac{dp_{\mathrm{O_2}}(t)}{dt}=\frac{RT}{V_C}\left(W_{\mathrm{O_2},in}(t)-W_{\mathrm{O_2},out}(t)-W_{\mathrm{O_2},rct}(t)\right) \tag{7.87}$$

$$\frac{dp_{\mathrm{N_2}}(t)}{dt}=\frac{RT}{V_C}\left(W_{\mathrm{N_2},in}(t)-W_{\mathrm{N_2},out}(t)\right) \tag{7.88}$$

$$\frac{dp_{v,ca}(t)}{dt}=\frac{RT}{V_C}\left(W_{v,ca,in}(t)-W_{v,ca,out}(t)+W_{v,ca,gen}(t)-W_{v,mem}(t)\right) \tag{7.89}$$

注意式（7.51）～（7.55）以及（7.85）～（7.89）中状态空间变量有不同阶数，这与 Na 和 Gou（2008）所推导出的模型中的状态空间变量的阶数是一致的．

Na 和 Gou（2008）的模型，有式（7.90）所示的假设．

$$W_{v,mem}=1.2684\frac{N}{F}I\approx 5K_rI,\quad K_r=\frac{N}{4F} \tag{7.90}$$

其中，N 表示燃料电池堆中电池的数量．此外，众所周知，式（7.91）所示的表达式是成立的（Larminie and Dicks，2001；Barbir，2005）．

$$W_{\mathrm{H_2},rct}=\frac{N}{2F}=2K_rI,\quad W_{\mathrm{H_2O},rct}=\frac{N}{2F}=2K_rI,\quad W_{\mathrm{O_2},rct}=\frac{N}{4F}=K_rI \tag{7.91}$$

阳极侧的出口摩尔流量由式（7.92）给出．

$$\begin{aligned}W_{\mathrm{H_2},out}&=\left(\mathrm{Anode}_{in}-W_{\mathrm{H_2},rct}\right)\times F_{\mathrm{H_2}}\\W_{v,an,out}&=\left(\mathrm{Anode}_{in}-W_{v,an,rct}\right)\times F_{\mathrm{H_2O}_A}\end{aligned} \tag{7.92}$$

阴极侧的出口摩尔流量由式（7.93）给出．

$$\begin{aligned}W_{v,ca,out}&=\left(\mathrm{Cathode}_{in}-W_{v,ca,rct}\right)\times F_{\mathrm{H_2O}_C}\\W_{\mathrm{O_2},out}&=\left(\mathrm{Cathode}_{in}-W_{\mathrm{O_2},rct}\right)\times F_{\mathrm{O_2}}\end{aligned} \tag{7.93}$$

其中，氮气出口摩尔流量等于

$$W_{N_2,out} = \text{Cathode}_{in} \times F_{N_2} \tag{7.94}$$

在式（7.92）～（7.94）中，F_{i_j} 是压力分数因子．这些分数因子是 Chiu 等的燃料电池建模研究中首次引入的．在本节所考虑的模型中，由式（7.95）给出．

$$\begin{aligned} F_{H_2} &= \frac{p_{H_2}}{p_{H_2} + p_{H_2O_A}}, \quad F_{H_2O_A} = \frac{p_{H_2O_A}}{p_{H_2} + p_{H_2O_A}} \\ F_{O_2} &= \frac{p_{O_2}}{p_{O_2} + p_{H_2O_C} + p_{N_2}}, \quad F_{N_2} = \frac{p_{N_2}}{p_{O_2} + p_{H_2O_C} + p_{N_2}} \\ F_{H_2O_C} &= \frac{p_{H_2O_C}}{p_{O_2} + p_{H_2O_C} + p_{N_2}} \end{aligned} \tag{7.95}$$

引入状态空间变量的表示法，如（7.96）所示．

$$\begin{aligned} \boldsymbol{x}(t) &= [p_{H_2}(t) \quad p_{v,an}(t) \quad p_{O_2}(t) \quad p_{N_2}(t) \quad p_{v,ca}(t)]^{\mathrm{T}} \\ &= [x_1(t) \quad x_2(t) \quad x_3(t) \quad x_4(t) \quad x_5(t)]^{\mathrm{T}} \end{aligned} \tag{7.96}$$

Na 和 Gou（2008）推导出了五个非线性状态空间微分方程，如式（7.97）～（7.101）所示．

$$\frac{dx_1(t)}{dt} = \frac{RT}{V_A}\left(W_{H_2,in}(t) - (\text{Anode}_{in} - 2K_r I)\frac{x_1(t)}{x_1(t)+x_2(t)} - 2K_r I\right) \tag{7.97}$$

$$\frac{dx_2(t)}{dt} = \frac{RT}{V_A}\left(W_{v,an,in}(t) - (\text{Anode}_{in} - 5K_r I)\frac{x_1(t)}{x_1(t)+x_2(t)} - 5K_r I\right) \tag{7.98}$$

$$\frac{dx_3(t)}{dt} = \frac{RT}{V_C}\left(W_{O_2,in}(t) - (\text{Cathode}_{in} - K_r I)\frac{x_3(t)}{x_3(t)+x_4(t)+x_5(t)} - K_r I\right) \tag{7.99}$$

$$\frac{dx_4(t)}{dt} = \frac{RT}{V_C}\left(W_{N_2,in}(t) - (\text{Cathode}_{in})\frac{x_4(t)}{x_3(t)+x_4(t)+x_5(t)}\right) \tag{7.100}$$

$$\frac{dx_5(t)}{dt} = \frac{RT}{V_c}\left(W_{v,ca,in}(t) - (\text{Cathode}_{in} + 2K_r I)\frac{x_5(t)}{x_3(t)+x_4(t)+x_5(t)} + 2K_r I - 5K_r I\right) \tag{7.101}$$

进口流量是按摩尔分数表示的：

$$W_{H_2,in} = 0.99 \times \text{Anode}_{in}, \quad W_{O_2,in} = 0.21 \times \text{Anode}_{in}, \quad W_{N_2,in} = 0.79 \times \text{Anode}_{in} \tag{7.102}$$

Na 和 Gou（2008）在式（7.97）～（7.102）所定义的非线性模型中引入了控制变量，如式（7.103）所示．

$$u_a(t)=\frac{1}{k_a}\text{Anode}_{in},\quad u_c(t)=\frac{1}{k_c}\text{Cathode}_{in} \tag{7.103}$$

其中，k_a 和 k_c 是合适的常数．

进口水流量是用阳极和阴极的湿度 φ_A 和 φ_C、饱和压力 P_{sat} 以及阳极和阴极中的总压力 P_A 和 P_C 来表示的，如式（7.104）所示：

$$\begin{aligned} W_{v,an,in}(t)&=\frac{\varphi_A P_{sat}}{P_A(t)-\varphi_A P_{sat}}\text{Anode}_{in}(t)\\ W_{v,ca,in}(t)&=\frac{\varphi_C P_{sat}}{P_C(t)-\varphi_C P_{sat}}\text{Cathode}_{in}(t)\end{aligned} \tag{7.104}$$

总阳极和总阴极压力的定义如式（7.105）所示．

$$\begin{aligned} P_A(t)&=p_{H_2}(t)+p_{H_2O_A}(t)=x_1(t)+x_2(t)\\ P_C(t)&=p_{O_2}(t)+p_{H_2O_C}(t)+p_{N_2}(t)=x_3(t)+x_4(t)+x_5(t)\end{aligned} \tag{7.105}$$

在式（7.97）～（7.101）所定义的微分方程中，使用式（7.102）～（7.105），得到式（7.106）～（7.110）所示的五阶非线性状态空间燃料电池模型．

$$\frac{dx_1(t)}{dt}=\frac{RT}{V_A}\left(0.99k_a u_a(t)-\left(k_a u_a(t)-2K_r I\right)\frac{x_1(t)}{x_1(t)+x_2(t)}-2K_r I\right) \tag{7.106}$$

$$\frac{dx_2(t)}{dt}=\frac{RT}{V_A}\left(\frac{\varphi_A P_{sat}}{x_1(t)+x_2(t)-\varphi_A P_{sat}}k_a u_a(t)-\left(k_a u_a(t)-5K_r I\right)\frac{x_1(t)}{x_1(t)+x_2(t)}-5K_r I\right) \tag{7.107}$$

$$\frac{dx_3(t)}{dt}=\frac{RT}{V_C}\left(0.21k_c u_c(t)-\left(k_c u_c(t)-K_r I\right)\frac{x_3(t)}{x_3(t)+x_4(t)+x_5(t)}-K_r I\right) \tag{7.108}$$

$$\frac{dx_4(t)}{dt}=\frac{RT}{V_C}\left(0.79k_c u_c(t)-k_c u_c(t)\frac{x_4(t)}{x_3(t)+x_4(t)+x_5(t)}\right) \tag{7.109}$$

$$\begin{aligned}\frac{dx_5(t)}{dt}=&\frac{RT}{V_C}\frac{\varphi_C P_{sat}}{x_3(t)+x_4(t)+x_5(t)-\varphi_C P_{sat}}k_c u_c(t)\\ &-\frac{RT}{V_C}\left(\left(k_c u_c(t)+2K_r I\right)\frac{x_5(t)}{x_3(t)+x_4(t)+x_5(t)}-3K_r I\right)\end{aligned} \tag{7.110}$$

使用 Na 和 Gou（2008）研究中的数据，Park 和 Gajic（2012）利用 MATLAB 获得的稳定状态点对式（7.106）～（7.110）所示的模型进行了线性化，从而实现符号计算．Park 和 Gajic（2012）的研究中得到的稳定状态点由下式给出

$$\boldsymbol{x}^{ss}=\begin{bmatrix}x_1^{ss} & x_2^{ss} & x_3^{ss} & x_4^{ss} & x_5^{ss}\end{bmatrix}^{\mathrm{T}}=\begin{bmatrix}2.6509 & 0.003 & 7.009 & 26.175 & 0.3390\end{bmatrix}^{\mathrm{T}}$$

相应的线性化系统和它的状态空间矩阵是按式（7.111）得到的.

$$\begin{aligned}\frac{d\Delta\boldsymbol{x}(t)}{dt}&=\boldsymbol{A}\Delta\boldsymbol{x}(t)+\boldsymbol{B}\Delta\boldsymbol{u}(t)+\boldsymbol{G}\Delta I(t)\\ \Delta\boldsymbol{y}(t)&=\boldsymbol{C}\Delta\boldsymbol{x}(t)\end{aligned}\tag{7.111}$$

$$\boldsymbol{A}=\begin{bmatrix}-8.741\times10^{-7} & 0.00782 & 0 & 0 & 0\\ -0.00102 & -0.00884 & 0 & 0 & 0\\ 0 & 0 & -0.02767 & 0.00732 & 0.00732\\ 0 & 0 & 0.02733 & -0.00767 & 0.02733\\ 0 & 0 & 0.00005 & 0.00005 & -0.03508\end{bmatrix}$$

$$\boldsymbol{B}=\begin{bmatrix}9.5846\times10^{-8} & 0\\ 8.5750\times10^{-4} & 0\\ 0 & 2.0935\times10^{-8}\\ 0 & 2.9127\times10^{-8}\\ 0 & -6.3572\times10^{-8}\end{bmatrix},\quad \boldsymbol{G}=\begin{bmatrix}2.7255\times10^{-9}\\ -2.4384\times10^{-8}\\ 9.6493\times10^{-8}\\ 0\\ 8.1233\times10^{-8}\end{bmatrix}$$

$$\boldsymbol{C}=\begin{bmatrix}1 & 0 & 0 & 0 & 0\\ 0 & 0 & 1 & 0 & 0\end{bmatrix}$$

有趣的一点是，可以观察到此线性化系统是一个解耦的系统，包括：一个两阶的线性独立子系统，对应阳极动态；另一个三阶的线性独立子系统，对应阴极动态. 因此，可以针对此 PEM 燃料电池线性化模型的阳极和阴极子系统单独设计控制器. 由此得出了一个结论，即非线性五阶燃料电池动态系统是一个弱耦合的系统（Gajic et al.，2009)，具有弱耦合的阳极和阴极动态.

对于式（7.111）所示的**线性化** PEM 燃料电池模型，Park 和 Gajic（2012）开发出了一个滑动模态控制器，使得氢气气压和氧气气压能够保持在相同的值（3atm). 这一过程中电流会出现分段变化，这实际上表示对燃料电池的一种干预. 通过在膜的两侧保持相同的气体气压，可以延长膜的寿命（Li et al.，2015a，2015b；Hayati et al.，2016). Park 和 Gajic（2014）的研究针对式（7.106）～（7.110）所示的五阶**非线性**燃料电池模型设计了一个滑动模态控制器，有效地使氢气和氧气压力保持在 3atm. 这一过程中频繁的电流（干扰）变化会作为一个分段常数出现.

7.5 电动汽车中使用的 PEMFC 的八阶数学模型

除了 7.3 节和 7.4 节中开发的 PEM 燃料电池数学模型（此模型具有五个状态空间变量：阴极中的氧气质量、阴极中的氮气质量、阳极中的氢气质量、阳极中的水蒸气质量和阴极中的水蒸气质量），我们所提到的八阶模型考虑到了其在特定汽车上的应用并提供了有关进口（进气）、出口（回流）歧管和用于抽取氢气气体的压缩机的动态信息．此模型由 Pukrushpan 等（2004a，2004b）开发，已在许多探讨 PEM 燃料电池的建模和控制的期刊论文中得到了广泛的应用．

进气歧管是使用微分方程进行建模的，可提供有关供应歧管中气体质量 $m_{sm}(t)$ 和气体压力 $p_{sm}(t)$ 演变的信息．注意，由于进气歧管中会出现温度变化，因此，这两个状态空间变量之间的关系不再是通过理想气体定律所得到的简单关系了．回流歧管拥有常数温度，因此，只需要一个标量微分方程即可对其气体压力 $p_{rm}(t)$ 的动态变化进行完整建模．压缩机的动态变化也是通过使用一个标量微分方程进行建模的，此方程表示鼓风机角速度 $\omega_{cp}(t)$ 的动态变化．有关 $m_{sm}(t)$，$p_{sm}(t)$，$p_{rm}(t)$ 和 $\omega_{cp}(t)$ 的微分方程，建议参考 Grujicic 等（2004a，2004b），Pukrushpan 等（2004a，2004b）的研究文献．

注意，整体模型是非线性的，为九阶模型．Pukrushpan 等（2004a，2004b）的研究证明，可以围绕此模型的标称工作点对其进行线性化，甚至可以用一个八阶线性化数学模型很好地表示其动态变化．也就是说，因为阴极中水质量是弱可控且弱可观测的（Zhou and Doyle，1998），其动态变化微不足道．本专题研究的 2.4.1 节给出了有关 Pukrushpan 等（2004a，2004b）的原始九阶非线性模型的更多信息，包括所有的状态空间变量及其线性化八阶数学模型，其中包括了线性化模型状态空间矩阵．

7.6 附　　注

7.1 节所呈现的材料内容以 Radisavljević（2011）所发表的期刊论文为基

础．7.2 节和 7.3 节所呈现的内容遵循了 Radisavljević-Gajić 和 Graham（2017）的会议论文以及 Milanović 等（2017）的会议论文．经 Elsevier 的许可，我们获权在本研究专著中使用 Radisavljević（2011）发表在 *Journal of Power Sources* 上的论文内的材料．另外，经美国机械工程师协会（ASME）的许可，我们获得授权使用由 Radisavljević-Gajić 和 Graham（2017）以及 Milanović 等（2017）在 2017 年美国机械工程师协会动态系统和控制大会（ASME Dynamic Systems and Control Conference）上发表的两篇会议论文．

第 8 章　氢气处理系统的控制

在本章中，我们将阐述一种由降阶观测器驱动的控制器的设计．该控制器适用于燃料电池氢气处理系统（也称为重整制氢器，或者简称转换器）的线性模型．此系统会从天然气中产生氢气．若要解决此控制问题，首先要设计一个降阶观测器，用于估计所有时刻的反馈控制所需的状态空间变量．然后，设计两个反馈控制的闭环，一个闭环具有积分器功能（Khalil，2002；Sinha，2007），另一个闭环具有来自估计的状态变量（通过观测器所得）的比例反馈．第三步，将设计一个前馈控制器，其作用是抵消燃料电池电流造成的干扰．反馈控制器和前馈控制器是沿着线性连续时间动态系统轨迹，按照二次型性能标准严格动态优化所得到的．尽管燃料电池电流（干扰）会出现较大的跃动，根据仿真结果，所提出的控制器明显能够很好地处理干扰问题，并在出现干扰后的几秒内减少干扰的影响．此外，对于相同的重整制氢器处理系统，其性能要优于 Pukrushpan 等（2004a，2004b）开发的基于全阶观测器的控制器．Pilloni 等（2015）也考虑到了使用观测器来控制燃料电池．

本章中所呈现的内容大部分遵循作者最近的论文（Radisavljević-Gajić and Rose，2015），并且附加了一些解释和说明．

8.1　概　　述

多篇论文中已经考虑到了从天然气中产生氢气的 PEM 燃料电池重整制氢器（相关示例，请参见 Pukrushpan 等（2004a，2004b，2006），Tsourapas 等（2007）和 Cipiti 等（2013）的研究）．其中，将所得到的氢气抽取到 PEM 燃料电池的阳极侧．

Hoffmann 和 Dorgan（2012）的研究文献中很好地说明了以燃料电池作为绿色发电设备的重要性. 在所有燃料电池中，PEM 燃料电池是发展得最好的一种，适用于移动设备（车辆、便携式计算设备）和固定装置（住宅和工业发电、数据中心）. 有意思的是，2011 年 12 月，美国苹果公司提交了一份将使用燃料电池的便携式计算设备的专利（Spare et al.，2011）. Dong 等（2012）阐述了可再生能源（如燃料电池）在设有数据中心的链路层数据网的有效利用.

Pukrushpan 等（2004a，2004b，2006），Tsourapas 等（2007）和 Cipiti 等（2013）的研究中提及了重整制氢器的数学模型. 这将是本章的主要研究对象，除此之外，还有一些论文中考虑到了开发相应的数学模型，并对 PEM 燃料电池的重整制氢器（也称为燃料处理器或燃料处理系统）进行了实验研究（Zhu et al.，2001；Seo et al.，2006；Mitchell et al.，2006；Lee et al.，2007；Adachi et al.，2009；Karstedt et al.，2011；Sciazko et al.，2014），包括适用于车辆应用的重整制氢器（zur Megede，2002；Severin et al.，2005）.

燃料电池利用与氢气的化学反应产生电. 但是，氢气并非始终可以很容易地用于燃料电池系统. 此问题的一个解决方案是使用重整制氢器. 重整制氢器又称为燃料处理器系统（FPS），其作用是净化天然气，将其转换成所需的氢气（Pukrushpan et al.，2004a，2004b，2006；Tsourapas et al.，2007；Cipiti et al.，2013）. FPS 常见的一个过程是部分氧化. 此过程利用天然气和空气的化学反应产生富氢气体产物. 2.3.1 节的图 2.1 中给出了 FPS 的四种主要反应器，分别是加氢脱硫器（HDS）、催化部分氧化器（CPOX）、水气转换器（WGS）和优先氧化器（PROX）. 在气体遍历所有这些反应器后，将产生富氢气体.

天然气通过高压源（通常为储罐或气体管路）进入 FPS. 该气体首先将经过加氢脱硫器，消除气体中可能包含的任何硫. 这样做是因为硫可能会污染水气转换器. 随后，脱硫后的气体会进入混合器，与空气相混合. 首先，用鼓风机将空气吹入 FPS，经过热交换器（HEX）后，达到所需的温度.

混合后，气体会经过催化部分氧化器，其中的催化剂会使天然气与空气中的氧气产生反应. 会在催化部分氧化器（CPOX）中会发生两种放热反应：部分氧化（POX）反应和完全氧化（TOX）反应. 部分氧化会产生氢气和一氧化碳. 完全氧化会产生水和二氧化碳. 尽管两种反应都会产生热量，但完全氧化会释放更多的热量（$\Delta H_{tox}^{\ominus} = -0.8026 \times 10^6 \text{ J/mol}$）.

$$（POX）\quad CH_4+\frac{1}{2}O_2 \longrightarrow CO+2H_2 \quad \Delta H_{pox}^{\ominus}=-0.036\times10^6\ \mathrm{J/mol}$$

$$（TOX）\quad CH_4+2O_2 \longrightarrow CO_2+2H_2O \quad \Delta H_{tox}^{\ominus}=-0.8026\times10^6\ \mathrm{J/mol}$$

由于只有部分氧化过程会产生氢气，因此最好增加通过部分氧化反应产生的气体量，而不是通过完全氧化反应产生气体．这高度依赖于进入催化部分氧化器的氧气和天然气的量，以及催化部分氧化器中催化剂床的温度 T_{cpox}（Zhu et al., 2001）．此外，催化剂床的温度 T_{cpox} 过高，可能导致催化部分氧化器受损；而催化剂床的温度 T_{cpox} 过低，则会造成反应不足．由于催化部分氧化器中的反应，特别是氢气的产生强烈依赖于催化部分氧化器的反应器温度 T_{cpox}，因此，需要通过外部反馈控制循环来有效地调节温度．

尽管部分氧化反应会产生氢气，但同时也会产生一氧化碳．一氧化碳会造成 PEM 燃料电池催化剂的污染，因此需要去除．为了解决此问题，需要用到下面的两个反应器：水气转换器和优先氧化器．经过催化部分氧化器，气体混合物会流向水气转换器．之后，注入反应室的水与一氧化碳发生反应

$$（WGS）\quad CO+H_2O \longrightarrow CO_2+H_2$$

水气转换器内的反应会去除一氧化碳并产生额外的 H_2．此过程不会将所有的一氧化碳都转换成二氧化碳．此外，对于燃料电池应用而言，混合物会造成一定的风险．因此，气体混合物接着会进入优先氧化器，其中剩余的一氧化碳会与注入到空气中的氧气产生反应．

$$（PROX）\quad 2CO+O_2 \longrightarrow 2CO_2$$

在完成部分氧化反应后，气体中会富含氢气．此时可以安全地将气体输送到 PEM 燃料电池的阳极．

Pukrushpan 等（2004a，2004b，2006）和 Tsourapas 等（2007）利用全阶观测器探讨了重整器的数学模型及其控制器/观测器设计技术．本章中，我们将证明使用基于降阶观测器的控制器会得到更好的结果．此外，我们将对 Pukrushpan 等（2004a，2004b，2006）和 Tsourapas 等（2007）的研究成果进行补充．方法是通过积分器更精准地制定最优控制问题．同时，我们还将提供相应的最优控制策略，用于抵消由燃料电池电流造成的持续干扰．所设计的控制器有助于调节催化部分氧化过程的温度并且有助于在所需的值处调节阳极氢气摩尔分数．

Pukrushpan 等（2004a，2004b，2006）和 Tsourapas 等（2007）开发出了所提

到的重整制氢器的十阶非线性化数学模型．其状态空间变量为

$$\frac{d\boldsymbol{x}(t)}{dt}=f\left(\boldsymbol{x}(t),\boldsymbol{u}(t),w(t)\right)$$

$$\begin{aligned}\boldsymbol{x}(t)&=[x_1(t)\quad x_2(t)\quad x_3(t)\quad x_4(t)\quad x_5(t)\quad x_6(t)\quad x_7(t)\quad x_8(t)\quad x_9(t)\quad x_{10}(t)]^{\mathrm{T}}\\&=\left[T_{cpox}\quad p_{\mathrm{H}_2}^{an}\quad p^{an}\quad p^{hex}\quad \omega^{bl}\quad p^{hds}\quad p_{\mathrm{CH}_4}^{mix}\quad p_{air}^{mix}\quad p_{\mathrm{H}_2}^{wrox}\quad p^{wrox}\right]^{\mathrm{T}}\end{aligned}\tag{8.1}$$

状态变量表示以下量值：

$x_1(t)=T_{cpox}(t)$——催化剂温度；

$x_2(t)=p_{\mathrm{H}_2}^{an}(t)$——阳极中的氢气压力；

$x_3(t)=p^{an}(t)$——阳极压力；

$x_4(t)=p^{hex}(t)$——热交换器压力；

$x_5(t)=\omega^{bl}(t)$——压缩机鼓风机角速度（rad/s）；

$x_6(t)=p^{hds}(t)$——加氢脱硫器压力；

$x_7(t)=p_{\mathrm{CH}_4}^{mix}(t)$——混合器中的甲烷压力；

$x_8(t)=p_{air}^{mix}(t)$——混合器中的空气压力；

$x_9(t)=p_{\mathrm{H}_2}^{wrox}(t)$——气体变换转换器中的氢气压力；

$x_{10}(t)=p^{wrox}(t)$——气体变换转换器中的总压力．

压缩机会吹出氧化燃料（天然气）所需的空气．在式（8.1）定义的模型中，$w(t)$是干扰因素，表示燃料电池堆（连接到重整制氢器）电流，$w(t)=I_{st}(t)=V_{st}(t)/R_L$，其中，$V_{st}(t)$是燃料电池堆电压，$R_L$表示燃料电池堆负载．

控制变量控制鼓风机的角速度和燃料（天然气）箱阀，即

$$\boldsymbol{u}(t)=\begin{bmatrix}u_{blower}(t)\\u_{valve}(t)\end{bmatrix}\tag{8.2}$$

同时，所测得的输出$\boldsymbol{y}(t)$作为受控变量，$\boldsymbol{y}(t)=\boldsymbol{z}(t)$．其定义如式（8.3）所示．

$$\boldsymbol{y}(t)=\boldsymbol{z}(t)=[T_{cpox}(t)\quad y_{\mathrm{H}_2}^{an}(t)]^{\mathrm{T}}\tag{8.3}$$

其中，$y_{\mathrm{H}_2}^{an}$是阳极氢气摩尔分数．

控制目标是将调节部分氧化催化温度调节到$T_{cpox}=972\mathrm{K}$（对应于氧气摩尔数与甲烷摩尔数之比，等于0.6），并将稳定状态下所需值处的阳极氢气摩尔分数调节到$y_{\mathrm{H}_2}^{an}=0.088$（8.8%）（对应于80%的利用率）．在本节中，我们将考虑重整制

氢器的线性化数学模型，(Pukrushpan et al.，2004a，2004b，2006；Tsourapas et al.，2007)．线性系统如式（8.4）所示．

$$\begin{aligned}
&\frac{\delta \boldsymbol{x}(t)}{dt}=\boldsymbol{A}\delta \boldsymbol{x}(t)+\boldsymbol{B}\delta \boldsymbol{u}(t)+\boldsymbol{G}\delta w(t)\\
&\delta \boldsymbol{y}(t)=\delta \boldsymbol{z}(t)=\boldsymbol{C}\delta \boldsymbol{x}(t)\\
&\boldsymbol{y}(t)=\boldsymbol{y}_{ss}+\delta \boldsymbol{y}(t),\quad \boldsymbol{z}(t)=\boldsymbol{z}_{ss}+\delta \boldsymbol{z}(t),\quad \boldsymbol{x}(t)=\boldsymbol{x}_{ss}+\delta \boldsymbol{x}(t)\\
&\boldsymbol{u}(t)=\boldsymbol{u}_{ss}+\delta \boldsymbol{u}(t),\quad w(t)=w_{ss}+\delta w(t)
\end{aligned}\tag{8.4}$$

线性系统矩阵是按照标称点处非线性系统的线性化过程得到的（相关示例，请参见 Gajic 和 Lelic（1996），Khalil（2002）以及 Gajic（2003）等的研究）．线性化是在所需的稳定状态点处进行的．稳定状态点的值可以在 Pukrushpan 等（2004a）的研究文献第 147 页中找到．所得到的状态空间矩阵由下式给出：

$$\boldsymbol{A}=\begin{bmatrix}
-0.074 & 0 & 0 & 0 & 0 & 0 & -3.53 & 1.0748 & 0 & 0\\
0 & -1.468 & -25.3 & 0 & 0 & 0 & 0 & 0 & 2.5582 & 13.911\\
0 & 0 & -156 & 0 & 0 & 0 & 0 & 0 & 0 & 33.586\\
0 & 0 & 0 & 124.5 & 212.63 & 0 & 112.69 & 112.69 & 0 & 0\\
0 & 0 & 0 & 0 & -3.3333 & 0 & 0 & 0 & 0 & 0\\
0 & 0 & 0 & 0 & 0 & -32.43 & 32.304 & 32.304 & 0 & 0\\
0 & 0 & 0 & 0 & 0 & 331.8 & -344 & -341 & 0 & 9.9042\\
0 & 0 & 0 & 221.97 & 0 & 0 & -253.2 & -254.9 & 0 & 32.526\\
0 & 0 & 2.0354 & 0 & 0 & 0 & 1.8309 & 1.214 & -0.358 & -3.304\\
0.0188 & 0 & 8.1642 & 0 & 0 & 0 & 5.6043 & 5.3994 & 0 & -13.61
\end{bmatrix}$$

$$\boldsymbol{B}=\begin{bmatrix}
0 & 0 & 0 & 0 & 0.12 & 0 & 0 & 0 & 0 & 0\\
0 & 0 & 0 & 0 & 0 & 0.1834 & 0 & 0 & 0 & 0
\end{bmatrix}^{\mathrm{T}}$$

$$\boldsymbol{G}=\begin{bmatrix}0 & -0.328 & -0.024 & 0 & 0.0265 & 0.0504 & 0 & 0 & 0 & 0\end{bmatrix}^{\mathrm{T}}$$

$$\boldsymbol{C}=\begin{bmatrix}
1 & 0 & 0 & 0 & 0 & 0 & 0 & 0 & 0 & 0\\
0 & 0.994 & -0.088 & 0 & 0 & 0 & 0 & 0 & 0 & 0
\end{bmatrix}$$

假设燃料电池堆电流作为一个分段常数会发生变化，即 $I_{st}=v_{st}/R_L$（其中，R_L 是在某些随机时刻，当用户打开或关闭时，发生变化的负载）(Pukrushpan et al.，2006)，则需要通过积分操作设计控制器（Khalil，2002；Sinha，2007）来应对分段连续干扰 $\delta w(t)=\delta I_{st}(t)$．此外，对于反馈控制，需要根据来自两个维度系统输出的信息消除所有十个状态变量．可以从输出方程中得到剩下的两个状态变量，因此，我们将设计一个八维的降阶观测器．对于反馈控制器的设计和降阶观测器的设计，需要所提到的重整制氢器是可控且可观测的（Chen，2012）．多篇论文中已经考虑到了燃料电池系统可控性的重要性（相关示例，请参见 Serra 等（2005），McCain 等（2010）和 Radisavljević（2011）的研究）．利用 MATLAB 仿真并进行相应的可控性和可观测性实验，我们已经对可控性和可观测性条件进行了验证．

注释 8.1　利用 MATLAB 仿真并进行相应的可控性和可观测性实验　如果我们使用标准的可控性/可观测性秩实验，对此特定的氢气转换器十阶状态空间模型进行仿真实验（Chen，2012），利用 MATLAB 函数“ctrv”和“obsv”得到的仿真结果会证明此系统既不可控也不可观测．原因是：当系统阶数相对较高时，与查找可控性和可观测性矩阵的秩相关的数值实现是复杂的．在本例中，系统阶数是 10．幸运的是，在重整制氢器中，系统矩阵 $\boldsymbol{A}$ 是渐近稳定的（所有特征值都位于复平面的左半侧），因此，可以使用可控性/可观测性格拉姆矩阵进行实验（Zhou and Doyle，1998；Chen，2012），可控性和可观测性格拉姆矩阵分别由式（8.5）和式（8.6）所示的积分表达式和代数李雅普诺夫方程定义（Gajic and Qureshi，1995）．

$$\boldsymbol{W}_c=\int_0^{\infty} e^{\boldsymbol{A}t}\boldsymbol{B}\boldsymbol{B}^{\mathrm{T}}e^{\boldsymbol{A}^{\mathrm{T}}t}dt \quad \Leftrightarrow \quad \boldsymbol{A}\boldsymbol{W}_c+\boldsymbol{W}_c\boldsymbol{A}^{\mathrm{T}}+\boldsymbol{B}\boldsymbol{B}^{\mathrm{T}}=0 \tag{8.5}$$

$$\boldsymbol{W}_o=\int_0^{\infty} e^{\boldsymbol{A}^{\mathrm{T}}t}\boldsymbol{C}^{\mathrm{T}}\boldsymbol{C}e^{\boldsymbol{A}t}dt \quad \Leftrightarrow \quad \boldsymbol{A}^{\mathrm{T}}\boldsymbol{W}_o+\boldsymbol{W}_o\boldsymbol{A}+\boldsymbol{C}^{\mathrm{T}}\boldsymbol{C}=0 \tag{8.6}$$

根据 Chen（2012）的研究，如果可控性格拉姆矩阵是正定的（所有特征值具有正实数部分），那么，系统是可控的；如果可观测性格拉姆矩阵是正定的，那么，系统是可观测的．若要找到可控性格拉姆矩阵，可以使用 MATLAB 函数“gram”或“lyap”（对式（8.5）和式（8.6）中给出的相应的代数李雅普诺夫方程进行求解）．通过使用这些 MATLAB 函数，可以验证重整制氢器是可控且可观测的，因此，可以继续进行降阶观测器和相应的最优控制器的设计．

8.2　全阶和降阶观测器和最优控制器

目标是设计线性二次型观测器驱动的最优控制器．这样，即使燃料电池堆电流的变化会产生一个分段常数干扰（原因是：当 $I_{st}=V_{st}/R_L$ 时，燃料电池电流会发生变化，其中，负载 R_L 表示在某些随机时刻所有用户打开和关闭时的负载），也可以在稳定状态下维持 $T_{cpox}=972\text{K}$ 和 $y_{\text{H}_2}^{an}=0.088$（8.8%）.

在接下来的内容中，首先说明如何设计一个全阶观测器以及一个降阶观测器，并指出降阶观测器与全阶观测器相比的有哪些优点．然后，进行一个积分反馈控制器的设计（用于抵制分段常数干扰）．降阶观测器驱动的最优控制器的设计是按以下方式完成的：该控制器包含由积分反馈控制器生成的两个状态变量．除此之外，通过优化过程，得到用于抵消输入干扰影响的前馈控制器．8.3 节给出了相应的仿真结果．

8.2.1 全阶观测器设计

众所周知（相关示例，请参见 Sinha（2007）和 Chen（2012）的研究），可以按如式（8.7）所示设计式（8.4）的全阶观测器：

$$\begin{aligned}\frac{\delta\hat{\boldsymbol{x}}(t)}{dt}&=\boldsymbol{A}\delta\hat{\boldsymbol{x}}(t)+\boldsymbol{B}\delta\boldsymbol{u}(t)+\boldsymbol{G}w(t)+\boldsymbol{K}\left(\delta\boldsymbol{y}(t)-\delta\hat{\boldsymbol{y}}(t)\right)\\&=(\boldsymbol{A}-\boldsymbol{KC})\delta\hat{\boldsymbol{x}}(t)+\boldsymbol{B}\delta\boldsymbol{u}(t)+\boldsymbol{G}w(t)+\boldsymbol{K}\delta\boldsymbol{y}(t)\\\delta\hat{\boldsymbol{y}}(t)&=\delta\hat{\boldsymbol{z}}(t)=\boldsymbol{C}\delta\hat{\boldsymbol{x}}(t)\end{aligned}\tag{8.7}$$

需要选择观测器增益 $\boldsymbol{K}$，使观测器反馈矩阵 $\boldsymbol{A}-\boldsymbol{KC}$ 是渐近稳定的．选择观测器特征值，并将这些特征值放置在复平面的左半侧得到相应结果．为此，可以借助 MATLAB 函数“place”，找到观测器增益 $\boldsymbol{K}$，进而使用 K=place（A,C, desired_eigenvalues）的程序语句，将特征值放置在所需的位置．注意，应选择使闭环观测器的速度远远快于闭环系统速度的系统特征值的位置（这是由系统闭环矩阵 $\boldsymbol{A}-\boldsymbol{BF}$ 的特征值确定的，其中 $\boldsymbol{F}$ 是一个线性比例全状态反馈增益）．作为具有一个向量输入和一个向量输出的系统，观测器是使用 Simulink 状态空间模块实现的，如式（8.8）所示．

$$\begin{aligned}\frac{\delta\hat{\boldsymbol{x}}(t)}{dt}&=(\boldsymbol{A}-\boldsymbol{KC})\delta\hat{\boldsymbol{x}}(t)+[\boldsymbol{B}\quad\boldsymbol{G}\quad\boldsymbol{K}]\begin{bmatrix}\delta\boldsymbol{u}(t)\\w(t)\\\boldsymbol{y}(t)\end{bmatrix}\\\hat{\boldsymbol{y}}(t)&=\delta\hat{\boldsymbol{z}}(t)=\boldsymbol{C}\delta\hat{\boldsymbol{x}}(t)\end{aligned}\tag{8.8}$$

其中 $(\boldsymbol{A}-\boldsymbol{KC})$ 为观测器状态矩阵，$[\boldsymbol{B}\quad\boldsymbol{G}\quad\boldsymbol{K}]$ 是要在本章接下来的内容中实现的相应 Simulink 观测器状态空间模块中的观测器输入矩阵（参见图 8.1）．

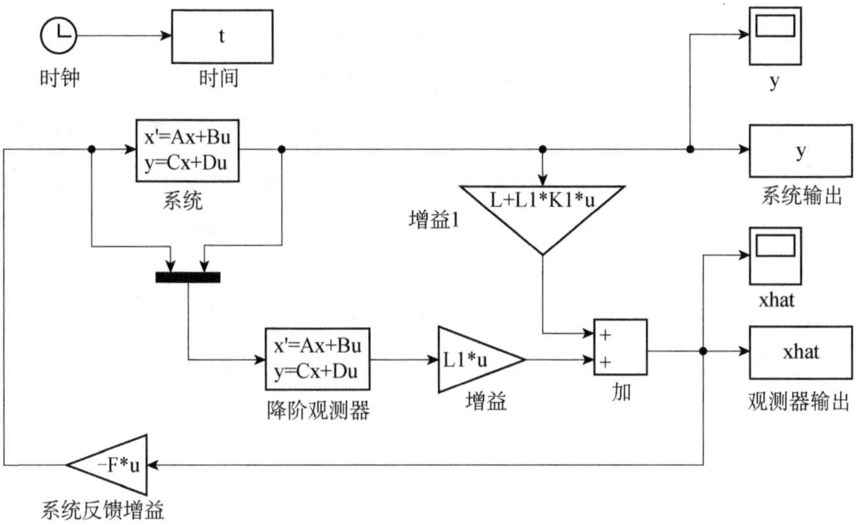

图 8.1　降阶观测器的 Simulink 实现

8.2.2　降阶观测器设计

根据式（8.4），方程 $\delta\boldsymbol{y}(t)=\boldsymbol{C}\delta\boldsymbol{x}(t)$ 给出了所有时刻下 10 个状态变量的两个代数方程，因此，可以为其余的 8 个状态变量设计一个八阶的降阶观测器（Gajic and Lelic，1996）．由于矩阵 $\boldsymbol{C}$ 的秩为 $\text{rank}\{\boldsymbol{C}\}=2$，因此，可以找到一个秩等于 8、大小为 8×10 的矩阵 $\boldsymbol{C}_1$，从而得到增广矩阵

$$\text{rank}\begin{bmatrix}\boldsymbol{C}\\ \boldsymbol{C}_1\end{bmatrix}=10 \tag{8.9}$$

有全秩，在本例中，秩等于 10．

引入一个八维的向量 $\boldsymbol{p}(t)$，如式（8.10）所示．

$$\delta\boldsymbol{p}(t)=\boldsymbol{C}_1\delta\boldsymbol{x}(t) \tag{8.10}$$

并将测量方程和新引入的方程式（8.10）放在一起，得到

$$\begin{bmatrix}\delta\boldsymbol{y}(t)\\ \delta\boldsymbol{p}(t)\end{bmatrix}=\begin{bmatrix}\boldsymbol{C}\\ \boldsymbol{C}_1\end{bmatrix}\delta\boldsymbol{x}(t)$$

$$\Rightarrow \delta\boldsymbol{x}(t)=\begin{bmatrix}\boldsymbol{C}\\ \boldsymbol{C}_1\end{bmatrix}^{-1}\begin{bmatrix}\delta\boldsymbol{y}(t)\\ \delta\boldsymbol{p}(t)\end{bmatrix}=\begin{bmatrix}\boldsymbol{L} & \boldsymbol{L}_1\end{bmatrix}\begin{bmatrix}\delta\boldsymbol{y}(t)\\ \delta\boldsymbol{p}(t)\end{bmatrix}=\boldsymbol{L}\delta\boldsymbol{y}(t)+\boldsymbol{L}_1\delta\boldsymbol{p}(t) \tag{8.11a}$$

$$\begin{bmatrix}\boldsymbol{C}\\ \boldsymbol{C}_1\end{bmatrix}\begin{bmatrix}\boldsymbol{L} & \boldsymbol{L}_1\end{bmatrix}=\boldsymbol{I}_n=\begin{bmatrix}\boldsymbol{CL} & 0\\ 0 & \boldsymbol{C}_1\boldsymbol{L}_1\end{bmatrix}=\begin{bmatrix}\boldsymbol{I}_2 & 0\\ 0 & \boldsymbol{I}_8\end{bmatrix} \tag{8.11b}$$

可以由式（8.11）得到$\delta\boldsymbol{x}(t)$的估计值，如式（8.12）所示.

$$\delta\hat{\boldsymbol{x}}(t)=\boldsymbol{L}\delta\boldsymbol{y}(t)+\boldsymbol{L}_1\delta\hat{\boldsymbol{p}}(t) \tag{8.12}$$

其中，$\delta\boldsymbol{y}(t)$是已知的测量，同时，需要使用八维的降阶观测器对$\delta\hat{\boldsymbol{p}}(t)$进行估计．但是，从中可以看出，为$\delta\hat{\boldsymbol{p}}(t)$设计观测器需要对系统测量$\delta\boldsymbol{y}(t)$进行分化，这是一个应尽量回避的操作．为此，可以引入一个变量变换，如（8.13）所示.

$$\delta\hat{\boldsymbol{q}}(t)=\delta\hat{\boldsymbol{p}}(t)-\boldsymbol{K}_1\delta\boldsymbol{y}(t) \tag{8.13}$$

其中，$\boldsymbol{K}_1$是降阶观测器增益．可以将$\delta\hat{\boldsymbol{q}}(t)$的观测器构造为一个由系统输入、干扰项和系统测量驱动的系统．在经过一些计算后，降阶观测器会得到如式（8.14a）的形式.

$$\frac{d\delta\hat{\boldsymbol{q}}(t)}{dt}=\boldsymbol{A}_q\delta\hat{\boldsymbol{q}}(t)+\boldsymbol{B}_q\delta\boldsymbol{u}(t)+\boldsymbol{G}_q w(t)+\boldsymbol{K}_q\delta\boldsymbol{y}(t) \tag{8.14a}$$

其中

$$\begin{aligned}
\boldsymbol{A}_q&=\boldsymbol{C}_1\boldsymbol{A}\boldsymbol{L}_1-\boldsymbol{K}_1\boldsymbol{C}\boldsymbol{A}\boldsymbol{L}_1=(\boldsymbol{C}_1-\boldsymbol{K}_1\boldsymbol{C})\boldsymbol{A}\boldsymbol{L}_1\\
\boldsymbol{B}_q&=\boldsymbol{C}_1\boldsymbol{B}-\boldsymbol{K}_1\boldsymbol{C}\boldsymbol{B}=(\boldsymbol{C}_1-\boldsymbol{K}_1\boldsymbol{C})\boldsymbol{B}\\
\boldsymbol{G}_q&=\boldsymbol{C}_1\boldsymbol{G}-\boldsymbol{K}_1\boldsymbol{C}\boldsymbol{G}=(\boldsymbol{C}_1-\boldsymbol{K}_1\boldsymbol{C})\boldsymbol{G}\\
\boldsymbol{K}_q&=\boldsymbol{C}_1\boldsymbol{A}\boldsymbol{L}_1\boldsymbol{K}_1+\boldsymbol{C}_1\boldsymbol{A}\boldsymbol{L}-\boldsymbol{K}_1\boldsymbol{C}\boldsymbol{A}\boldsymbol{L}-\boldsymbol{K}_1\boldsymbol{C}\boldsymbol{A}\boldsymbol{L}_1\boldsymbol{K}_1=(\boldsymbol{C}_1-\boldsymbol{K}_1\boldsymbol{C})\boldsymbol{A}(\boldsymbol{L}+\boldsymbol{L}_1\boldsymbol{K}_1)
\end{aligned} \tag{8.14b}$$

设计降阶观测器所需的矩阵$\boldsymbol{C}_1$如式（8.15）所示．该矩阵是经选择后使增广矩阵的秩等于 8 的矩阵.

$$\boldsymbol{C}_1=\begin{bmatrix}0_{8\times2} & \boldsymbol{I}_8\end{bmatrix},\ \operatorname{rank}\begin{bmatrix}\boldsymbol{C}\\ \boldsymbol{C}_1\end{bmatrix}=10 \tag{8.15}$$

选择矩阵$\boldsymbol{K}_1$，将降阶观测器的闭环特征值和矩阵$\boldsymbol{A}_q$的特征值放置在所需的位置上．可以通过使用 Popov-Belevitch-Hautus 特征值测试来证实这一点（Chen，2012）．也就是说，如果原始系统是可观测的，即$(\boldsymbol{A},\boldsymbol{C})$对是可观测的，那么$(\boldsymbol{C}_1\boldsymbol{A}\boldsymbol{L}_1,\boldsymbol{C}\boldsymbol{A}\boldsymbol{L}_1)$对也是可观测的，因此可以找到矩阵$\boldsymbol{K}_1$来将$\boldsymbol{A}_q$的闭环特征值放置在所需的位置中.

通过使用八阶的降阶观测器式（8.14）的估计值$\delta\hat{\boldsymbol{q}}(t)$和式（8.11），（8.12），可以得到原始状态变量$\delta\hat{\boldsymbol{x}}(t)$的最优估计，如式（8.16）所示.

$$\delta\hat{\boldsymbol{x}}(t)=\boldsymbol{L}_1\delta\hat{\boldsymbol{q}}(t)+(\boldsymbol{L}+\boldsymbol{L}_1\boldsymbol{K}_1)\delta\boldsymbol{y}(t) \tag{8.16}$$

估计值的输出由式（8.17）给出.

$$\delta\hat{\boldsymbol{y}}(t)=\boldsymbol{C}\delta\hat{\boldsymbol{x}}(t) \tag{8.17}$$

仿真结果将清楚地表明降阶观测器与全阶观测器相比有哪些优势．8.3 节将呈现具体的仿真结果．除了得到比全阶观测器更好的仿真结果外，由于降阶观测器是易于构建的（其阶数比全阶观测器更低），降阶观测器在硬件实现方面也存在优势．因此，降阶观测器可以更快速更准确地处理信息．此外，对于使用观察到的（估计的）状态变量的反馈控制而言，降阶观测器需要的反馈循环的数量也更少．图 8.1 给出了降阶观测器的 Simulink 框图．

8.2.3 最优线性二次型积分反馈控制器

由于干扰是分段常数（参见图 8.3），因此，我们将设计其中包含积分器的一个反馈循环（Khali1，2002；Sinha，2007）．放置积分器的目的在于从中纳入表示所需系统输出值和实际系统输出值之差的误差项．假设系统是渐近稳定的，则积分器中的误差输入必须等于零（否则，积分器将生成巨大的反馈信号，这将使系统不稳定）．通过引入实际上为误差项的积分的新变量，即

$$\begin{aligned}\frac{d\sigma_1(t)}{dt} &= T_{cpox} - T_{cpox}^{desired} = \delta z_1(t)\\ \frac{d\sigma_2(t)}{dt} &= y_{\mathrm{H}_2} - y_{\mathrm{H}_2}^{desired} = \delta z_2(t)\end{aligned} \tag{8.18}$$

得到了增广系统

$$\begin{aligned}\begin{bmatrix}\dfrac{d\delta\boldsymbol{x}(t)}{dt}\\ \dfrac{d\boldsymbol{\sigma}}{dt}\end{bmatrix} &= \begin{bmatrix}\boldsymbol{A} & 0\\ \boldsymbol{C} & 0\end{bmatrix}\begin{bmatrix}\delta\boldsymbol{x}(t)\\ \boldsymbol{\sigma}(t)\end{bmatrix} + \begin{bmatrix}\boldsymbol{B}\\ 0\end{bmatrix}\delta\boldsymbol{u}(t) + \begin{bmatrix}\boldsymbol{G}\\ 0\end{bmatrix}\delta w(t)\\ \frac{d\delta\boldsymbol{x}_{aug}(t)}{dt} &= \boldsymbol{A}_{aug}\delta\boldsymbol{x}_{aug}(t) + \boldsymbol{B}_{aug}\delta\boldsymbol{u}(t) + \boldsymbol{G}_{aug}\delta w(t)\end{aligned} \tag{8.19}$$

其中

$$\begin{aligned}&\boldsymbol{\sigma}(t) = \begin{bmatrix}\sigma_1(t)\\ \sigma_2(t)\end{bmatrix},\quad \delta\boldsymbol{x}_{aug}(t) = \begin{bmatrix}\delta x(t)\\ \boldsymbol{\sigma}(t)\end{bmatrix},\quad \boldsymbol{A}_{aug} = \begin{bmatrix}\boldsymbol{A} & 0\\ \boldsymbol{C} & 0\end{bmatrix}\\ &\boldsymbol{B}_{aug} = \begin{bmatrix}\boldsymbol{B}\\ 0\end{bmatrix},\quad \boldsymbol{G}_{aug} = \begin{bmatrix}\boldsymbol{G}\\ 0\end{bmatrix}\end{aligned} \tag{8.20}$$

得到最优控制律的方法是将二次型性能标准最小化．该标准是跟踪误差的平方及其标称稳定状态工作点的控制输入的偏差的平方．相应的二次型性能标准定

义如式（8.21）所示.

$$
\begin{aligned}
J&=\frac{1}{2}\int_0^{\infty}\left[\delta\boldsymbol{x}^{\mathrm{T}}(t)\boldsymbol{C}^{\mathrm{T}}\boldsymbol{Q}_z\boldsymbol{C}\delta\boldsymbol{x}(t)+\boldsymbol{\sigma}^{\mathrm{T}}(t)\boldsymbol{Q}_i\boldsymbol{\sigma}(t)+\delta\boldsymbol{u}^{\mathrm{T}}(t)\boldsymbol{R}\delta\boldsymbol{u}(t)\right]dt\\
&=\frac{1}{2}\int_0^{\infty}\left[\delta\boldsymbol{x}_{aug}^{\mathrm{T}}(t)\begin{bmatrix}\boldsymbol{C}^{\mathrm{T}}\boldsymbol{Q}_z\boldsymbol{C} & 0\\ 0 & Q_i\end{bmatrix}\delta\boldsymbol{x}_{aug}(t)+\delta\boldsymbol{u}^{\mathrm{T}}(t)\boldsymbol{R}\delta\boldsymbol{u}(t)\right]dt\\
&=\frac{1}{2}\int_0^{\infty}\left[\delta\boldsymbol{x}_{aug}^{\mathrm{T}}(t)\boldsymbol{Q}_{aug}\delta\boldsymbol{x}_{aug}(t)+\delta\boldsymbol{u}^{\mathrm{T}}(t)\boldsymbol{R}\delta\boldsymbol{u}(t)\right]dt
\end{aligned}
\tag{8.21}
$$

加权矩阵$\boldsymbol{Q}_z$和$\boldsymbol{Q}_i$是对称且半正定的（大多数通常为对角矩阵），即$\boldsymbol{Q}_z=\boldsymbol{Q}_z^{\mathrm{T}}\geqslant 0$且$\boldsymbol{Q}_i=\boldsymbol{Q}_i^{\mathrm{T}}\geqslant 0$，矩阵$\boldsymbol{R}$是对称且正定的（问题解需要它的可逆性），即$\boldsymbol{R}=\boldsymbol{R}^{\mathrm{T}}>0$.

从附录 8.1 中可以看出，通过沿动态系统（8.19）的轨迹极小化二次型性能标准（8.21）得到的反馈最优控制策略由下式给出

$$
\begin{aligned}
&\delta\boldsymbol{u}(\delta\boldsymbol{x}(t),\delta w(t))=-\boldsymbol{F}_{aug}\delta\boldsymbol{x}_{aug}(t)+\boldsymbol{F}_w\delta w(t)=-\boldsymbol{F}_{aug}\begin{bmatrix}\delta\boldsymbol{x}(t)\\ \sigma(t)\end{bmatrix}+\boldsymbol{F}_w\delta w(t)\\
&=-\boldsymbol{F}_x\delta\boldsymbol{x}(t)-\boldsymbol{F}_i\sigma(t)+\boldsymbol{F}_w\delta w(t)=-\boldsymbol{F}_x\delta\boldsymbol{x}(t)-\boldsymbol{F}_i\boldsymbol{C}\int_0^{\infty}\delta\boldsymbol{x}(t)dt+\boldsymbol{F}_w\delta w(t)
\end{aligned}
\tag{8.22}
$$

其中

$$
\boldsymbol{F}_{aug}=\begin{bmatrix}\boldsymbol{F}_x & \boldsymbol{F}_i\end{bmatrix}=\boldsymbol{R}^{-1}\boldsymbol{B}_{aug}^{\mathrm{T}}\boldsymbol{P}_{aug}
\tag{8.23}
$$

$\boldsymbol{P}_{aug}$表示式（式（8.24））所示的里卡蒂代数方程的正半定稳定解.

$$
\boldsymbol{A}_{aug}^{\mathrm{T}}\boldsymbol{P}_{aug}+\boldsymbol{P}_{aug}\boldsymbol{A}_{aug}+\boldsymbol{Q}_{aug}-\boldsymbol{P}_{aug}\boldsymbol{S}_{aug}\boldsymbol{P}_{aug}=0,\quad \boldsymbol{S}_{aug}=\boldsymbol{B}_{aug}\boldsymbol{R}^{-1}\boldsymbol{B}_{aug}^{\mathrm{T}}
\tag{8.24}
$$

且

$$
\boldsymbol{F}_w=\boldsymbol{R}^{-1}\boldsymbol{B}_{aug}^{\mathrm{T}}(\boldsymbol{A}_{aug}-\boldsymbol{S}_{aug}\boldsymbol{P}_{aug})^{-\mathrm{T}}\boldsymbol{P}_{aug}\boldsymbol{G}_{aug}
\tag{8.25}
$$

注释 8.2 应强调的一点是，式（8.19）中的项$\boldsymbol{G}_{aug}\delta w(t)$以及式（8.22）中的$\boldsymbol{F}_w\delta w(t)$并未出现在 Pukrushpan 等（2004a，2004b）所考虑的优化问题中. 因此，与 Pukrushpan 等（2004a，2004b）所考虑的相应优化问题相比，本书在问题制定和求解方面要更加严谨和完整一些. 此外，在 Pukrushpan 等（2004a，2004b）的研究中，仅使用了全阶观测器. 因此，我们也证明了对于相应的观测器驱动的最优控制器，降阶观测器会得到比全阶观测器更好的结果.

最近，在 Nazem-Zadeh 和 Hamidi-Beheshti（2017）等的研究中，研究者采用了奇异摄动方法，将天然氢气转换器模型的线性二次型近乎最优控制，耦合到 Pukrushpan（2004a）的八阶 PEM 燃料电池模型中.

8.3 仿 真 结 果

本节中，我们将说明 8.2 节中所提到的基于降阶观测器的控制器的有效性，并将其与相应的基于全阶观测器的控制器进行比较. 假设初始干扰（电流）值为 100A 且在 10 秒时干扰会跳到 150A. 接下来，给出 20 秒时间间隔的仿真结果.

图 8.2 所示为本节中所探讨的问题的 Simulink 框图，其中使用了全阶观测器. 可以将图 8.1 所示的降阶观测器用于图 8.2 所示的框图，即用图 8.1 中的降阶观测器代替图 8.2 中的全阶观测器.

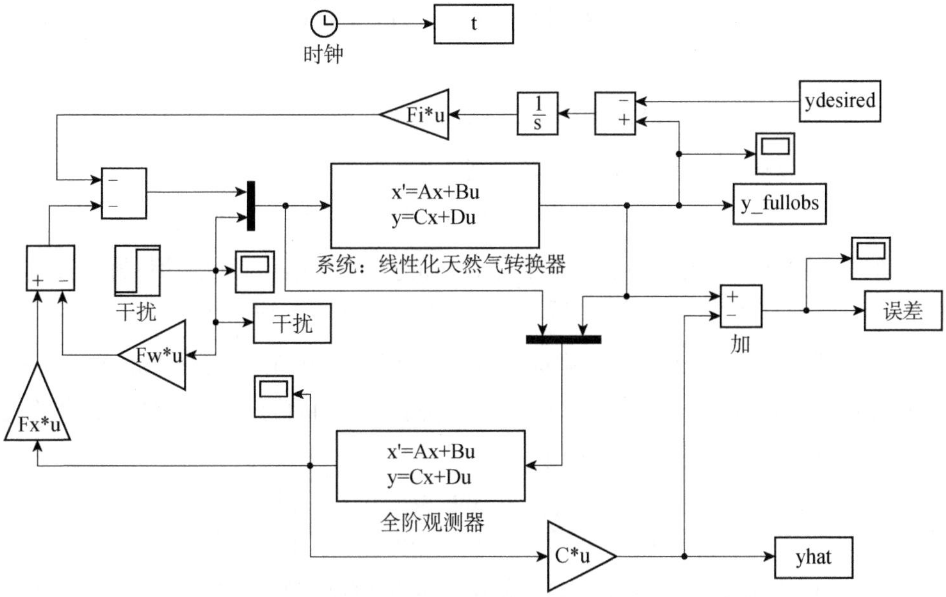

图 8.2　所考虑的使用全阶观测器的控制器的 Simulink 框图

系统初始条件是随机选择的. 这些条件对于全阶和降阶观测器而言都是相同的，由下式给出

$$\delta \boldsymbol{x}(0)=[2\ 1\ 2\ 1.5\ 2.9\ 2.71.5\ 2.31\ 1.19\ 2.5]^{\mathrm{T}}$$

关于如何选择观测器初始条件，没有通用的指导. 一些研究者建议使用最小平方法来设定这些条件（Johnson，1988；Stefani et al.，2002），一些研究者则建

议将它们设为零即可．在我们的仿真中，将同时展现这两种情况的结果．

通过测量方程 $\delta\boldsymbol{y}(0)=\boldsymbol{C}\delta\boldsymbol{x}(0)$ 的最小平方解以及彭罗斯广义逆来选择初始条件，这会得到（Johnson，1988；Stefani et al.，2002）

$$\delta\hat{\boldsymbol{x}}(0)=(\boldsymbol{C}^{\mathrm{T}}\boldsymbol{C})^{-1}\boldsymbol{C}\boldsymbol{T}\delta\boldsymbol{y}(0) \tag{8.26}$$

通过式（8.26）得到的观测器初始条件为

$$\delta\hat{\boldsymbol{x}}(0)=[2.0000\ 0.8165\ -0.0723\ 0\ 0\ 0\ 0\ 0\ 0\ 0]$$

还可以通过 $t=0$ 时式（8.16）的最小平方解来选择降阶观测器的初始条件（Radisavljević-Gajić，2015c），即

$$\delta\hat{\boldsymbol{x}}(0)=\boldsymbol{L}_1\delta\hat{\boldsymbol{q}}(0)+(\boldsymbol{L}+\boldsymbol{L}_1\boldsymbol{K}_1)\delta\boldsymbol{y}(0) \tag{8.27}$$

这会得出

$$\delta\hat{\boldsymbol{q}}(0)=(\boldsymbol{L}_1^{\mathrm{T}}\boldsymbol{L}_1)^{-1}\boldsymbol{L}_1^{\mathrm{T}}\left[(\boldsymbol{C}^{\mathrm{T}}\boldsymbol{C})^{-1}\boldsymbol{C}^{\mathrm{T}}-(\boldsymbol{L}+\boldsymbol{L}_1\boldsymbol{K}_1)\right]\delta\boldsymbol{y}(0) \tag{8.28}$$

由式（8.28）可得到

$$\hat{\boldsymbol{q}}(0)=[-9.0\ \ -765.5\ \ 0.2\ \ -157.9\ \ 1732.8\ \ 1627.2\ \ -16.6\ \ -23.9]$$

观测器闭环特征值放置在以下位置处

$$\boldsymbol{\lambda}_{full}^{desired}=[-10\ -16\ -8\ -9\ -12\ -17\ -15\ -11\ -14\ -13]$$

降阶观测器闭环特征值放置在靠近相应的全阶观测器特征值的位置

$$\boldsymbol{\lambda}_{reduced}^{desired}=[-13\ -12\ -15\ -16\ -11\ -10\ -14\ -9]$$

对于式（8.21）所示的性能标准中的加权矩阵的值，使用 Pukrushpan 等（2004a）所用的值．这些值可以在 Pukrushpan 等（2004a）的论文第 126 页的式（7.14）中找到这些值，由下式给出

$$\boldsymbol{Q}_z=\begin{bmatrix}80 & 0\\ 0 & 1100\end{bmatrix},\quad \boldsymbol{Q}_\sigma=\begin{bmatrix}150 & 0\\ 0 & 100\end{bmatrix},\quad \boldsymbol{R}=\begin{bmatrix}100 & 0\\ 0 & 120\end{bmatrix}$$

按 $\mathrm{F}=\mathrm{lqr}(\mathrm{Aug},\mathrm{Baug},\mathrm{Qaug},\ \mathrm{R})$，使用 MATLAB 函数“lqr”（线性二次型调节器），可以计算最优反馈增益，其中，矩阵 $\boldsymbol{Q}_{aug}$ 是分块对角矩阵：$\mathrm{Q}=[\mathrm{C}'*\mathrm{Q}_z*\mathrm{C}\ \ \mathrm{zeros}(10,2);\ \mathrm{zeros}(2,10)\ \ \ \mathrm{Qsigma}]$．

注释 8.3 注意，观测器（全阶或降阶）的速度应远远快于闭环系统的速度，也就是说，闭环观测器特征值应放置在复平面中闭环系统特征值的左侧．闭环系统（重整制氢器）特征值（根据所选择的加权矩阵）聚类成两组，其中的 7 个特征值靠近虚轴（慢速特征值），另外 3 个为快速特征值，位于左侧远离虚轴的位置，其中一个值位于−661 处．因此，若要满足观测器的速度远快于系统速度的要

求，需要将观测器特征值放置在−3000 处或者更左侧一点的位置．此类具有极快速动态的观测器需要极宽的带宽和巨大的观测器增益，并且容易受到噪声的干扰．但是，从仿真结果可以看出，为全阶和降阶观测器选择的闭环特征值对于此特定的重整制氢器模型会产生相当好的结果．如果实践中要满足此理论上的结果（观测器的速度应远快于系统速度），应使用不同的加权矩阵 $\boldsymbol{Q}_z$， $\boldsymbol{Q}_i$ 和 $\boldsymbol{R}$，为气体转换器闭环特征值提供合适的放置位置，或者甚至需要在慢和快这两个时间尺度下研究重整制氢器，并设计相应的慢和快时间尺度控制器和观测器．这些将是我们在未来会感兴趣的研究主题．

图 8.3 所示是干扰电流的波形．图 8.4 所示是使用所提出的采用全阶观测器的控制器所得到的结果．此控制器是由式（8.22）～（8.26）定义的，观测器初始条件是使用最小平方法得到的．

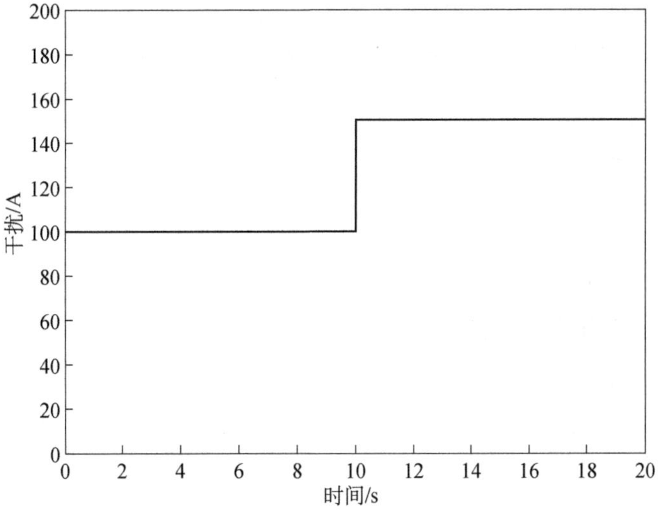

图 8.3 燃料电池干扰（电流）的验证

全阶和降阶观测器初始条件设为零时，相应的仿真结果得到与图 8.4 和图 8.5 所示结果类似的响应．因此，在这种情况下，针对观测到的系统输出，与全阶观测器相比，降阶观测器也表现出了更好的瞬态响应．

图 8.4 所示是在温度变化偏离标称值（实线）以及氢气摩尔分数变化（虚线）的情况下所得到的仿真结果．

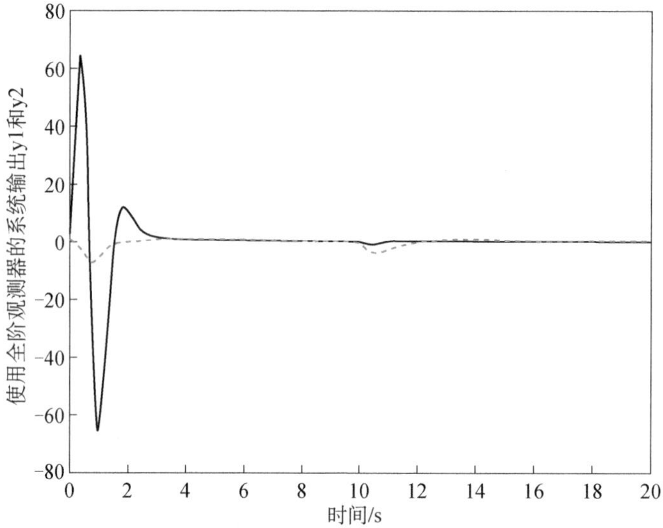

图 8.4　使用全阶观测器时围绕标称值的温度变化（实线）和氢气摩尔分数变化（虚线）. 目标是使输出的值为零. 观测器初始条件是从（8.26）中得到的

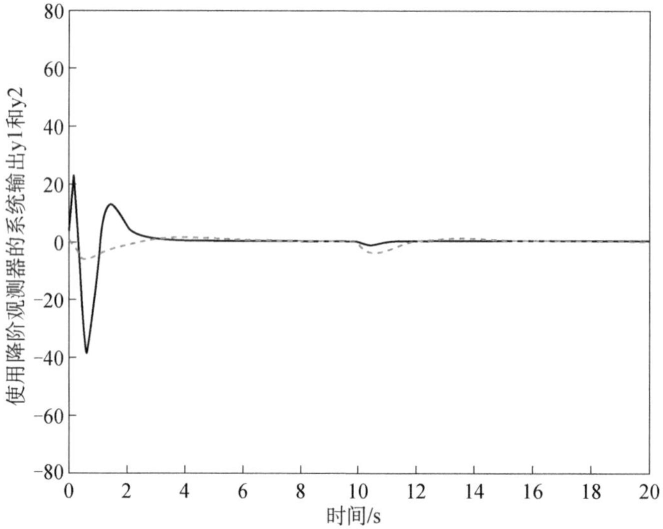

图 8.5　使用降阶观测器时围绕标称值的温度变化（实线）和氢气摩尔分数变化（虚线）. 目标是使输出的值为零. 观测器初始条件是从（8.28）中得到的

从图中可以看出，尽管燃料电池堆电流存在较大的变化，输出（受控）变量却仅在干扰跃动时稍稍发生了变化，并且相应的波纹在几秒内就快速消失了. 注意，有关标称值的变化可能为负，即使对于在所有时刻都为正的物理量也是如此. 图 8.5 所示是降阶观测器对应的结果，其初始值是通过最小平方法得到的. 可以注意到，就初始瞬态而言，降阶观测器会产生更好的结果（这是观测器效率的体现），而就抵抗常数干扰而言，两类观测器都展现了类似的性能（这是控制器效率的体现）.

综上所述，通过状态变量设计了一个基于降阶观测器的最优控制器. 此控制器同时具有比例反馈环和积分反馈环，并且燃料电池电流（干扰）设计了比例前馈控制器. 已经观察到，针对此特定应用，与使用全阶观测器相比，使用降阶观测器更有益. 所得到的结果令人振奋. 这些结果是通过分析推导出的，并通过对所考虑的重整制氢器的线性化模型进行模拟来进行了验证. 在慢和快这两个时间尺度下研究重整制氢器并设计相应的慢和快时间尺度控制器和观测器，也将是未来感兴趣的研究主题.

8.4 附　　注

本章中所呈现的材料内容以 Radisavljević- Gajić 和 Rose（2015）的会议论文为基础. 经美国机械工程师协会（ASME）的许可，我们获得授权在本研究专著中使用 Radisavljević-Gajić 和 Rose（2015）在 2015 年美国机械工程师协会动态系统和控制大会（ASME Dynamic Systems and Control Conference）上发表的会议论文内的材料.

附录 8.1

若要将与式（8.A.1）所示的二次型性能标准相关的控制变量 $\delta\boldsymbol{u}(t)$ 最小化

$$J=\frac{1}{2}\int_0^\infty[\delta\boldsymbol{x}_{aug}^{\mathrm{T}}(t)\boldsymbol{Q}_{aug}\delta\boldsymbol{x}_{aug}(t)+\delta\boldsymbol{u}^{\mathrm{T}}(t)\boldsymbol{R}\delta\boldsymbol{u}(t)]dt \tag{8.A.1}$$

需沿式（8.A.2）所示的动态系统轨迹进行最小化

$$\frac{d\delta\boldsymbol{x}_{aug}(t)}{dt}=\boldsymbol{A}_{aug}\delta\boldsymbol{x}_{aug}(t)+\boldsymbol{B}_{aug}\delta\boldsymbol{u}(t)+\boldsymbol{G}_{aug}\delta\boldsymbol{w}(t) \tag{8.A.2}$$

首先，构造哈密顿量（Kirk，2004）

$$\boldsymbol{H}=\frac{1}{2}\left(\delta\boldsymbol{x}_{aug}^{\mathrm{T}}\boldsymbol{Q}_{aug}\delta\boldsymbol{x}_{aug}+\delta\boldsymbol{u}^{\mathrm{T}}\boldsymbol{R}\delta\boldsymbol{u}\right)+\delta\boldsymbol{p}^{\mathrm{T}}\left(\boldsymbol{A}_{aug}\delta\boldsymbol{x}_{aug}+\boldsymbol{B}_{aug}\delta\boldsymbol{u}+\boldsymbol{G}_{aug}\delta\boldsymbol{w}\right) \quad (8.A.3)$$

接下来，取偏导数，为最小化提供所需的条件（Kirk，2004）

$$\frac{d\delta\boldsymbol{x}_{aug}}{dt}=\frac{\partial\boldsymbol{H}}{\partial\delta\boldsymbol{p}^{\mathrm{T}}}=\boldsymbol{A}_{aug}\delta\boldsymbol{x}_{aug}+\boldsymbol{B}_{aug}\delta\boldsymbol{u}+\boldsymbol{G}_{aug}\delta\boldsymbol{w} \quad (8.A.4)$$

$$\frac{d\delta\boldsymbol{p}}{dt}=-\frac{\partial\boldsymbol{H}}{\partial\delta\boldsymbol{x}}=-\boldsymbol{Q}_{aug}\delta\boldsymbol{x}_{aug}-\boldsymbol{A}_{aug}\delta\boldsymbol{p} \quad (8.A.5)$$

$$0=\frac{\partial\boldsymbol{H}}{\partial\delta\boldsymbol{u}}=\boldsymbol{R}\delta\boldsymbol{u}+\boldsymbol{B}_{aug}^{\mathrm{T}}\delta\boldsymbol{p}\Rightarrow\delta\boldsymbol{u}=-\boldsymbol{R}^{-1}\boldsymbol{B}_{aug}^{\mathrm{T}}\delta\boldsymbol{p} \quad (8.A.6)$$

将式（8.A.6）中的$\delta\boldsymbol{u}$代入式（8.A.4），可以得到式（8.A.7）和式（8.A.8）形式的微分方程组.

$$\frac{d\delta\boldsymbol{x}_{aug}}{dt}=\boldsymbol{A}_{aug}\delta\boldsymbol{x}_{aug}-\boldsymbol{S}_{aug}\delta\boldsymbol{p}+\boldsymbol{G}_{aug}\delta w,\quad \boldsymbol{S}_{aug}=\boldsymbol{B}_{aug}\boldsymbol{R}^{-1}\boldsymbol{B}_{aug}^{\mathrm{T}} \quad (8.A.7)$$

$$\frac{d\delta\boldsymbol{p}}{dt}=-\frac{\partial\boldsymbol{H}}{\partial\delta\boldsymbol{x}}=-\boldsymbol{Q}_{aug}\delta\boldsymbol{x}_{aug}-\boldsymbol{A}_{aug}^{\mathrm{T}}\delta\boldsymbol{p} \quad (8.A.8)$$

可以通过查找式（8.A.9）所示形式的解，求解式（8.A.7）和式（8.A.8）所示的方程组.

$$\delta\boldsymbol{p}(t)=\boldsymbol{P}_{aug}\boldsymbol{x}_{aug}(t)+\boldsymbol{\gamma} \quad (8.A.9)$$

其中，$\boldsymbol{K}$和$\boldsymbol{\gamma}$分别是要确定的一个常数矩阵和一个常数向量．通过对式（8.A.9）进行求导并使用式（8.A.7）和式（8.A.8），可以得到

$$\begin{aligned}&-\left(\boldsymbol{A}_{aug}^{\mathrm{T}}\boldsymbol{P}_{aug}+\boldsymbol{P}_{aug}\boldsymbol{A}_{aug}+\boldsymbol{Q}_{aug}-\boldsymbol{P}_{aug}\boldsymbol{S}_{aug}\boldsymbol{P}_{aug}\right)\delta\boldsymbol{x}(t)\\&=\left(\boldsymbol{A}_{aug}^{\mathrm{T}}\boldsymbol{\gamma}-\boldsymbol{P}_{aug}\boldsymbol{S}_{aug}\boldsymbol{\gamma}+\boldsymbol{P}_{aug}\boldsymbol{G}_{aug}\delta\boldsymbol{w}(t)\right)\end{aligned} \quad (8.A.10)$$

通过此等式，可以得到

$$\boldsymbol{A}_{aug}^{\mathrm{T}}\boldsymbol{P}_{aug}+\boldsymbol{P}_{aug}\boldsymbol{A}_{aug}+\boldsymbol{Q}_{aug}-\boldsymbol{P}_{aug}\boldsymbol{S}_{aug}\boldsymbol{P}_{aug}=0 \quad (8.A.11)$$

且

$$\begin{aligned}&\boldsymbol{A}_{aug}^{\mathrm{T}}\boldsymbol{\gamma}-\boldsymbol{P}_{aug}\boldsymbol{S}_{aug}\boldsymbol{\gamma}+\boldsymbol{P}_{aug}\boldsymbol{G}_{aug}\delta\boldsymbol{w}(t)=0\\&\Rightarrow\boldsymbol{\gamma}=(\boldsymbol{A}_{aug}-\boldsymbol{S}_{aug}\boldsymbol{P}_{aug})^{-\mathrm{T}}\boldsymbol{P}_{aug}\boldsymbol{G}_{aug}\delta\boldsymbol{w}(t)\end{aligned} \quad (8.A.12)$$

方程式（8.A.11）表示里卡蒂代数方程．在$\left(\boldsymbol{A}_{aug},\boldsymbol{B}_{aug}\right)$和$\left(\boldsymbol{A}_{aug},\mathrm{Chol}\left(\boldsymbol{Q}_{aug}\right)\right)$对（其中“Chol”表示 Cholesky 分解（Golub and Van Loan，2013））分别是可稳定的（可控的）和可检测的（可观测的）条件下，此方程存在使闭环系统稳定的唯一正半定解. 有趣的一点是，可以用初始$(\boldsymbol{A},\boldsymbol{B})$对的可稳定性（可控性）表示$\left(\boldsymbol{A}_{aug},\boldsymbol{B}_{aug}\right)$

对的可稳定性（可控性）（Smith and Davison，1972）. 引理 8.1 指出了这一结果. 同样，可以用原始系统的可检测性（可观测性）表示增广的系统的可检测性（可观测性）（Smith and Davison，1972；参见引理 8.2）.

引理 8.1　如果$(\boldsymbol{A},\boldsymbol{B})$对是可稳定的（可控的）并且矩阵$\begin{bmatrix}\boldsymbol{A} & \boldsymbol{B}\\ \boldsymbol{C} & 0\end{bmatrix}$有全秩，那么$\left(\boldsymbol{A}_{aug},\boldsymbol{B}_{aug}\right)$对是可稳定的（可控的）.

引理 8.2　如果$(\boldsymbol{A},\boldsymbol{C})$对是可检测的（可观测的）并且矩阵$\begin{bmatrix}\boldsymbol{A} & \boldsymbol{C}^{\mathrm{T}}\boldsymbol{Q}_x\boldsymbol{C}\\ \boldsymbol{C} & 0\end{bmatrix}$有全秩，那么$\left(\boldsymbol{A}_{aug},\sqrt{\boldsymbol{Q}_{aug}}\right)$对是可检测的（可观测的）.

由式（8.A.11）得到$\boldsymbol{P}_{aug}$并由（8.A.12）得到$\boldsymbol{\gamma}$后，可以通过式（8.A.6）和式（8.A.9）找到沿式（8.A.2）所示轨迹将式（8.A.1）最小化的最优控制$\delta\boldsymbol{u}(t)$.

$$\begin{aligned}\delta\boldsymbol{u}\left(\delta\boldsymbol{x}(t),\boldsymbol{\sigma}(t),\delta\boldsymbol{w}(t)\right)&=-\boldsymbol{R}^{-1}\boldsymbol{B}_{aug}^{\mathrm{T}}\delta\boldsymbol{p}=-\boldsymbol{R}^{-1}\boldsymbol{B}_{aug}^{\mathrm{T}}\left(\boldsymbol{P}_{aug}\boldsymbol{x}_{aug}(t)+\boldsymbol{\gamma}\right)\\&=-\boldsymbol{F}_{aug}\delta\boldsymbol{x}_{aug}(t)+\boldsymbol{F}_w\delta\boldsymbol{w}(t)=-\boldsymbol{F}_{aug}\begin{bmatrix}\delta\boldsymbol{x}(t)\\ \boldsymbol{\sigma}(t)\end{bmatrix}+\boldsymbol{F}_w\delta\boldsymbol{w}(t)\\&=-\boldsymbol{F}_x\delta\boldsymbol{x}(t)-\boldsymbol{F}_i\boldsymbol{\sigma}(t)+\boldsymbol{F}_w\delta\boldsymbol{w}(t)\\&=-\boldsymbol{F}_x\delta\boldsymbol{x}(t)-\boldsymbol{F}_i\boldsymbol{C}\int_0^{\infty}\delta\boldsymbol{x}(t)dt+\boldsymbol{F}_w\delta\boldsymbol{w}(t)\end{aligned}\tag{8.A.13}$$

其中

$$\boldsymbol{F}_{aug}=\left[\boldsymbol{F}_x\quad\boldsymbol{F}_i\right]=\boldsymbol{R}^{-1}\boldsymbol{B}_{aug}^{\mathrm{T}}\boldsymbol{P}_{aug}\tag{8.A.14}$$

且

$$\boldsymbol{F}_w=\boldsymbol{R}^{-1}\boldsymbol{B}_{aug}^{\mathrm{T}}(\boldsymbol{A}_{aug}-\boldsymbol{S}_{aug}\boldsymbol{P}_{aug})^{-\mathrm{T}}\boldsymbol{P}_{aug}\boldsymbol{G}_{aug}\tag{8.A.15}$$

第 9 章　多级多时间尺度设计的延伸

本书展现了作者在针对连续时间线性时不变动态系统和离散时间线性时不变动态系统设计多级多时间尺度反馈控制器方面的近期研究结果. 对于在多个时间尺度下工作、由多个子系统组成的大型动态系统和/或大型线性系统而言，此研究尤为重要. 除此之外，很重要的是，通过人为引入阶数远低于原始系统的子系统，可以实现高阶线性动态系统的反馈控制器的设计.

通过使用所提出的方法，我们可以针对系统的不同部分设计不同类型的线性反馈控制器. 或者可以实现针对系统的某些部分所需的部分控制. 为系统特定部分设计的此类控制器应是最适合这些子系统的控制器. 这一多级设计线性反馈控制器的方法，其重要特性并未出现在其他任何的线性控制器设计技术中. 我们所展现的研究结果仅是迈向此重要领域的第一步. 未来的研究仍将关注许多设计多级反馈控制器的理论问题，特别是对于四级和更高级的设计而言，总体来讲，未来研究将关注由 N 个子系统组成的大型线性系统. 本书已经概括了其中一些可能的研究问题，包括连续时间域和离散时间域中多级和多时间尺度卡尔曼滤波器的设计. 我们认为这是一个非常重要的研究主题，因为卡尔曼滤波已经在几乎所有的科学与工程领域中得到了广泛应用. 我们还可以为局部子系统使用有限时间的线性二次型最优控制器，尽管本书中未考虑这一问题. 而将所提出的方法延伸到线性时变控制系统可能极具挑战性（如有可能的话）.

以质子交换膜燃料电池以及相关的能量系统（包括在两个和三个时间尺度下工作的线性动态系统）为例，我们说明了两级和三级线性反馈控制器在该系统中的应用. 对于其他真实的物理动态系统的线性或线性化数学模型，所提出的反馈设计和方法具有广阔的应用前景.

在本章的末尾，我们将系统地总结并展示针对三级和四级的线性反馈控制器设计所推导出来的公式，希望能激励和指导研究者们进一步实现一般线性反馈控

制器的 N 级设计的推导.

9.1　对多级多时间尺度线性系统的延伸

要将多级反馈设计应用到的线性时不变系统，首先，对系统进行分块并确认其子系统. 可以使用以下标准来进行分块：

（a）根据子系统部分的物理性质（系统自然分解）分；

（b）根据分块系统可用于实现多级反馈设计所必须满足的条件分；

（c）根据求解相应的设计方程所必须满足的数学条件分；

（d）根据控制需求分（局部反馈控制器应独立控制系统的哪些部分）或根据状态空间变量的分组来分. 状态空间变量的分组使子系统能满足设计局部控制器所需的面向控制的假设，例如可控性（可稳定性）、可观测性（可检测性）和类似的要求.

分块后的大型（复杂）连续时间线性时不变系统的定义如式（9.1）所示.

$$\begin{bmatrix} \dfrac{d\boldsymbol{x}_1(t)}{dt} \\ \dfrac{d\boldsymbol{x}_2(t)}{dt} \\ \vdots \\ \dfrac{d\boldsymbol{x}_N(t)}{dt} \end{bmatrix} = \begin{bmatrix} \boldsymbol{A}_{11} & \boldsymbol{A}_{12} & \cdots & \cdots & \boldsymbol{A}_{1N} \\ \boldsymbol{A}_{21} & \boldsymbol{A}_{22} & \boldsymbol{A}_{23} & \cdots & \boldsymbol{A}_{2N} \\ \vdots & \ddots & \ddots & \ddots & \vdots \\ \vdots & \vdots & \ddots & \ddots & \boldsymbol{A}_{N-1,N} \\ \boldsymbol{A}_{N1} & \boldsymbol{A}_{N2} & \cdots & \boldsymbol{A}_{N,N-1} & \boldsymbol{A}_{NN} \end{bmatrix} \begin{bmatrix} \boldsymbol{x}_1(t) \\ \boldsymbol{x}_2(t) \\ \vdots \\ \boldsymbol{x}_N(t) \end{bmatrix} + \begin{bmatrix} \boldsymbol{B}_{11} \\ \boldsymbol{B}_{22} \\ \vdots \\ \boldsymbol{B}_{NN} \end{bmatrix} \boldsymbol{u}(t) \tag{9.1}$$

其中，$\boldsymbol{x}_i(t) \in \mathbf{R}^{n_i}$ 和 $x(t) \in \mathbf{R}^n$（$n = n_1 + n_2 + \cdots + n_N$）是状态变量，$\boldsymbol{u}(t) \in \mathbf{R}^m$ 是控制输入向量，$\boldsymbol{A}_{ij}$ 和 $\boldsymbol{B}_{ii}$（$i, j = 1,2,\cdots,N$）是适当大小的常数矩阵. 矩阵 $\boldsymbol{A}_{ii}$ 定义 n_i 维的子系统，对应于状态变量 $\boldsymbol{x}_i(t)$. 矩阵 $\boldsymbol{A}_{ij}(i \neq j)$ 定义了子系统之间的耦合. N 表示系统中的子系统数量.

Gajic 等（2009）在弱耦合的线性控制系统中研究了式（9.1）的特殊结构，其中用到了式（9.2）所示的状态变量变换

$$\boldsymbol{\eta}_i(t) = \boldsymbol{x}_i(t) + \sum_{j=1, j\neq i}^{N} \boldsymbol{L}_{ij}\boldsymbol{x}_j(t), \quad i = 1,2,\cdots,N \tag{9.2}$$

$\boldsymbol{L}_{ij}$ 满足一组代数方程

$$\boldsymbol{L}_{ij}\boldsymbol{A}_{jj}-\boldsymbol{A}_{ii}\boldsymbol{L}_{ij}+\boldsymbol{A}_{ij}+\sum_{k=1,k\neq i,j}^{N}\boldsymbol{L}_{ik}\boldsymbol{A}_{kj}-\left(\sum_{k=1,k\neq i,j}^{N}\boldsymbol{L}_{ik}\boldsymbol{A}_{kj}\right)\boldsymbol{L}_{ij}=0 \tag{9.3}$$

$$i,j=1,2,\cdots,N,\quad i\neq j$$

将式（9.2）和式（9.3）所示变换代入式（9.1），在新的坐标中得到系统矩阵的纯**分块对角形式**. Gajic 等（2009）的研究成果中，矩阵 $\boldsymbol{A}_{kj}$ 为 $\boldsymbol{A}_{kj}=O(\varepsilon)$（$k\neq j$），从而将非线性代数方程式（9.3）作为线性西尔维斯特代数方程集，使用定点迭代法进行迭代求解．假设矩阵 $\boldsymbol{A}_{jj}$ 和 $\boldsymbol{A}_{ii}$（$i,j=1,2,\cdots,N$）没有共同特征值，每次迭代方程都存在解．就目前所知，所有研究文献中尚未研究过代数方程式（9.3）的一般结构（当矩阵 $\boldsymbol{A}_{ii}$ 的大小为 $n_i\times n_i$ 且 $\boldsymbol{A}_{kj}=O(1)\quad(k\neq j)$ 时）．因此，我们尚不知晓这些解是否存在以及是否有用于求出这些解的数值方法．根据我们在第 2～6 章中所说明和了解到的内容，Gajic 等（2009）将式（9.2）和式（9.3）用于式（9.1），得到的纯分块对角结构超出了我们所开发的多级线性反馈控制器设计的需求．注意，式（9.3）中的代数方程是非线性二次型代数方程．

在将两级、三级和四级反馈控制器设计延伸到多级的过程中，使用本书所提出的方法，第一步是找到使式（9.1）成为由式（9.4）所定义的**分块上三角形式**的变换

$$\begin{bmatrix}\dfrac{dz_1(t)}{dt}\\ \dfrac{dz_2(t)}{dt}\\ \vdots\\ \dfrac{dz_N(t)}{dt}\end{bmatrix}=\begin{bmatrix}\boldsymbol{A}_{11}&\boldsymbol{A}_{12}&\cdots&\cdots&\boldsymbol{A}_{1N}\\ 0&\boldsymbol{A}_{22}&\boldsymbol{A}_{23}&\cdots&\boldsymbol{A}_{2N}\\ \vdots&0&\ddots&\ddots&\vdots\\ \vdots&\vdots&\ddots&\ddots&\boldsymbol{A}_{N-1,N}\\ 0&0&\cdots&0&\boldsymbol{A}_{NN}\end{bmatrix}\begin{bmatrix}z_1(t)\\ z_2(t)\\ \vdots\\ z_N(t)\end{bmatrix}+\begin{bmatrix}\boldsymbol{B}_{11}\\ \boldsymbol{B}_{22}\\ \vdots\\ \boldsymbol{B}_{NN}\end{bmatrix}\boldsymbol{u}(t) \tag{9.4}$$

要得到式（9.4）所示的形式，所需要使用的状态空间变量变换预计与式（9.2）给出的变量变换类似，并且其解可促成分块上三角结构的代数方程的形式将与式（9.3）类似．

将原始系统式（9.1）转换成式（9.5）的形式，有可能更高效地完成多级反馈控制器设计技术：

$$\begin{bmatrix} \dfrac{d\boldsymbol{\eta}_1(t)}{dt} \\ \dfrac{d\boldsymbol{\eta}_2(t)}{dt} \\ \vdots \\ \dfrac{d\boldsymbol{\eta}_{N-1}(t)}{dt} \\ \dfrac{d\boldsymbol{\eta}_N(t)}{dt} \end{bmatrix} = \begin{bmatrix} \boldsymbol{A}_{11} & \boldsymbol{A}_{12} & \cdots & \cdots & \boldsymbol{A}_{1N} \\ \boldsymbol{A}_{21} & \boldsymbol{A}_{22} & \boldsymbol{A}_{23} & \cdots & \boldsymbol{A}_{2N} \\ \vdots & 0 & \ddots & \ddots & \vdots \\ \boldsymbol{A}_{N-1,1} & \boldsymbol{A}_{N-1,2} & \ddots & \ddots & \boldsymbol{A}_{N-1,N} \\ 0 & 0 & \cdots & 0 & \boldsymbol{A}_{NN} \end{bmatrix} \begin{bmatrix} \boldsymbol{\eta}_1(t) \\ \boldsymbol{\eta}_2(t) \\ \vdots \\ \boldsymbol{\eta}_N(t) \end{bmatrix} + \begin{bmatrix} \boldsymbol{B}_{11} \\ \boldsymbol{B}_{22} \\ \vdots \\ \boldsymbol{B}_{NN} \end{bmatrix} \boldsymbol{v}(t) \tag{9.5}$$

此形式能够实现为第 N 个子系统设计独立的控制器，例如

$$\boldsymbol{u}(t) = -\boldsymbol{\Gamma}_N \eta_N(t) + \boldsymbol{v}(t) \tag{9.6}$$

下一步，需要找到状态变换，促使为第 $(N-1)$ 个子系统设计独立的控制器. 为此，在接下来的设计阶段，需要找到使系统成为式（9.7）形式的状态变换.

$$\begin{bmatrix} \dfrac{d\boldsymbol{\eta}_1(t)}{dt} \\ \dfrac{d\boldsymbol{\eta}_2(t)}{dt} \\ \vdots \\ \dfrac{d\boldsymbol{\eta}_{N-1}(t)}{dt} \\ \dfrac{d\boldsymbol{\eta}_N(t)}{dt} \end{bmatrix} = \begin{bmatrix} \boldsymbol{A}_{11} & \boldsymbol{A}_{12} & \cdots & \cdots & \boldsymbol{A}_{1N} \\ \boldsymbol{A}_{21} & \boldsymbol{A}_{22} & \boldsymbol{A}_{23} & \cdots & \boldsymbol{A}_{2N} \\ \vdots & \ddots & \ddots & \ddots & \vdots \\ 0 & 0 & 0 & \boldsymbol{A}_{N-1,N-1} & \boldsymbol{A}_{N-1,N} \\ 0 & 0 & \cdots & 0 & \boldsymbol{A}_{NN} - \boldsymbol{B}_{NN}\boldsymbol{\Gamma}_N \end{bmatrix} \begin{bmatrix} \boldsymbol{\eta}_1(t) \\ \boldsymbol{\eta}_2(t) \\ \vdots \\ \boldsymbol{\eta}_{N-1}(t) \\ \boldsymbol{\eta}_N(t) \end{bmatrix}$$

$$+ \begin{bmatrix} \boldsymbol{B}_{11} \\ \boldsymbol{B}_{22} \\ \vdots \\ \boldsymbol{B}_{N-1,N-1} \\ \boldsymbol{B}_{NN} \end{bmatrix} \boldsymbol{v}(t) \tag{9.7}$$

此过程需反复进行，直到为每个子系统都设计了独立的控制器为止. 预计在此过程中，需要找到一系列与式（9.2）类似的状态变换，并且需要推导出与式（9.3）类似的耦合的非线性代数方程集.

未来潜在的研究问题可划分成以下研究任务：

任务 9.1　找到使原始系统式（9.1）转换成式（9.4）所定义的形式的状态变换.

任务 9.2 研究任务 9.1 中确定的变换所需的相应非线性代数方程集．预计将得到 N 个非线性耦合二次型代数方程以及 N^2-N 个线性耦合西尔维斯特代数方程．此任务分为两个部分：（a）确认所推导的代数方程存在解；（b）开发用于求解相应的代数方程的有效数值算法．注意，出于多级设计目的，可以使用这些非线性代数方程的任何解．因此，对于所考虑的多级线性反馈控制器设计而言，并非一定要确认存在唯一解的条件．

任务 9.3 将合适的控制系统设计技术用于相应的子系统，得到子系统反馈增益．使用子系统反馈增益，需要推导公式得到等效反馈增益用于原始坐标中原始系统的全状态反馈控制．

注释 9.1 在理想情况下，子系统可以定义为由一维子系统（对于实特征值）和二维子系统（对于复共轭特征值）组成的最基本的子系统．使用著名的 QR 算法（用于找出矩阵特征值的最有效算法）实现此目的（Stewart，1973；Golub and Van Loan，2013），将任何方块矩阵转换成一维或二维对角分块的分块上对角形式．此形式称为实舒尔形式（Stewart，1973；Golub and Van Loan，2013），由式（9.8）给出．

$$
\begin{bmatrix} \dfrac{dz_1(t)}{dt} \\ \dfrac{dz_2(t)}{dt} \\ \vdots \\ \dfrac{dz_S(t)}{dt} \end{bmatrix} = \begin{bmatrix} \lambda_1 & \boldsymbol{A}_{12} & \cdots & \cdots & \boldsymbol{A}_{1S} \\ 0 & \lambda_2 & \boldsymbol{A}_{23} & \cdots & \boldsymbol{A}_{2S} \\ \vdots & 0 & \ddots & \ddots & \vdots \\ \vdots & \vdots & \ddots & \begin{bmatrix} \boldsymbol{a}_{S-1} & \boldsymbol{\beta}_{S-1} \\ -\boldsymbol{\beta}_{S-1} & \boldsymbol{a}_{S-1} \end{bmatrix} & \boldsymbol{A}_{S-1,S} \\ 0 & 0 & \cdots & 0 & \begin{bmatrix} \boldsymbol{a}_S & \boldsymbol{\beta}_S \\ -\boldsymbol{\beta}_S & \boldsymbol{a}_S \end{bmatrix} \end{bmatrix} \begin{bmatrix} z_1(t) \\ z_2(t) \\ \vdots \\ z_S(t) \end{bmatrix} + \begin{bmatrix} \boldsymbol{B}_1 \\ \boldsymbol{B}_2 \\ \vdots \\ \boldsymbol{B}_S \end{bmatrix} \boldsymbol{u}(t) \tag{9.8}
$$

其中，S 表示相异特征值的数量．假设复特征值由 $\lambda_i=\alpha_i \pm j\beta_i$ 给出．应该以多级反馈控制器设计的角度来研究式（9.8）所定义的此结构．但是，式（9.8）的形式是在数值上得到的，因此，期望多级反馈设计所需的所有条件都得到满足是不太现实的．令人惊叹的是，由于我们能够针对几乎每个单一的特征值（包括复共轭特征值对）独立设计线性反馈控制器，因此，这促使我们在不远的未来对此研究问题进行探讨.

在本章的末尾，我们提供了两个附录，附录 9.1 和附录 9.2 系统地总结了开发三级和四级线性反馈控制器中使用的设计阶段和步骤. 我们希望它们能提供在开发一般多级线性反馈控制器时有益的思路. 对于三级线性反馈控制器设计，在附录 9.1 中，我们还总结了三时间尺度（奇异摄动）线性动态系统相关的内容.

9.2 对多时间尺度系统的多级反馈设计

如本书所述，许多真实物理系统具有不同性质组件（电气、机械、化学和热力学等），其中存在若干个多时间尺度（Kokotovic et al.，1999；Naidu and Calise，2001；Gajic and Lim，2001；Kuehn，2015）.

多时间尺度连续时间线性时不变系统的一般结构的定义如式（9.9）所示.

$$\begin{bmatrix} \dfrac{d\boldsymbol{x}_1(t)}{dt} \\ \varepsilon_1 \dfrac{d\boldsymbol{x}_2(t)}{dt} \\ \varepsilon_2 \dfrac{d\boldsymbol{x}_2(t)}{dt} \\ \vdots \\ \varepsilon_{n-1} \dfrac{d\boldsymbol{x}_N(t)}{dt} \end{bmatrix} = \begin{bmatrix} \boldsymbol{A}_{11} & \boldsymbol{A}_{12} & \cdots & \cdots & \boldsymbol{A}_{1N} \\ \boldsymbol{A}_{21} & \boldsymbol{A}_{22} & \boldsymbol{A}_{23} & \cdots & \boldsymbol{A}_{2N} \\ \vdots & \ddots & \ddots & \ddots & \vdots \\ \vdots & \vdots & \ddots & \ddots & \boldsymbol{A}_{N-1,N} \\ \boldsymbol{A}_{N1} & \boldsymbol{A}_{N2} & \cdots & \boldsymbol{A}_{N,N-1} & \boldsymbol{A}_{NN} \end{bmatrix} \begin{bmatrix} \boldsymbol{x}_1(t) \\ \boldsymbol{x}_2(t) \\ \vdots \\ \boldsymbol{x}_N(t) \end{bmatrix} + \begin{bmatrix} \boldsymbol{B}_{11} \\ \boldsymbol{B}_{22} \\ \vdots \\ \boldsymbol{B}_{NN} \end{bmatrix} \boldsymbol{u}(t) \quad (9.9)$$

其中$1 \gg \varepsilon_1 \gg \varepsilon_2 \gg \cdots \gg \varepsilon_{N-1} > 0$是较小的正参数，表示存在多个时间尺度.

多级多时间尺度反馈控制器设计将去除多时间尺度系统中存在的数值病态条件（Kokotovic et al.，1999；Naidu and Calise，2001），并且有助于针对此类线性动态系统设计独立的反馈控制器、观测器和滤波器. 此外，与分块成子系统及式（9.1）所定义的一般线性时不变系统相比，状态变换以及在原始坐标中还原等效的全状态反馈增益所需的非线性代数方程的形式应更加简单. 事实上，在 2.4 节和 4.3 节中观测到的结果预计对本研究任务有效. 这样一来，由于存在较小的参数，可以将所有所需的代数方程作为线性矩阵方程组和西尔维斯特代数方程组进行迭代求解.

对于一般的情况和多时间尺度线性控制系统的情况，可以且应该将在连续时间域中针对控制系统多级线性反馈设计所开发出的方法延伸到相应的离散时间域对应项.

9.3 对其他类别系统的多级反馈设计

使用与式（9.1）所定义的基本结构类似的相互耦合的子系统表示系统的动态模型，我们可以对一些类别的分布式参数系统、灵活的空间结构以及非经典阻尼二阶线性系统进行研究. 分布式参数系统的线性化模型（由偏微分方程描述）可以按二阶常微分方程的无限集在模态坐标中表示出来（Meirovitch and Baruh，1983；Baruh and Choe，1990）. 利用无穷级数的纯振荡器（特征值位于虚轴上）和小阻尼振荡器（特征值位于稳定的半侧复平面中非常靠近虚轴的位置）对灵活的结构进行建模，尤其是可以针对大型空间灵活的结构进行建模（Gawronski and Juang，1990；Gawronski，1994，1998）. 在这两种情况下，都可以通过有限级数很好地近似于无穷级数. 可使用多级反馈设计进行研究的另一类系统是二阶非经典阻尼线性机械系统（Radisavljević-Gajić，2013）. 这些系统用 N 个相互弱耦合的二阶标量动态系统表示，因此，耦合矩阵为 $A_{kj}=O(\varepsilon)\ (k\neq j)$，这将有助于简化多级反馈设计的非线性代数方程.

附录 9.1 有关三级反馈控制器设计的总结（表 9.1～表 9.4）

表 9.1 三级连续时间反馈控制器设计概况

最初的分块系统	$\begin{bmatrix}\dot{x}_{\mathrm{I}}\\ \dot{x}_{\mathrm{II}}\\ \dot{x}_{\mathrm{III}}\end{bmatrix}=\begin{bmatrix}A_{11} & A_{12} & A_{13}\\ A_{21} & A_{22} & A_{23}\\ A_{31} & A_{32} & A_{33}\end{bmatrix}\begin{bmatrix}x_{\mathrm{I}}\\ x_{\mathrm{II}}\\ x_{\mathrm{III}}\end{bmatrix}+\begin{bmatrix}B_{11}\\ B_{22}\\ B_{33}\end{bmatrix}u,\ y=\begin{bmatrix}C_{11} & C_{22} & C_{33}\end{bmatrix}\begin{bmatrix}x_{\mathrm{I}}\\ x_{\mathrm{II}}\\ x_{\mathrm{III}}\end{bmatrix}$

续表

$\underbrace{\eta_3 = L_1x_{\mathrm{I}} + L_2x_{\mathrm{II}} + x_{\mathrm{III}}}_{变换}$	→	$\begin{bmatrix}\dot{x}_{\mathrm{I}}\\ \dot{x}_{\mathrm{II}}\\ \dot{\eta}_3\end{bmatrix}=\begin{bmatrix}A_{11}-A_{13}L_1 & A_{12}-A_{13}L_2 & A_{13}\\ A_{21}-A_{23}L_1 & A_{22}-A_{23}L_2 & A_{23}\\ f_{31}(L_1,L_2) & f_{32}(L_1,L_2) & A_3\end{bmatrix}\begin{bmatrix}x_{\mathrm{I}}\\ x_{\mathrm{II}}\\ \eta_3\end{bmatrix}+\begin{bmatrix}B_{11}\\ B_{22}\\ B_3\end{bmatrix}u$ $A_3 = L_1A_{13} + L_2A_{23} + A_{33}$，$B_3 = L_1B_{11} + L_2B_{22} + B_{33}$
对 L_1, L_2 进行求解		$f_{31}(L_1,L_2) = L_1A_{11} + L_2A_{21} + A_{31} - A_3L_1 = 0$ $f_{32}(L_1,L_2) = L_1A_{12} + L_2A_{22} + A_{32} - A_3L_2 = 0$
$\underbrace{\eta_2 = L_3x_{\mathrm{I}} + x_{\mathrm{II}}}_{变换}$	→	$\begin{bmatrix}\dot{x}_{\mathrm{I}}\\ \dot{\eta}_2\\ \dot{\eta}_3\end{bmatrix}=\begin{bmatrix}A_1 & A_{12}-A_{13}L_2 & A_{13}\\ f_{21}(L_3) & A_2 & A_{23}+L_3A_{13}\\ 0 & 0 & A_3\end{bmatrix}\begin{bmatrix}x_{\mathrm{I}}\\ \eta_2\\ \eta_3\end{bmatrix}+\begin{bmatrix}B_{11}\\ B_2\\ B_3\end{bmatrix}u$ $A_1 = (A_{11} - A_{13}L_1) - (A_{12} - A_{13}L_2)L_3$ $A_2 = A_{22} - A_{23}L_2 + L_3(A_{12} - A_{13}L_2)$，$B_2 = B_{22} + L_3B_{11}$
对 L_3 进行求解	$f_{21}(L_3) = L_3(A_{11} - A_{13}L_1) - (A_{22} - A_{23}L_2)L_3 - L_3(A_{12} - A_{13}L_2)L_3 + (A_{21} - A_{23}L_1) = 0$	
上三角形式		$\begin{bmatrix}\dot{x}_{\mathrm{I}}\\ \dot{\eta}_2\\ \dot{\eta}_3\end{bmatrix}=\begin{bmatrix}A_1 & A_{12}-A_{13}L_2 & A_{13}\\ 0 & A_2 & A_{23}+L_3A_{13}\\ 0 & 0 & A_3\end{bmatrix}\begin{bmatrix}x_{\mathrm{I}}\\ \eta_2\\ \eta_3\end{bmatrix}+\begin{bmatrix}B_{11}\\ B_2\\ B_3\end{bmatrix}u=\bar{A}\begin{bmatrix}x_{\mathrm{I}}\\ \eta_2\\ \eta_3\end{bmatrix}+\bar{B}u$ $y = (C_{11} - C_{22}L_3 - C_{33}L_1)x_{\mathrm{I}} + (C_{22} - C_{33}L_2)\eta_2 + C_{33}\eta_3$ $= C_1x_{\mathrm{I}} + C_2\eta_2 + C_{33}\eta_3 = \bar{C}[x_{\mathrm{I}}\ \ \eta_2\ \ \eta_3]^{\mathrm{T}}$
以上三角形式映射原始系统的相似变换		$\begin{bmatrix}x_{\mathrm{I}}\\ \eta_2\\ \eta_3\end{bmatrix}=T_1\begin{bmatrix}x_{\mathrm{I}}\\ x_{\mathrm{II}}\\ x_{\mathrm{III}}\end{bmatrix}=\begin{bmatrix}I & 0 & 0\\ L_3 & I & 0\\ L_1 & L_2 & I\end{bmatrix}\begin{bmatrix}x_{\mathrm{I}}\\ x_{\mathrm{II}}\\ x_{\mathrm{III}}\end{bmatrix}$ $\begin{bmatrix}x_{\mathrm{I}}\\ x_{\mathrm{II}}\\ x_{\mathrm{III}}\end{bmatrix}=T_1^{-1}\begin{bmatrix}x_{\mathrm{I}}\\ \eta_2\\ \eta_3\end{bmatrix}=\begin{bmatrix}I & 0 & 0\\ -L_3 & I & 0\\ -L_1+L_2L_3 & -L_2 & I\end{bmatrix}\begin{bmatrix}x_{\mathrm{I}}\\ \eta_2\\ \eta_3\end{bmatrix}$

表 9.2　三级反馈控制器的设计

上三角形式	$\begin{bmatrix}\dot{x}_{\mathrm{I}}\\ \dot{\eta}_2\\ \dot{\eta}_3\end{bmatrix}=\begin{bmatrix}A_1 & A_{12}-A_{13}L_2 & A_{13}\\ 0 & A_2 & A_{23}+L_3A_{13}\\ 0 & 0 & A_3\end{bmatrix}\begin{bmatrix}x_{\mathrm{I}}\\ \eta_2\\ \eta_3\end{bmatrix}+\begin{bmatrix}B_{11}\\ B_2\\ B_3\end{bmatrix}u=\bar{A}\begin{bmatrix}x_{\mathrm{I}}\\ \eta_2\\ \eta_3\end{bmatrix}+\bar{B}u$ $A_1 = (A_{11} - A_{13}L_1) - (A_{12} - A_{13}L_2)L_3, A_2 = A_{22} - A_{23}L_2 + L_3(A_{12} - A_{13}L_2), B_2 = B_{22} + L_3B_{11}$ $A_3 = L_1A_{13} + L_2A_{23} + A_{33}, B_3 = L_1B_{11} + L_2B_{22} + B_{33}$		
第一级	$\underbrace{u = -G_3\eta_3 + v}_{反馈}$	→	$\begin{bmatrix}\dot{x}_{\mathrm{I}}\\ \dot{\eta}_2\\ \dot{\eta}_3\end{bmatrix}=\begin{bmatrix}A_1 & A_{12}-A_{13}L_2 & A_{13}-B_{11}G_3\\ 0 & A_2 & A_{23}+L_3A_{13}-B_2G_3\\ 0 & 0 & A_3-B_3G_3\end{bmatrix}\begin{bmatrix}x_{\mathrm{I}}\\ \eta_2\\ \eta_3\end{bmatrix}+\begin{bmatrix}B_{11}\\ B_2\\ B_3\end{bmatrix}v$
第二级	$\underbrace{\xi_2 = \eta_2 - P_3\eta_3}_{变换}$	→	$\begin{bmatrix}\dot{x}_{\mathrm{I}}\\ \dot{\xi}_2\\ \dot{\eta}_3\end{bmatrix}=\begin{bmatrix}A_1 & A_{12}-A_{13}L_2 & A_{13}-B_{11}G_3+(A_{12}-A_{13}L_2)P_3\\ 0 & A_2 & 0\\ 0 & 0 & A_3-B_3G_3\end{bmatrix}\begin{bmatrix}x_{\mathrm{I}}\\ \xi_2\\ \eta_3\end{bmatrix}+\begin{bmatrix}B_{11}\\ B_2-P_3B_3\\ B_3\end{bmatrix}v$

续表

第二级	对 P_3 进行求解		$A_2P_3 - P_3\left(A_3 - B_3G_3\right) + A_{23} + L_3A_{13} - B_2G_3 = 0$
	$\underbrace{v = -G_2\xi_2 + w}_{\text{反馈}}$	$\begin{bmatrix}\dot{x}_{\mathrm{I}}\\ \dot{\xi}_2\\ \dot{\eta}_3\end{bmatrix} = \begin{bmatrix}A_1 & A_{12} - A_{13}L_2 - B_{11}G_2 & A_{13} - B_{11}G_3 + \left(A_{12} - A_{13}L_2\right)P_3\\ 0 & A_2 - \left(B_2 - P_3B_3\right)G_2 & 0\\ 0 & 0 & A_3 - B_3G_3\end{bmatrix}\begin{bmatrix}x_{\mathrm{I}}\\ \xi_2\\ \eta_3\end{bmatrix} + \begin{bmatrix}B_{11}\\ B_2 - P_3B_3\\ B_3\end{bmatrix}w$	
第三级	重新标记**第二级**中的矩阵组成部分	→	$\begin{bmatrix}\dot{x}_{\mathrm{I}}\\ \dot{\xi}_2\\ \dot{\eta}_3\end{bmatrix} = \begin{bmatrix}\alpha_{11} & \alpha_{12} & \alpha_{13}\\ 0 & \alpha_{22} & 0\\ 0 & \alpha_{32} & \alpha_{33}\end{bmatrix}\begin{bmatrix}x_{\mathrm{I}}\\ \xi_2\\ \eta_3\end{bmatrix} + \begin{bmatrix}\beta_1\\ \beta_2\\ \beta_2\end{bmatrix}w$
	$\underbrace{\xi_1 = x_1 - P_1\xi_2 - P_2\eta_3}_{\text{变换}}$	→	$\begin{bmatrix}\dot{\xi}_1\\ \dot{\xi}_2\\ \dot{\eta}_3\end{bmatrix} = \begin{bmatrix}\alpha_{11} & 0 & 0\\ 0 & \alpha_{22} & 0\\ 0 & \alpha_{32} & \alpha_{33}\end{bmatrix}\begin{bmatrix}\xi_1\\ \xi_2\\ \eta_3\end{bmatrix} + \begin{bmatrix}\beta_1 - P_1\beta_2 - P_2\beta_3\\ \beta_2\\ \beta_2\end{bmatrix}w$
	对 P_1, P_2 进行求解		$\alpha_{11}P_1 - P_1\alpha_{22} - P_2\alpha_{32} + \alpha_{12} = 0, \alpha_{11}P_2 - P_2\alpha_{33} + \alpha_{13} = 0$
	$\underbrace{w = -G_1\xi_1}_{\text{反馈}}$	→	$\begin{bmatrix}\dot{\xi}_1\\ \dot{\xi}_2\\ \dot{\eta}_3\end{bmatrix} = \begin{bmatrix}\alpha_{11} - \left(\beta_1 - P_1\beta_2 - P_2\beta_3\right)G_1 & 0 & 0\\ -\beta_2G_1 & \alpha_{22} & 0\\ -\beta_3G_1 & \alpha_{32} & \alpha_{33}\end{bmatrix}\begin{bmatrix}\xi_1\\ \xi_2\\ \eta_3\end{bmatrix}$
变换	$\begin{bmatrix}\xi_1\\ \xi_2\\ \eta_3\end{bmatrix} = \begin{bmatrix}I & -P_1 & -P_2\\ 0 & I & 0\\ 0 & 0 & I\end{bmatrix}\begin{bmatrix}x_{\mathrm{I}}\\ \xi_2\\ \eta_3\end{bmatrix} = T_3\begin{bmatrix}x_{\mathrm{I}}\\ \xi_2\\ \eta_3\end{bmatrix} = T_3\begin{bmatrix}I & 0 & 0\\ 0 & I & -P_3\\ 0 & 0 & I\end{bmatrix}\begin{bmatrix}x_{\mathrm{I}}\\ \eta_2\\ \eta_3\end{bmatrix} = T_3T_2\begin{bmatrix}I & 0 & 0\\ L_3 & I & 0\\ L_1 & L_2 & I\end{bmatrix}\begin{bmatrix}x_{\mathrm{I}}\\ x_{\mathrm{II}}\\ x_{\mathrm{III}}\end{bmatrix} = T_3T_2T_1\begin{bmatrix}x_{\mathrm{I}}\\ x_{\mathrm{II}}\\ x_{\mathrm{III}}\end{bmatrix}$ $\boxed{\begin{bmatrix}\xi_1\\ \xi_2\\ \eta_3\end{bmatrix} = T_3T_2T_1\begin{bmatrix}x_{\mathrm{I}}\\ x_{\mathrm{II}}\\ x_{\mathrm{III}}\end{bmatrix} = T\begin{bmatrix}x_{\mathrm{I}}\\ x_{\mathrm{II}}\\ x_{\mathrm{III}}\end{bmatrix} = \begin{bmatrix}I - P_1L_3 - P_2L_1 + P_1P_3L_1 & -P_1 - P_2L_2 + P_1P_3L_2 & P_1P_3 - P_2\\ L_3 - P_3L_1 & I - P_3L_2 & -P_3\\ L_1 & L_2 & I\end{bmatrix}\begin{bmatrix}x_{\mathrm{I}}\\ x_{\mathrm{II}}\\ x_{\mathrm{III}}\end{bmatrix}}$		

表 9.3　三时间尺度线性控制系统的三级连续时间反馈控制器设计应用——引入阶段

采用**奇异摄动形式**的原始分块系统	$\begin{bmatrix}\dot{x}_{\mathrm{I}}\\ \varepsilon_1\dot{x}_{\mathrm{II}}\\ \varepsilon_2\dot{x}_{\mathrm{III}}\end{bmatrix} = \begin{bmatrix}A_{11} & A_{12} & A_{13}\\ A_{21} & A_{22} & A_{23}\\ A_{31} & A_{32} & A_{33}\end{bmatrix}\begin{bmatrix}x_{\mathrm{I}}\\ x_{\mathrm{II}}\\ x_{\mathrm{III}}\end{bmatrix} + \begin{bmatrix}B_{11}\\ B_{22}\\ B_{33}\end{bmatrix}u = Ax + Bu, y = \begin{bmatrix}C_{11} & C_{22} & C_{33}\end{bmatrix}\begin{bmatrix}x_{\mathrm{I}}\\ x_{\mathrm{II}}\\ x_{\mathrm{III}}\end{bmatrix}$
上三角形式	$\begin{bmatrix}\dot{x}_{\mathrm{I}}\\ \varepsilon_1\dot{\eta}_2\\ \varepsilon_2\dot{\eta}_3\end{bmatrix} = \begin{bmatrix}A_1 & A_{12} - A_{13}L_2 & A_{13}\\ 0 & A_2 & A_{23} + \varepsilon_1L_3A_{13}\\ 0 & 0 & A_3\end{bmatrix}\begin{bmatrix}x_{\mathrm{I}}\\ \eta_2\\ \eta_3\end{bmatrix} + \begin{bmatrix}B_{11}\\ B_2\\ B_3\end{bmatrix}u$ $A_1 = \left(A_{11} - A_{13}L_1\right) - \left(A_{12} - A_{13}L_2\right)L_3$ $A_2 = A_{22} - A_{23}L_2 + L_3\left(A_{12} - A_{13}L_2\right), B_2 = B_{22} + L_3B_{11}$ $A_3 = \varepsilon_2L_1A_{13} + \dfrac{\varepsilon_2}{\varepsilon_1}L_2A_{23} + A_{33}, B_3 = \varepsilon_2L_1B_{11} + \dfrac{\varepsilon_2}{\varepsilon_1}L_2B_{22} + B_{33}$
对 L_1, L_2 进行求解	$L_1^{(i+1)} = A_{33}^{-1}\left[A_{31} + \varepsilon_2L_1^{(i)}A_{11} + \dfrac{\varepsilon_2}{\varepsilon_1}L_2^{(i)}A_{21} - \left(\varepsilon_2L_1^{(i)}A_{13} + \dfrac{\varepsilon_2}{\varepsilon_1}L_2^{(i)}A_{23}\right)L_1^{(i)}\right], L_1^{(0)} = A_{33}^{-1}A_{31}$ $L_2^{(i+1)} = A_{33}^{-1}\left[A_{32} + \varepsilon_2L_1^{(i)}A_{12} + \dfrac{\varepsilon_2}{\varepsilon_1}L_2^{(i)}A_{22} - \left(\varepsilon_2L_1^{(i)}A_{13} + \dfrac{\varepsilon_2}{\varepsilon_1}L_2^{(i)}A_{23}\right)L_2^{(i)}\right], L_2^{(0)} = A_{33}^{-1}A_{32}$

续表

对 L_3 进行求解	假设 $A_{22}-A_{23}L_2$ 是可逆的： $L_3^{(i+1)}=\left(A_{22}-A_{23}L_2\right)^{-1}\left[A_{21}-A_{23}L_1-\varepsilon_1 L_3^{(i)}\left(A_{12}-A_{13}L_2\right)L_3^{(i)}+\varepsilon_1 L_3^{(i)}\left(A_{11}-A_{13}L_1\right)\right]$ $L_3^{(0)}=(A_{22}-A_{23}L_2)^{-1}\left(A_{21}-A_{23}L_1\right)$ 假设 $A_{22}-A_{23}L_2$ 是不可逆的： $\left(A_{22}-A_{23}L_2\right)L_3^{(i+1)}-\varepsilon_1 L_3^{(i+1)}\left(A_{11}-A_{13}L_1\right)=A_{21}-A_{23}L_1-\varepsilon_1 L_3^{(i)}\left(A_{12}-A_{13}L_2\right)L_3^{(i)}$ 对 $L_3^{(0)}$ 进行求解：$\left(A_{22}-A_{23}L_2\right)L_3^{(0)}-\varepsilon_1 L_3^{(0)}(A_{11}-A_{13}L_1)=A_{21}-A_{23}L_1$

表 9.4　三时间尺度线性控制系统的三级连续时间反馈控制器设计应用——三级过程

第一级	子系统 A_3 已解耦	
第二级	对 P_3 进行求解	$P_3^{(i+1)}=\left(A_3-B_3G_3\right)^{-1}\left(\dfrac{\varepsilon_2}{\varepsilon_1}\right)\left(A_2P_3^{(i)}+A_{23}+\varepsilon_1 L_3A_{13}-B_2G_3\right),P_3^{(0)}=0$
第三级	对 P_1,P_2 进行求解	$P_2^{(i+1)}=\varepsilon_2\left(\alpha_{11}P_2^{(i)}+\alpha_{13}\right)\alpha_{33}^{-1},P_2^{(0)}=0,i=1,2,\cdots,N$ $P_1^{(i+1)}=\left[\varepsilon_1\left(\alpha_{12}+\alpha_{11}P_1^{(i)}\right)-\dfrac{\varepsilon_1}{\varepsilon_2}P_2^{(N)}\alpha_{32}\right]\alpha_{22}^{-1},P_1^{(0)}=\dfrac{\varepsilon_1}{\varepsilon_2}P_2^{(N)}\alpha_{32}\alpha_{22}^{-1}$

附录 9.2　有关四级连续时间反馈控制器设计的总结（表 9.5 和表 9.6）

表 9.5　四级反馈控制器设计——引入阶段

最初的分块系统		$\begin{bmatrix}\dot{x}_{\mathrm{I}}\\ \dot{x}_{\mathrm{II}}\\ \dot{x}_{\mathrm{III}}\\ \dot{x}_{\mathrm{IV}}\end{bmatrix}=\begin{bmatrix}A_{11}&A_{12}&A_{13}&A_{14}\\A_{21}&A_{22}&A_{23}&A_{24}\\A_{31}&A_{32}&A_{33}&A_{34}\\A_{41}&A_{42}&A_{43}&A_{44}\end{bmatrix}\begin{bmatrix}x_{\mathrm{I}}\\x_{\mathrm{II}}\\x_{\mathrm{III}}\\x_{\mathrm{IV}}\end{bmatrix}+\begin{bmatrix}B_{11}\\B_{22}\\B_{33}\\B_{44}\end{bmatrix}u,y=\begin{bmatrix}C_{11}&C_{22}&C_{33}&C_{44}\end{bmatrix}\begin{bmatrix}x_{\mathrm{I}}\\x_{\mathrm{II}}\\x_{\mathrm{III}}\\x_{\mathrm{IV}}\end{bmatrix}$
$\underbrace{\eta_4=L_1x_{\mathrm{I}}+L_2x_{\mathrm{II}}+L_3x_{\mathrm{III}}+x_{\mathrm{IV}}}_{\text{变换}}$	→	$\begin{bmatrix}\dot{x}_{\mathrm{I}}\\ \dot{x}_{\mathrm{II}}\\ \dot{x}_{\mathrm{III}}\\ \dot{\eta}_4\end{bmatrix}=\begin{bmatrix}a_{11}&a_{12}&a_{13}&a_{14}\\a_{21}&a_{22}&a_{23}&a_{24}\\a_{31}&a_{32}&a_{33}&a_{34}\\f_{41}(L_1,L_2,L_3)&f_{42}(L_1,L_2,L_3)&f_{43}(L_1,L_2,L_3)&A_4\end{bmatrix}\begin{bmatrix}x_{\mathrm{I}}\\x_{\mathrm{II}}\\x_{\mathrm{III}}\\\eta_4\end{bmatrix}+\begin{bmatrix}b_{11}\\b_{22}\\b_{33}\\B_4\end{bmatrix}u$
	$a_{11}=A_{11}-A_{14}L_1,a_{12}=A_{12}-A_{14}L_2,a_{13}=A_{13}-A_{14}L_3,a_{14}=A_{14},b_{11}=B_{11},a_{21}=A_{21}-A_{24}L_1,$ $a_{22}=A_{22}-A_{24}L_2,a_{23}=A_{23}-A_{24}L_3,a_{24}=A_{24},b_{22}=B_{22},a_{31}=A_{31}-A_{34}L_1,a_{32}=A_{32}-A_{34}L_2,$ $a_{33}=A_{33}-A_{34}L_3,a_{34}=A_{34},b_{33}=B_{33}$ $A_4=A_{44}+L_1A_{14}+L_2A_{24}+L_3A_{34},B_4=B_{44}+L_1B_{11}+L_2B_{22}+L_3B_{33}$	

续表

对 L_1,L_2,L_3 进行求解		$f_{41}(L_1,L_2,L_3)=L_1A_{11}+L_2A_{21}+L_3A_{31}+A_{41}-A_4L_1=0$ $f_{42}(L_1,L_2,L_3)=L_1A_{12}+L_2A_{22}+L_3A_{32}+A_{42}-A_4L_2=0$ $f_{43}(L_1,L_2,L_3)=L_1A_{13}+L_2A_{23}+L_3A_{33}+A_{43}-A_4L_3=0$
$\underbrace{\eta_3=L_4x_{\mathrm{I}}+L_5x_{\mathrm{II}}+x_{\mathrm{III}}}_{\text{变换}}$	$\rightarrow$	$\begin{bmatrix}\dot{x}_{\mathrm{I}}\\ \dot{x}_{\mathrm{II}}\\ \dot{\eta}_3\\ \dot{\eta}_4\end{bmatrix}=\begin{bmatrix}a_{11} & a_{12} & a_{13} & a_{14}\\ a_{21} & a_{22} & a_{23} & a_{24}\\ f_{31}(L_4,L_5) & f_{32}(L_4,L_5) & a_{33}+L_4a_{13}+L_5a_{23} & a_{34}+L_4a_{14}+L_5a_{24}\\ 0 & 0 & 0 & A_4\end{bmatrix}\begin{bmatrix}x_{\mathrm{I}}\\ x_{\mathrm{II}}\\ \eta_3\\ \eta_4\end{bmatrix}+\begin{bmatrix}\beta_{11}\\ \beta_{22}\\ b_{33}+L_4b_{11}+L_5b_{22}\\ B_4\end{bmatrix}u$ $\alpha_{11}=a_{11}-a_{13}L_4,\alpha_{12}=a_{12}-a_{13}L_5,\alpha_{13}=a_{13},\alpha_{14}=a_{14},\beta_{11}=b_{11},\alpha_{21}=a_{21}-a_{23}L_4,$ $\alpha_{22}=a_{22}-a_{23}L_5,\alpha_{23}=a_{23},\alpha_{24}=a_{24},\beta_{22}=b_{22}$
对 L_4,L_5 进行求解		$f_{31}(L_4,L_5)=(a_{31}+L_4a_{11}+L_5a_{21})-(a_{33}+L_4a_{13}+L_5a_{23})L_4=0$ $f_{32}(L_4,L_5)=(a_{32}+L_4a_{12}+L_5a_{22})-(a_{33}+L_4a_{13}+L_5a_{23})L_5=0$
$\underbrace{\eta_2=L_6x_{\mathrm{I}}+x_{\mathrm{II}}}_{\text{变换}}$	$\rightarrow$	$\begin{bmatrix}\dot{x}_{\mathrm{I}}\\ \dot{\eta}_2\\ \dot{\eta}_3\\ \dot{\eta}_4\end{bmatrix}=\begin{bmatrix}a_{11}-a_{12}L_6 & a_{12} & a_{13} & a_{14}\\ f_{21}(L_6) & a_{22}+L_6a_{12} & a_{23}+L_6a_{13} & a_{24}+L_6a_{14}\\ 0 & 0 & a_{33} & a_{34}\\ 0 & 0 & 0 & A_{44}\end{bmatrix}\begin{bmatrix}x_{\mathrm{I}}\\ \eta_2\\ \eta_3\\ \eta_4\end{bmatrix}+\begin{bmatrix}\beta_{11}\\ \beta_{22}\\ \beta_{33}\\ B_4\end{bmatrix}u=\bar{A}\begin{bmatrix}x_{\mathrm{I}}\\ \eta_2\\ \eta_3\\ \eta_4\end{bmatrix}+\bar{B}u$
对 L_6 进行求解		$f_{21}(L_6)=\alpha_{21}+L_6\alpha_{11}-(\alpha_{22}+L_6\alpha_{12})L_6=0$
相似变换		$\begin{bmatrix}x_{\mathrm{I}}\\ \eta_2\\ \eta_3\\ \eta_4\end{bmatrix}=\begin{bmatrix}I & 0 & 0 & 0\\ L_6 & I & 0 & 0\\ L_4 & L_5 & I & 0\\ L_1 & L_2 & L_3 & I\end{bmatrix}\begin{bmatrix}x_{\mathrm{I}}\\ x_{\mathrm{II}}\\ x_{\mathrm{III}}\\ x_{\mathrm{IV}}\end{bmatrix}=T_1\begin{bmatrix}x_{\mathrm{I}}\\ x_{\mathrm{II}}\\ x_{\mathrm{III}}\\ x_{\mathrm{IV}}\end{bmatrix},$ $\begin{bmatrix}x_{\mathrm{I}}\\ x_{\mathrm{II}}\\ x_{\mathrm{III}}\\ x_{\mathrm{IV}}\end{bmatrix}=\begin{bmatrix}I & 0 & 0 & 0\\ -L_6 & I & 0 & 0\\ L_5L_6-L_4 & -L_5 & I & 0\\ L_3L_4+L_2L_6-L_1 & L_3L_5-L_2 & -L_3 & I\end{bmatrix}\begin{bmatrix}x_{\mathrm{I}}\\ \eta_2\\ \eta_3\\ \eta_4\end{bmatrix}=T_1^{-1}\begin{bmatrix}x_{\mathrm{I}}\\ \eta_2\\ \eta_3\\ \eta_4\end{bmatrix}$

表 9.6　四级反馈控制器设计——四级过程

引入表示法	$\begin{bmatrix}\dot{x}_{\mathrm{I}}\\ \dot{\eta}_2\\ \dot{\eta}_3\\ \dot{\eta}_4\end{bmatrix}=\begin{bmatrix}\bar{A}_{11} & \bar{A}_{12} & \bar{A}_{13} & \bar{A}_{14}\\ 0 & \bar{A}_{22} & \bar{A}_{23} & \bar{A}_{24}\\ 0 & 0 & \bar{A}_{33} & \bar{A}_{34}\\ 0 & 0 & 0 & \bar{A}_{44}\end{bmatrix}\begin{bmatrix}x_{\mathrm{I}}\\ \eta_2\\ \eta_3\\ \eta_4\end{bmatrix}+\begin{bmatrix}\bar{B}_{11}\\ \bar{B}_{22}\\ \bar{B}_{33}\\ \bar{B}_{44}\end{bmatrix}u$		$\bar{A}_{11}=\alpha_{11}-\alpha_{12}L_6$，$\bar{A}_{12}=\alpha_{12}$，$\bar{A}_{13}=\alpha_{13}$，$\bar{A}_{14}=\alpha_{14}$ $\bar{A}_{22}=\alpha_{22}+L_6\alpha_{12}$，$\bar{A}_{23}=\alpha_{23}+L_6\alpha_{13}$，$\bar{A}_{24}=\alpha_{24}+L_6\alpha_{14}$ $\bar{A}_{33}=\alpha_{33}$，$\bar{A}_{34}=\alpha_{34}$，$\bar{A}_{44}=\alpha_{44}$ $\bar{B}_{11}=\beta_{11}$，$\bar{B}_{22}=\beta_{22}+L_6\beta_{11}$，$\bar{B}_{33}=\beta_{33}$，$\bar{B}=B_4$
第一级	$\underbrace{u=-G_4\eta_4+v}_{\text{反馈}}$	$\rightarrow$	$\begin{bmatrix}\dot{x}_{\mathrm{I}}\\ \dot{\eta}_2\\ \dot{\eta}_3\\ \dot{\eta}_4\end{bmatrix}=\bar{A}\begin{bmatrix}x_{\mathrm{I}}\\ \eta_2\\ \eta_3\\ \eta_4\end{bmatrix}+\bar{B}u=\begin{bmatrix}\bar{A}_{11} & \bar{A}_{12} & \bar{A}_{13} & \bar{A}_{14}-\bar{B}_{11}G_4\\ 0 & \bar{A}_{22} & \bar{A}_{23} & \bar{A}_{24}-\bar{B}_{22}G_4\\ 0 & 0 & \bar{A}_{33} & \bar{A}_{34}-\bar{B}_{33}G_4\\ 0 & 0 & 0 & \bar{A}_{44}-\bar{B}_{44}G_4\end{bmatrix}\begin{bmatrix}x_{\mathrm{I}}\\ \eta_2\\ \eta_3\\ \eta_4\end{bmatrix}+\begin{bmatrix}\bar{B}_{11}\\ \bar{B}_{22}\\ \bar{B}_{33}\\ \bar{B}_{44}\end{bmatrix}v$

续表

第二级	$\underbrace{\xi_3=\eta_3-P_3\eta_4}_{\text{变换}}$	→	$\begin{bmatrix}\dot{x}_{\mathrm{I}}\\ \dot{\eta}_2\\ \dot{\eta}_3\\ \dot{\eta}_4\end{bmatrix}=\begin{bmatrix}\bar{A}_{11} & \bar{A}_{12} & \bar{A}_{13} & \bar{A}_{14}-\bar{B}_{11}G_4+\bar{A}_{13}P_3\\ 0 & \bar{A}_{22} & \bar{A}_{23} & \bar{A}_{24}-\bar{B}_{22}G_4+\bar{A}_{23}P_3\\ 0 & 0 & \bar{A}_{33} & 0\\ 0 & 0 & 0 & \bar{A}_{44}-\bar{B}_{44}G_4\end{bmatrix}\begin{bmatrix}x_{\mathrm{I}}\\ \eta_2\\ \eta_3\\ \eta_4\end{bmatrix}+\begin{bmatrix}\bar{B}_{11}\\ \bar{B}_{22}\\ \bar{B}_{33}-P_3\bar{B}_{44}\\ \bar{B}_{44}\end{bmatrix}v$
	对 P_3 进行求解		$\bar{A}_{33}P_3-P_3\left(\bar{A}_{44}-\bar{B}_{44}G_4\right)+\bar{A}_{33}-\bar{B}_{33}G_4=0$
	$\underbrace{v=-G_3\xi_3+w}_{\text{反馈}}$	→	$\begin{bmatrix}\dot{x}_{\mathrm{I}}\\ \dot{\eta}_2\\ \dot{\eta}_3\\ \dot{\eta}_4\end{bmatrix}=\begin{bmatrix}\bar{A}_{11} & \bar{A}_{12} & \bar{A}_{13}-\bar{B}_{11}G_3 & \bar{A}_{14}-\bar{B}_{11}G_4+\bar{A}_{13}P_3\\ 0 & \bar{A}_{22} & \bar{A}_{23}-\bar{B}_{22}G_3 & \bar{A}_{24}-\bar{B}_{22}G_4+\bar{A}_{23}P_3\\ 0 & 0 & \bar{A}_{33}-\left(\bar{B}_{33}-P_{33}\bar{B}_{44}\right)G_3 & 0\\ 0 & 0 & -\bar{B}_{44}G_3 & \bar{A}_{44}-\bar{B}_{44}G_4\end{bmatrix}\begin{bmatrix}x_{\mathrm{I}}\\ \eta_2\\ \eta_3\\ \eta_4\end{bmatrix}+\begin{bmatrix}\bar{B}_{11}\\ \bar{B}_{22}\\ \bar{B}_{33}-P_3\bar{B}_{44}\\ \bar{B}_{44}\end{bmatrix}v$
第三级	$\underbrace{\xi_2=\eta_2-P_{23}\xi_3-P_{24}\eta_4}_{\text{反馈}}$	→	$\begin{bmatrix}\dot{x}_{\mathrm{I}}\\ \dot{\xi}_2\\ \dot{\xi}_3\\ \dot{\eta}_4\end{bmatrix}=\begin{bmatrix}\bar{A}_{11} & \bar{A}_{12} & \bar{A}_{13}-\bar{B}_{11}G_3+\bar{A}_{12}P_{23} & S_{14}\\ 0 & \bar{A}_{22} & 0 & 0\\ 0 & 0 & \bar{A}_{33}-\left(\bar{B}_{33}-P_3\bar{B}_{44}\right)G_3 & 0\\ 0 & 0 & -\bar{B}_{44}G_3 & \bar{A}_{44}-\bar{B}_{44}G_4\end{bmatrix}\begin{bmatrix}x_{\mathrm{I}}\\ \xi_2\\ \xi_3\\ \eta_4\end{bmatrix}$ $+\begin{bmatrix}\bar{B}_{11}\\ \bar{B}_{22}-P_{33}\left(\bar{B}_{33}-P_3\bar{B}_{44}\right)-P_{24}\bar{B}_{44}\\ \bar{B}_{33}-P_3\bar{B}_{44}\\ \bar{B}_{44}\end{bmatrix}w,S_{14}=\bar{A}_{14}-\bar{B}_{11}G_4+\bar{A}_{13}P_3+\bar{A}_{12}P_{24}$
	对 P_{23},P_{24} 进行求解		$\bar{A}_{22}P_{23}-P_{23}\left(\bar{A}_{33}-\left(\bar{B}_{33}-P_3\bar{B}_{44}\right)G_3\right)+P_{24}\bar{B}_{44}G_3+\bar{A}_{23}-\bar{B}_{22}G_3=0$ $\bar{A}_{22}P_{24}-P_{24}\left(\bar{A}_{44}-\bar{B}_{44}G_4\right)+\bar{A}_{24}-\bar{B}_{22}G_4+\bar{A}_{23}P_3=0$
	$\underbrace{w=-G_2\xi_2+f}_{\text{反馈}}$	→	$\begin{bmatrix}\dot{x}_{\mathrm{I}}\\ \dot{\xi}_2\\ \dot{\xi}_3\\ \dot{\eta}_4\end{bmatrix}=\begin{bmatrix}\bar{A}_{11} & \bar{A}_{12}-\bar{B}_{11}G_2 & \bar{A}_{13}-\bar{B}_{11}G_3+\bar{A}_{12}P_{23} & S_{14}\\ 0 & \bar{A}_{22}-\bar{B}_{2\xi}G_2 & 0 & 0\\ 0 & -\bar{B}_{3\xi}G_2 & \bar{A}_{33}-\left(\bar{B}_{33}-P_3\bar{B}_{44}\right)G_3 & 0\\ 0 & -\bar{B}_{44}G_2 & -\bar{B}_{44}G_3 & \bar{A}_{44}-\bar{B}_{44}G_4\end{bmatrix}\begin{bmatrix}x_{\mathrm{I}}\\ \xi_2\\ \xi_3\\ \eta_4\end{bmatrix}+\begin{bmatrix}\bar{B}_{11}\\ \bar{B}_{2\xi}\\ \bar{B}_{3\xi}\\ \bar{B}_{44}\end{bmatrix}f$ $\bar{B}_{2\xi}=\bar{B}_{22}+P_{23}\left(\bar{B}_{33}-P_3\bar{B}_{44}\right)-P_{23}\bar{B}_{44},\bar{B}_{3\xi}=\bar{B}_{33}-P_3\bar{B}_{44}$
	引入表示法		$\begin{bmatrix}\dot{x}_{\mathrm{I}}\\ \dot{\xi}_2\\ \dot{\xi}_3\\ \dot{\eta}_4\end{bmatrix}=\begin{bmatrix}S_{11} & S_{12} & S_{13} & S_{14}\\ 0 & S_{22} & 0 & 0\\ 0 & S_{32} & S_{33} & 0\\ 0 & S_{42} & S_{43} & S_{44}\end{bmatrix}\begin{bmatrix}x_{\mathrm{I}}\\ \xi_2\\ \xi_3\\ \eta_4\end{bmatrix}+\begin{bmatrix}Q_1\\ Q_2\\ Q_3\\ Q_4\end{bmatrix}f$ $S_{11}=\bar{A}_{11},S_{12}=\bar{A}_{12}-\bar{B}_{11}G_2,S_{13}=\bar{A}_{13}-\bar{B}_{11}G_3+\bar{A}_{12}P_{23},S_{22}=\bar{A}_{22}-\bar{B}_{2\xi}G_2$ $S_{32}=-\bar{B}_{3\xi}G_2,S_{33}=\bar{A}_{33}-\left(\bar{B}_{33}-P_3\bar{B}_{44}\right)G_3,S_{42}=-\bar{B}_{44}G_2,S_{43}=-\bar{B}_{44}G_3,$ $S_{44}=\bar{A}_{44}-\bar{B}_{44}G_4,Q_1=\bar{B}_{11},Q_2=\bar{B}_{2\xi},Q_3=\bar{B}_{3\xi},Q_4=\bar{B}_{44}$
第四级	$\underbrace{\xi_1=x_{\mathrm{I}}-P_{12}\xi_2-P_{13}\xi_3-P_{14}\eta_4}_{\text{变换}}$	→	$\begin{bmatrix}\dot{\xi}_1\\ \dot{\xi}_2\\ \dot{\xi}_3\\ \dot{\eta}_4\end{bmatrix}=\begin{bmatrix}S_{11} & 0 & 0 & 0\\ 0 & S_{22} & 0 & 0\\ 0 & S_{32} & S_{33} & 0\\ 0 & S_{42} & S_{43} & S_{44}\end{bmatrix}\begin{bmatrix}\xi_1\\ \xi_2\\ \xi_3\\ \eta_4\end{bmatrix}+\begin{bmatrix}Q_1-P_{12}Q_2-P_{13}Q_3-P_{14}Q_4\\ Q_2\\ Q_3\\ Q_4\end{bmatrix}f$
	对 P_{12},P_{13},P_{14} 进行求解		$S_{11}P_{12}-P_{12}S_{22}-P_{13}S_{32}-P_{14}S_{42}+S_{12}=0$ $S_{11}P_{13}-P_{13}S_{33}-P_{14}S_{43}+S_{13}=0,S_{11}P_{14}-P_{14}S_{44}+S_{14}=0$

续表

第四级	$\underbrace{\boldsymbol{f}=-\boldsymbol{G}_1\boldsymbol{\xi}_1}_{\text{反馈}}$	→	$\begin{bmatrix}\dot{\boldsymbol{\xi}}_1\\\dot{\boldsymbol{\xi}}_2\\\dot{\boldsymbol{\xi}}_3\\\dot{\boldsymbol{\eta}}_4\end{bmatrix}=\begin{bmatrix}\boldsymbol{S}_{11}-(\boldsymbol{Q}_1-\boldsymbol{P}_{12}\boldsymbol{Q}_2-\boldsymbol{P}_{13}\boldsymbol{Q}_3-\boldsymbol{P}_{14}\boldsymbol{Q}_4)\boldsymbol{G}_1 & 0 & 0 & 0\\-\boldsymbol{Q}_2\boldsymbol{G}_1 & \boldsymbol{S}_{22} & 0 & 0\\-\boldsymbol{Q}_3\boldsymbol{G}_1 & \boldsymbol{S}_{32} & \boldsymbol{S}_{33} & 0\\-\boldsymbol{Q}_4\boldsymbol{G}_1 & \boldsymbol{S}_{42} & \boldsymbol{S}_{43} & \boldsymbol{S}_{44}\end{bmatrix}\begin{bmatrix}\boldsymbol{\xi}_1\\\boldsymbol{\xi}_2\\\boldsymbol{\xi}_3\\\boldsymbol{\eta}_4\end{bmatrix}$
变换	$\begin{bmatrix}\boldsymbol{x}_{\mathrm{I}}\\\boldsymbol{\eta}_2\\\boldsymbol{\xi}_3\\\boldsymbol{\eta}_4\end{bmatrix}=\begin{bmatrix}\boldsymbol{I}&0&0&0\\0&\boldsymbol{I}&0&0\\0&0&\boldsymbol{I}&-\boldsymbol{P}_3\\0&0&0&\boldsymbol{I}\end{bmatrix}\begin{bmatrix}\boldsymbol{x}_{\mathrm{I}}\\\boldsymbol{\eta}_2\\\boldsymbol{\eta}_3\\\boldsymbol{\eta}_4\end{bmatrix}=\boldsymbol{T}_2\begin{bmatrix}\boldsymbol{x}_{\mathrm{I}}\\\boldsymbol{\eta}_2\\\boldsymbol{\eta}_3\\\boldsymbol{\eta}_4\end{bmatrix},\begin{bmatrix}\boldsymbol{x}_{\mathrm{I}}\\\boldsymbol{\eta}_2\\\boldsymbol{\eta}_3\\\boldsymbol{\eta}_4\end{bmatrix}=\begin{bmatrix}\boldsymbol{I}&0&0&0\\0&\boldsymbol{I}&0&0\\0&0&\boldsymbol{I}&\boldsymbol{P}_3\\0&0&0&\boldsymbol{I}\end{bmatrix}\begin{bmatrix}\boldsymbol{x}_{\mathrm{I}}\\\boldsymbol{\eta}_2\\\boldsymbol{\xi}_3\\\boldsymbol{\eta}_4\end{bmatrix}=\boldsymbol{T}_2^{-1}\begin{bmatrix}\boldsymbol{x}_{\mathrm{I}}\\\boldsymbol{\eta}_2\\\boldsymbol{\xi}_3\\\boldsymbol{\eta}_4\end{bmatrix}$ $\begin{bmatrix}\boldsymbol{x}_{\mathrm{I}}\\\boldsymbol{\xi}_2\\\boldsymbol{\xi}_3\\\boldsymbol{\eta}_4\end{bmatrix}=\begin{bmatrix}\boldsymbol{I}&0&0&0\\0&\boldsymbol{I}&-\boldsymbol{P}_{23}&-\boldsymbol{P}_{24}\\0&0&\boldsymbol{I}&0\\0&0&0&\boldsymbol{I}\end{bmatrix}\begin{bmatrix}\boldsymbol{x}_{\mathrm{I}}\\\boldsymbol{\eta}_2\\\boldsymbol{\xi}_3\\\boldsymbol{\eta}_4\end{bmatrix}=\boldsymbol{T}_3\begin{bmatrix}\boldsymbol{x}_{\mathrm{I}}\\\boldsymbol{\eta}_2\\\boldsymbol{\xi}_3\\\boldsymbol{\eta}_4\end{bmatrix},\begin{bmatrix}\boldsymbol{x}_{\mathrm{I}}\\\boldsymbol{\eta}_2\\\boldsymbol{\xi}_3\\\boldsymbol{\eta}_4\end{bmatrix}=\begin{bmatrix}\boldsymbol{I}&0&0&0\\0&\boldsymbol{I}&\boldsymbol{P}_{23}&\boldsymbol{P}_{24}\\0&0&\boldsymbol{I}&0\\0&0&0&\boldsymbol{I}\end{bmatrix}\begin{bmatrix}\boldsymbol{x}_{\mathrm{I}}\\\boldsymbol{\xi}_2\\\boldsymbol{\xi}_3\\\boldsymbol{\eta}_4\end{bmatrix}=\boldsymbol{T}_3^{-1}\begin{bmatrix}\boldsymbol{x}_{\mathrm{I}}\\\boldsymbol{\xi}_2\\\boldsymbol{\xi}_3\\\boldsymbol{\eta}_4\end{bmatrix}$ $\begin{bmatrix}\boldsymbol{\xi}_1\\\boldsymbol{\xi}_2\\\boldsymbol{\xi}_3\\\boldsymbol{\eta}_4\end{bmatrix}=\begin{bmatrix}\boldsymbol{I}&-\boldsymbol{P}_{12}&-\boldsymbol{P}_{13}&-\boldsymbol{P}_{14}\\0&\boldsymbol{I}&0&0\\0&0&\boldsymbol{I}&0\\0&0&0&\boldsymbol{I}\end{bmatrix}\begin{bmatrix}\boldsymbol{x}_{\mathrm{I}}\\\boldsymbol{\xi}_2\\\boldsymbol{\xi}_3\\\boldsymbol{\eta}_4\end{bmatrix}=\boldsymbol{T}_4\begin{bmatrix}\boldsymbol{x}_{\mathrm{I}}\\\boldsymbol{\xi}_2\\\boldsymbol{\xi}_3\\\boldsymbol{\eta}_4\end{bmatrix},\begin{bmatrix}\boldsymbol{x}_{\mathrm{I}}\\\boldsymbol{\xi}_2\\\boldsymbol{\xi}_3\\\boldsymbol{\eta}_4\end{bmatrix}=\begin{bmatrix}\boldsymbol{I}&\boldsymbol{P}_{12}&\boldsymbol{P}_{13}&\boldsymbol{P}_{14}\\0&\boldsymbol{I}&0&0\\0&0&\boldsymbol{I}&0\\0&0&0&\boldsymbol{I}\end{bmatrix}\begin{bmatrix}\boldsymbol{\xi}_1\\\boldsymbol{\xi}_2\\\boldsymbol{\xi}_3\\\boldsymbol{\eta}_4\end{bmatrix}=\boldsymbol{T}_4^{-1}\begin{bmatrix}\boldsymbol{\xi}_1\\\boldsymbol{\xi}_2\\\boldsymbol{\xi}_3\\\boldsymbol{\eta}_4\end{bmatrix}$ $\boxed{\begin{bmatrix}\boldsymbol{x}_{\mathrm{I}}\\\boldsymbol{x}_{\mathrm{II}}\\\boldsymbol{x}_{\mathrm{III}}\\\boldsymbol{x}_{\mathrm{IV}}\end{bmatrix}=\boldsymbol{T}_1^{-1}\begin{bmatrix}\boldsymbol{x}_{\mathrm{I}}\\\boldsymbol{\eta}_2\\\boldsymbol{\eta}_3\\\boldsymbol{\eta}_4\end{bmatrix}=\boldsymbol{T}_1^{-1}\boldsymbol{T}_2^{-1}\begin{bmatrix}\boldsymbol{x}_{\mathrm{I}}\\\boldsymbol{\eta}_2\\\boldsymbol{\xi}_3\\\boldsymbol{\eta}_4\end{bmatrix}=\boldsymbol{T}_1^{-1}\boldsymbol{T}_2^{-1}\boldsymbol{T}_3^{-1}\begin{bmatrix}\boldsymbol{\eta}_1\\\boldsymbol{\xi}_2\\\boldsymbol{\xi}_3\\\boldsymbol{\eta}_4\end{bmatrix}=\boldsymbol{T}_1^{-1}\boldsymbol{T}_2^{-1}\boldsymbol{T}_3^{-1}\boldsymbol{T}_4^{-1}\begin{bmatrix}\boldsymbol{\xi}_1\\\boldsymbol{\xi}_2\\\boldsymbol{\xi}_3\\\boldsymbol{\eta}_4\end{bmatrix},\begin{bmatrix}\boldsymbol{\xi}_1\\\boldsymbol{\xi}_2\\\boldsymbol{\xi}_3\\\boldsymbol{\eta}_4\end{bmatrix}=\boldsymbol{T}_4\boldsymbol{T}_3\boldsymbol{T}_2\boldsymbol{T}_1\begin{bmatrix}\boldsymbol{x}_{\mathrm{I}}\\\boldsymbol{x}_{\mathrm{II}}\\\boldsymbol{x}_{\mathrm{III}}\\\boldsymbol{x}_{\mathrm{IV}}\end{bmatrix}=\boldsymbol{T}\begin{bmatrix}\boldsymbol{x}_{\mathrm{I}}\\\boldsymbol{x}_{\mathrm{II}}\\\boldsymbol{x}_{\mathrm{III}}\\\boldsymbol{x}_{\mathrm{IV}}\end{bmatrix}}$		

参 考 文 献

Abdin Z，Webb C，Mac E，Gray A（2017）PEM fuel cell model and simulation in MATLAB-Simulink based on physical parameters. Energy 116：1131-1144

Adachi H，Ahmet S，Lee S，Papadis D，Ahluwalla R，Bendert J，Kanner S，Yamazaki y（2009）A natural-gas fuel processor for a residential fuel cell system. J Power Sources 188：244-255

Ali J，Hoang N，Hissain M，Dochain D（2015）Review and classification of recent observers applied in chemical process systems. Comput Chem Eng 76：27-41

Amjadifard R，Beheshti M，Yazdanpaanah M（2011）Robust stabilization for a singularly perturbed systems. Trans ASME J Dyn Syst Meas Contro1133：051004-1-051004-6

Arsov G（2007）Parametric PSPICE model of a PEM fuel cell. Electronics 11：99-103

Barbir F（2005）PEM fuel cells：theory and practice. Elsevier，Amsterdam

Barelli L，Bidini G，Gallorini F，Ottaviano A（2012）Dynamic analysis of PEMFC-based CHP systems for domestic application. Appl Energy 91：13-28

Baruh H，Choe K（1990）Sensor placement in structural control. J Guid Dyn Control l3：524-533

Barzegari M，Dardel M，Alizadeh E，Ramiar A（2016）Reduced-order model of cascade type PEM fuel cell stack with integrated humidifiers and water separators. Energy 113：683-692

Bavarian M，Soroush M，Kevredkidis I，Benziger J（2010）Mathematical modeling，steady state and dynamic behavior，and control of fuel cells：a review. Ind Eng Chem Res 49：7922-7950

Becherif M，Hissel D，Gaagat S，Wack M（2011）Electrical equivalent model of a proton exchange membrane fuel cell with experimental validation. Renew Energy 36：2582-2588

Benziger J，Satterfield M，Hogarth W，Nehlsen J，Kevrekidis I（2006）The power performance curve for engineering analysis of fuel cells. J Power Sources 155：272-285

Bhargav A，Lyubovsky M，Dixit M（2014）Managing fuel variability in LPG-based PEM fuel cell systems：-I：theormodinamic simulations. Int J Hydrogen Energy 39：17231-17239

Bidani M，Randhy N，Bensassi B（2002）Optimal control of discrete-time singularly perturbed systems. Int J Control 75：955-966

Bingulac S，Van Landingham H（1993）Algorithms for computer aided design of multivariable control systems. Marcel Dekker，New York

Chakraborty U（2018）Reversible and irreversible potentials and an inaccuracy in popular models in the fuel cell literature. Energies 11：1851. https：//doi.org/10.3390/en11071851

Chen T（2012）Linear system theory and design. Oxford University Press，Oxford，UK

Chen P-C（2013）Robust voltage tracking control for proton exchange membrane fuel cells. Energ Conver Manage 65：408-419

Chen C-F，Pan S-T，Hsieh J-G（2002）Stability analysis of a class of uncertain discrete singularly perturbed systems with multiple time delays. Trans ASME J Dyn Syst Meas Control 124：467-472

Chiu L，Diong B，Gemmen R（2004）An improved small signal model of the dynamic behavior of PEM fuel cells. IEEE Trans IndAppl 40：970-977

Cipiti F，Pino L，Vita A，Lagana M，Rucupero V（2013）Experimental investigation on a methane fuel processor for polymer electrolyte fuel cells. Int J Hydrogen Energy 38：2387-2397

Cronin J（2008）Mathematical aspects of Hodgkin-Huxley neural theory. Cambridge University Press，Cambridge

Daud W，Rosli R，Majlan E，Hamid S，Mohamed R，Husaini T（2017）PEM fuel cell system control：a review. Renew Energy 113：620-638

Demetriou M，Kazantzis N（2005）Natural observer design for singularly perturbed vector second-order systems. Trans ASME J Dyn Syst Meas Control 127：648-655

Dimitriev M，Kurina G（2006）Singular perturbations in control systems. Autom Remote Control 67：1-43

Dong X，El-Gorashi T，Elmirghani J（2012）Use of renewable energy in an IP over WDM network with data centers. IET Optoelectron 6：155-164

Eikerling M，Kulikovsky A（2014）Polymer electrolyte fuel cells：physical principles of materials and operation. CRC Press，Boca Raton

El-Sharkh M，Rahman A，Alam M，Byme P，Sakla A，Thomas T（2004）A dynamic model for stand-alone PEM fuel cell power plant for residential applications. J Power Sources 138：199-204

El-Sharkh M，Sisworahardjo N，Uzunoglu M，Onar O，Alam M（2007）Dynamic behavior of PEM fuel cell and microturbine power plants. J Power Sources 164：315-321

Esteban S，Gordillo F，Aracil J（2013）Three-time scale singular perturbation control and stability analysis for an autonomous helicopter on a platform. Int J Robust Nonlinear Control 23：1360-1392

Famouri P，Gemmen R（2003）Electromechanical circuit model of a PEM fuel cell. In：Proceedings of Power Engineering Society regular meeting，pp 1436-1440

Franklin G，Powel J，Workman M（1990）Digital control of dynamic systems. Addison Wesley，Reading

Fuhrmann J，Haasdonk B，Holzbecher E，Ohlberger M（2008）Modeling and simulation of PEM fuel cells. ASME J Fuel Cell Sci Techno15：020301-1

Gajic Z（2003）Linear dynamic systems and signals. Prentice Hall，Upper Saddle River

Gajic Z，Lelic M（1996）Modern control systems engineering. Prentice Hall International，London

Gajic Z，Lim M-T（2001）Optimal control of singularly perturbed linear systems and applications. Marcel Dekker，New York

Gajic Z，Qureshi M（1995）Matrix Lyapunov equation in system stability and control. Academic Press，San Diego

Gajic Z，Lim M-T，Skataric D，Su W-C，Kecman V（2009）Optimal control：weakly coupled systems and applications. CRC Press Taylor &Francis Group，Boca Raton

Gao Y-H，Bai Z-Z（2010）On inexact Newton methods based on doubling iteration scheme for non-symmetric algebraic Riccati equations. Numer Linear Algebra Appl. https：//doi. org/lO. 1002/nla. 727

Gawronski W（1994）A balanced LQG compensator for flexible structures. Automatica 30：1555-1564

Gawronski W（1998）Dynamics and control of structures：a modal approach. Springer，New York

Gawronski W，Juang J-N（1990）Model reduction for flexible structures. Control Dyn Syst 36：143-222

Gemmen R（2003）Analysis for the effect of inverter ripple current on fuel cell operating condition. J Fluid Eng 124：576-585

Golub G，Van Loan C（2013）Matrix computations，4th edition. The Johns Hopkins University Press，Baltimore，MD，USA

Gou B，Na W，Diong B（2010）Fuel cells：modeling，control，and applications.CRC Press Taylor&

Francis Group，Boca Raton

Graham R，Knuth D，Patashnik O（1989）Concrete mathematics. Addison-Wesley，Reading

Grujicic M，Chttajallu K，Law E，Pukrushpan J（2004a）Model-based control strategies in the dynamic interaction of air supply and fuel cell. Proc Inst Mech Eng A J Power Energy 218：487-499

Grujicic M，Chttajallu KM，Pukrushpan JT（2004b）Control of the transient behavior of polimer electrolyte membrane fuel cell systems. Proc Inst Mech Eng DJ Automot Eng 218：1239-1250

Haddad A，Mannah M，Bazzi H（2015）Nonlinear time-variant model of the PEM type fuel cell for automotive applications. Simul Model Pract Theory 51：31-44

Hajizadeh A，Golkar M（2010）Intelligent robust control of hybrid distributed generation system under voltage sag. Expert Syst Appl 37：7627-7638

Han J，YuS，Yi S（2017）Advanced thermal management automotive fuel cells using a model reference adaptive control algorithm. Int J Hydrogen Energy 42：4328-4341

Hayati M，Khayatian A，Dehghani M（2016）Simultaneous optimization of net power and enhancement of PEM fuel cell lifespan using extremum seeking and sliding mode control techniques. IEEE Trans Energy Convers 32：688-696

Headley A，Yu，Borduin R，Chen D，Li W（2016）Development and experimental validation of a physics-based PEM fuel cell model for cathode humidity control design. IEEE/ASME Trans Mechatron 21：1778-1782

Hoffmann P，Dorgan B（2012）Tomorrow's energy：hydrogen，'fuel cells，and prospects for a cleaner planet.MIT Press，Cambridge，MA

Hong L，Chen J，Liu Z，Huang L，Wu Z（2017）A nonlinear control strategy for fuel cell delivery in PEM fuel cells considering nitrogen permeation. Int J Hydrogen Energy 42：1565-1576

Hsiao FH，Hwang JD，ST P（2001）Stabilization of discrete singularly perturbed systems under composite observer-based controller. Trans ASME J Dyn Syst Meas Control 123：132-139

Jalics J，Krupa M，Rotstein H（2010）Mixed-mode oscillations in a three time-scale system of ODEs motivated by a neuronal model. Dyn Syst Int J 25：445-482

Jiao J（2014）Maximum power point tracking of fuel cell power system using fuzzy logic control. Electrotehn Electron Automat 62：45-52

Johnson CD（1988）Optimal initial conditions for full-order observers. Int J Control 48：857-864

Kalman R（1960）Contributions to the theory of optimal control. Bol Soc Mat Mexicana 5：102-119

Kalman R（1963）Mathematical description of linear dynamical systems. SIAM J Control 1：152-192

Karstedt J，Ogrzewalla J，Severin C，Pischinger S（2011）Development and design of experiments optimization of a high temperature proton exchange membrane fuel cell auxiliary power unit with onboard fuel processor. J Power Sources 196：9998-10009

Khalil H（2002）Nonlinear systems. Prentice Hall，Upper Saddle River

Kim B-S，Kim Y-J，Lim M-T（2004）LQG control for nonstandard singularly perturbed discrete-time systems. Trans ASME J Dyn Syst Meas Control 126：860-864

Kirk D（2004）Optimal control theory：an introduction. Dover Publications，Mineola

Kokotovic P，Khalil H，O'Reilly J（1999）Singular perturbation methods in control：analysis and design. Academic Press，Orlando

Kuehn C（2015）Multiple time scale dynamics. Springer，Cham

Kulikovsky A（2010）Analytical modeling of fuel cells. Elsevier，Amsterdam

Kummrow A，Emde M，Baltsuka A，Pshebichnikov M，Wiersma D（1999）Z Phys Chem Int J Res Phys Chem Chem Phys 212：153-159

Kunusch C，Mayosky M，Husar A（2011）Control-oriented modeling and experimental validation of a PEMFC generation system. IEEE Trans Energy Convers 26：851-861

Laghrouche S，Harmouche M，Ahmed F，Chitour Y（2015）Control of PEMFC air-feed system using Lyapunov-based robust and adaptive higher order sliding mode control. IEEE Trans Control Syst Techno123：1594-1601

Larminie J，Dicks A（2001）Fuel cell systems explained. Wiley，New York

Laurim D，Salcedo J，Garcia-Nieto S，Martinez M（2010）Model predictive control relevant identification：multiple input multiple output against multiple input single output. IET Control Theory App14：1756-1766

Lee C，Othmer G（2010）A multi-time-scale analysis of chemical reaction networks：I. Deterministic systems. J Math Bio1 60：387-450

Lee D，Lee H，Lee K，Kim S（2007）A compact and highly efficient natural gas fuel processor for 1-kW residential polymer electrolyte membrane fuel cells. J Power Sources 165：337-341

Li Y，Rajakaruna S（2005）An analysis of the control and operation of a solid oxide fuel-cell power plant in an isolated system. IEEE Trans Energy Convers 20：381-387

Li D，Li C，Gao Z，Jin Q（2015a）On active disturbance rejection of the proton exchange membrane fuel cells. J Power Sources 283：452-463

Li Y，Zhao X，Tao S，Li Q，Chen W（2015b）Experimental study on anode and cathode pressure difference control and effects in a proton exchange membrane fuel cell system. Energ Technol 3：946-954

Litkouhi B，Khalil H（1984）Infinite-time regulators for singularly perturbed difference equations. Int J Control 39：587-598

Litkouhi B，Khalil H（1985）Multirate and composite control of two-time-scale discrete-time systems. IEEE Trans Autom Control 30：645-651

Liu H，Sun F，He K（2003）Survey of singularly perturbed control systems：theory and applications. Control Theory App120：1-7

Mahmoud M（1986）Stabilization of discrete systems with multiple time scales. IEEE Trans Autom Control 31：159-162

Majlan E，Rohendi D，Daud W，Husaini T，Haque M（2018）Electrode for proton exchange membrane fuel cells：a review. Renew Sustain Energy Rev 89：117-134

Matraji I，Laghrouche S，Wack M（2012）Pressure control of a PEM fuel cell via second order sliding mode. Int J Hydrogen Energy 37：16104-16116

Matraji I，Laghtouche S，Jemei S，Wack M（2013）Robust control of the PEM fuel cell air-feed system via sub-optimal second order sliding model. Appl Energy 104：945-957

Matraji I，Ahmed F，Laghrouche S，Wack M（2015）Comparison of robust and adaptive second order sliding mode control in PEMFC air-feed systems. Int J Hydrogen Energy 40：9491-9504

McCain B，Stefanopoulou A，Siegel J（2010）Controllability and observability analysis of the liquid water distribution inside the gas diffusion layer of a unit fuel cell model. Trans ASME J Dyn Syst Meas Contro1132：061303-1-051303-8

Medanic J（1982）Geometric properties and invariant manifolds of the Riccati equation. IEEE Trans Autom Control 27：670-677

Meirovitch L，Baruh H（1983）On the problem of observation spillover in self-adjoint distributed parameter systems. J Optim Theory Appl 39：269-291

Milanović M，Radisavljević-Gajić V（2018）Optimal linear-quadratic integral feedback controller design with disturbance rejection for a proton exchange membrane fuel cell. In：ASME dynamic systems and control conference，Atlanta

Milanović M，Rose P，Radisavljević-Gajić V，Clayton G（2017）Five state analytical model proton exchange membrane fuel cell. In：ASME dynamic systems and control conference，Tysons Corner

Min K，Kang S，Mueller F，Auckland J，Brouwer J（2009）Dynamic simulation of a stationary proton exchange membrane fuel cell system. ASME J Fuel Cell Sci Techno16：041015-1

Mitchell W，Bowers B，Garnier C，Boudjema F（2006）Dynamic behavior of gasoline fuel cell electric vehicles. J Power Sources 154：489-496

Munje R，Patre B，Tiwari A（2014）Periodic output feedback for spatial control of AHWR：a three-time-scale approach. IEEE Trans Nucl Sci 61：2373-2382

Munje R，Parkhe J，Patre B（2015a）Control of xenon oscillations in advanced heavy water reactor via two-stage decomposition. Ann Nucl Energy 77：326-334

Munje R，Patil Y，Musmade B，Patre B（2015b）. Discrete time sliding mode control for three time scale systems. In：Proceedings of the international conference on industrial instrumentation and control Pune，28-30 May 2015，pp 744-749

Munje R，Patre B，Tiwari A（2016）Discrete-time sliding mode spatial control of advanced heavy water reactor. IEEE Trans Control Syst Technol 24：357-364

Na K，Gou B（2008）Feedback linearization based nonlinear control for PEM fuel cells. IEEE Trans Energy Convers 23：179-190

Na K，Gou B，Diong B（2007）Nonlinear control of PEM fuel cells by exact linearization. IEEE Trans Ind App143：1426-1433

Naghidokht A，Elahi A，Ghoranneviss M（2016）Feedback controller design for ignition of deuterium-tritium in NSTX tokamak. Int J Hydrogen Energy 41：15272-15276

Naidu DS（1988）Singular perturbation methodology in control systems. Peter Peregrinus，London

Naidu DS，Calise A（2001）Singular perturbations and time scales in guidance and control of aerospace systems：survey. AIAA J Guid Control Dyn 24：1057-1078

Nazem-Zadeh，Hamidi-Beheshti MT（2017）Near-optimal controls of a fuel cell coupled with reformer using singular perturbation methods. AUT J Model Simul 49：163-172

Nehrir M，Wang C（2009）Modeling and control of fuel cells：distributed generation applications. Wiley，Hoboken

Nguyen T，White R（1993）A water and heat management model for proton exchange membrane fuel cells. J Electrochem Soc 140：2178-2186

Ogata K（1995）Discrete-time control systems. Prentice Hall，Englewood Cliffs

Onar O，Shirazi O，Khaligh A（2010）Grid interaction operation of a telecommunications power system with a novel topology for multiple-input buck-boost converter. IEEE Trans Power Delivery 25：2633-2645

Ortega J，Reinhardt W（2000）Iterative solution of nonlinear equations on several variables. SIAM，Philadelphia

Padulles J，Ault G，McDonald J（2000）An integrated SOFC plant dynamic model for power systems simulation. J Power Sources 86：495-500

Page S，Anbuky A，Krumdieck S，Brouwer J（2007）Test method and equivalent circuit modeling of a PEM fuel cell in a passive state. IEEE Trans Energy Convers 22：764-773

Pandiyan S，Elayaperumal A，Rajalakshmi N，Dhathathreyan K，Venkateshwaran N（2013）Design and analysis of a proton exchange membrane fuel cells（PEMFC）. Renew Energy 49：161-655

Park G，Gajic Z（2012）Sliding mode control of alinearized polymer electrolyte membrane fuel cell. J Power Sources 212：226-232

Park G，Gajic Z（2014）A simple sliding mode controller of a fifth-order nonlinear PEM fuel cell model. IEEE Trans Energy Convers 29：65-71

Pasqualetti F，Dorfler F，Bullo F（2015）Control theoretic methods for cyberphysical security. IEEE Control Syst Mag 35：110-127

Phillips R（1980a）Reduced order modeling and control of two-time scale discrete systems. Int J Control 31：65-780

Phillips R（1980b）Two-stage design of linear feedback controls. IEEE Trans Autom Control 25：1220-1223

Phillips R（1983）The equivalence of time-scale decomposition techniques used in the analysis and design of linear systems. Int J Control 37：1239-1257

Pilloni A，Pisano A，Usai E（2015）Observer based air excess ratio control of a PEM fuel cell system via high order sliding mode. IEEE Trans Ind Electron 6：1-10

Pukrushpan J，Stefanopoulou A，Peng H（2004a）Control of fuel cell power systems：principles，modeling and analysis and feedback design. Springer，London

Pukrushpan J，Peng H，Stefanopoulou A（2004b）Control oriented modeling and analysis for automotive fuel cell systems. Trans ASME J Dyn Syst Meas Control 126：14-25

Pukrushpan J，Stefanopoulou A，Varigonda S，Eborn J，Haugstteter C（2006）Control-oriented model of fuel processor for hydrogen generation in fuel cell applications. Control Eng Pract 14：277-293

Radisavljević V（2011）On controllability and system constraints of a linear models of proton exchange membrane and solid oxide fuel cells. J Power Sources 196：8549-8552

Radisavljević-Gajić V（2013）Optimal parallel controllers and filters for a class of second order linear dynamic systems. J Control Syst Eng 1：37-49

Radisavljević-Gajić V（2015a）A simplified two-stage design of linear discrete-time feedback controllers. ASME J Dyn Syst Meas Contro1138：014506-1-014506-7

Radisavljević-Gajić V（2015b）Two-stage feedback design for a class of linear discrete-time systems with slow and fast variables. ASME J Dyn Syst Meas Control 138：086502-086507

Radisavljević-Gajić V（2015c）Full-and reduced-order linear observer implementations in MATLAB/Simulink. IEEE Control Syst Mag 35：91-101

Radisavljević-Gajić V，Graham K（2017）System analysis of a nonlinear proton exchange membrane fuel cell mathematical model. In：ASME dynamic systems and control conference，Tysons Corner

Radisavljević-Gajić V，Milanović M（2016）Three-stage feedback controller design with application to a three-time scale fuel cell system. In：ASME dynamic systems and control conference，Minneapolis

Radisavljević-Gajić V，Rose P（2014）A new two stage design of feedback controllers for a hydrogen gas reformer. Int J Hydrogen Energy 39：11738-11748

Radisavljević-Gajić V，Rose P（2015）Optimal observer driven controller with disturbance rejection for a natural gas hydrogen reformer. In：ASME dynamic systems and control conference，28-30 Oct，Columbus

Radisavljević-Gajić V，Rose P，Clayton G（2015）Two-stage design of linear feedback controllers for proton exchange membrane fuel cells. In：ASME dynamic systems and control conference，Columbus，doi：https：//doi. org/10. 1115/DSCC2015-9973

Radisavljević-Gajić V，Milanović M，Clayton G（2017）Three-stage feedback controller design with applications to three time-scale control systems. ASME J Dyn Syst Meas Control 139：104502- 1-

104502-10

Radu R，Taccani R（2006）SIMULINK-FEMLAB Integrated dynamic simulation model for a PEM fuel cell system. ASME J Fuel Cell Sci Technol6：041015-1

Rao A，Naidu DS（1981）Singularly perturbed difference equations in optimal control problems. Int J Control 34：1163-1174

Reddy B，Samuel P（2017）Technology advancements and trends in development of proton exchange membrane fuel cell hybrid electric vehicles in India：a review. J Green Eng 7：361-384

Rojas A，Lopez G，Gomez-Aguilar J，Alvarado V，Torres C（2017）Control of the air supply system in a PEMFC with balance of plant simulation. Sustainability 9：1-23

Samuelsen S（2017）The automotive future belongs to fuel cells：range，adaptability，and refueling time will ultimately put hydrogen fuel cells ahead of batteries. IEEE Spectr 54：38-43

Sankar K，Jana A（2018a）Dynamics and estimator based nonlinear control of a PEM fuel cell. IEEE Trans Control Syst Technol26：1124-1131

Sankar K，Jana A（2018b）Nonlinear multivariable sliding mode control of a reversible PEM fuel cell integrated systems. Energ Conver Manage 171：541-565

Sciazko A，Komatsu Y，Brus G，Kimijima S，Szmyd JS（2014）A novel approach to the experimental study on methane/steam reforming kinetics using the Orthogonal Least Squares method. J Power Sources 262：245-254

Seo Y，Seo D，Jeong J，Yoon W（2006）J Power Sources 163：119-124

Serra M，Aguado J，Ansede X，Riera J（2005）Controllability analysis of decentralized linear controllers for polymeric fuel cells. J Power Sources 151：93-102

Severin C，Pischinger S，Ogrzewalla J（2005）Compact gasoline fuel processor for passenger vehicle APU. J Power Sources 145（2）：675-682

Shapira I，Ben-Asher J（2004）Singular perturbation analysis of optimal glide. AIAA J Guid Control Dyn 27：915-918

Shimjith S，Tiwari A，Bandyopadhyay B（2011a）Design of fast output sampling controller for three-time-scale systems：application to spatial control of advanced heavy water reactor. IEEE Trans Nucl Sci 58：3305-3316

Shimjith S，Tiwari A，Bandyopadhyay B（2011b）A three-time-scale approach for design of linear state regulators for spatial control of advanced heavy water reactor. IEEE Trans Nucl Sci 58：1264-

1276

Simoncini S（2016）Computational methods for linear matrix equations. SIAM Rev 58：377441 Singh H，Naidu DS，Moore K（1996）Regional pole placement method for discrete-time systems. AIAA J Guid Control 19：974-976

Sinha A（2007）Linear systems：optimal and robust control. Francis &Taylor，Boca Raton

Smith H，Davison E（1972）Design of industrial regulators：integral feedback and feedforward control. Proc IEE 119：1210-1216

Sonntag R，Borgnakke C，Van Wylen G（1998）Fundamentals of thermodynamics. Wiley，New York

Spare B，Iyer V，Lee J，Tice G，Hillman M，Simon D（2011）Fuel cell system to power a portable computing device. Patent application 20110311895，US Patent& Trademark Office

Stefani R，Shahiau B，Savant C，Hostetter G（2002）Design of feedback control systems. Oxford University Press，New York/Oxford

Stewart G（1973）Matrix computations. Academic Press，Orlando，FL，USA

Tong S，Qian D，Fang J，Li H（2013）Integrated modeling and variable fuzzy control of a hydrogen-air fuel cell system. Int J Electrochem Sci 8：3636-3652

Tong S，Fang J，Zhang Y（2017）Output tracking control of a hydrogen-air PEM fuel cell. IEEE/CAA J Automat Sinica 4：273-279

Tsourapas V，Stefanopoulou A，Sun J（2007）Model-based control of an integrated fuel cell and fuel processor with exhaust heat regulation. IEEE Trans Control Syst Technol 15：233-244

Umbria F，Aracil J，Gordillo F（2014）Three-time-scale singular perturbation stability analysis of three-phase power converters. Asian J Control 16：1361-1372

Uzunoglu M，Alam M（2006）Dynamic modeling，design，and simulation of a combined PEM fuel cell and ultracapacitor system for stand-alone residential applications. IEEE Trans Energy Convers 21：767-775

Uzunoglu M，Alam M（2007）Dynamic modeling，design and simulation of a PEM fuel celVultra-capacitor hybrid system for vehicular applications. Energ Conver Manage 48：1544-1553

Uzunoglu M，Onar O，El-Sharkh M，Sisworahardjo N，Rahman A，Alam M（2007）Parallel operation characteristics of PEM fuel cell and microturbine power plants. J Power Sources 168：469-476

Wang Z，Ghorbel F（2006）Control of closed kinematic chains using a singularly perturbed dynamics model. Trans ASME J Dyn Syst Meas Control 128：142-151

Wang F-C，Guo Y-F（2015）Robustness analysis of PEMFC systems on the production line. Int J Hydrogen Energy 40：1959-1966

Wang Y-X，Kim Y-B（2014）Real-time control of air excess ratio of a PEM fuel cell system. IEEE/ASME Trans Mechatron 19：852-861

Wang F-C，Peng C-H（2014）The development of an exchangeable PEM power module for electric vehicles. Int J Hydrogen Energy 39：3855-3867

Wang M-S，Li T-H，Sun Y-Y（1996）Design of near-optimal observer-based controllers for singularly perturbed discrete systems. JSME Int J Ser C Dyn Control Robot Design Manuf 39：234-241

Wang G-L，Wang Y，Shi J-H，Shao H-H（2010）Coordinating IMC-PID and adaptive controllers for a PEMFC. ISA Trans 49：87-94

Wang Y，Chen K，Mishler J，Cho S，Adroher X（2011）A review of polymer electrolyte fuel cells：technology，applications and needs on fundamental research. Appl Energy 88：981-1007

Wang F-C，Kuo P-C，Chen H-J（2013）Control design and power management of stationary PEMFC hybrid power system. Int J Hydrogen Energy 38：5845-5856

Wedig W（2014）Multi-time scale dynamics of road vehicles. Probab Eng Mech 37：180-184

Wu X，Zhou B（2016）Fault tolerance control for proton exchange membrane fuel cell systems. J Power Sources 324：804-829

Yalcinoz T，El-Sharkh M，Sisworahardo N，Alam A（2010）Portable PEM fuel cell-ultra capacitor system：model and experimental verification. Int J Energy Res 34：1249-1256

Zenith F，Skogestad S（2009）Control of mass and energy dynamics of polybenzimidazole membrane fuel cells. J Process Control 19：15-432

Zerizer T（2016）Boundary value problem for a three-time-scale singularly perturbed discrete systems. Dynam Contin Discrete Impuls Systems Ser A Math Anal 23：263-272

Zhang Y，Naidu DS，Cai C，Zou Y（2014）Singular perturbation and time scales in control theories and applications：an overview 2002-2012. Int J Inf SystSci 9：1-36

Zhou K，Doyle J（1998）Essential of robust control. Prentice Hall，Upper Saddle River

Zhou D，Al-Dura A，Gao F，Ravey A，Matraji I，Simoes M（2017）Online energy management strategy of fuel cell hybrid electric vehicles based on data fusion approach. J Power Sources 366：278-291

Zhou D，Al-Dura A，Matraji I，Ravey A，Gao F（2018）Online energy management strategy of fuel cell hybrid electric vehicles：a fractional-order extremum seeking method. IEEE Trans Ind Electron 65：6787-6799

Zhu Q，Basar T（2015）Game-theoretic methods for robustness，security，and resilience of cyberphysical control systems. IEEE Control Syst Mag 35：46-65

Zhu Y，Tomsovic K（2002）Development of models for analyzing the load-following performance of micro-turbines and fuel cells. Electr Pow Syst Res 62：1-11

Zhu J，Zhang D，King K（2001）Reforming of CH_4 by partial oxidation：thermodynamic and kinetic analysis. Fuel 80：899-905

zur Megede D（2002）Fuel cell processors for fuel cell vehicles. J Power Sources 106：35-41